# BRAIN

## How the Brain's Flaws Shape Our Lives

# BUGS

# 大腦有問題?!

## 大腦瑕疵如何影響你我的生活【修訂版】

汀・布諾曼諾 Dean Buonomano 著

蕭秀姍、黎敏中 譯

〈推薦專文〉

# 是真相,還是假象?

林正焜

　　大腦跟電腦很不一樣。對於同樣的刺激,大腦往往讓我們產生不同的感受、不同的回應。例如打針的時候,醫護人員總要想辦法引開小朋友的注意,比較不會哇哇大哭。果真打針不要看比較不會痛嗎?德國有一個研究,證實了這個說法。一樣打針為什麼看著打比較痛,不看比較不痛?這是因為,如本書作者所寫的,我們所意識到的,其實都是大腦處理過的信息,往往是假象,不是真相。

　　作者引用了一些有趣的實驗,證實大腦擁有強大能力的背後,免不了會有隨之而來的弱項。比如有人在一段距離之外敲打樂器,由於光速比音速快,觀察者理應先看到動作,然後聽到聲音,但是這樣的世界顯然違背我們對於「同時發生」的認知。實驗的結果發現,大腦會推遲視覺認知的時間,讓看到的跟聽到的同時抵達。作者還介紹幾個實驗,發現大腦總是扭曲時空和數值,總是比較看重近的,看輕遠的,結果這樣的腦就讓我們傾向於短視近利,對於行動的長期和短期後果失去正確的判斷力,因而經常蒙受損失。

　　其實不論是真實的人生或是偉大的文學作品,錯覺和妄想

往往是故事的主軸。大腦隨時接收太多訊息，只能選擇少量看似有用或熟悉的訊息分門別類作出回應，這個過程就讓我們失去正確判斷的能力。莎翁名劇《奧塞羅》就是一個因為嫉妒妄念的火苗，終究使得一對恩愛的夫妻家破人亡的故事。瞭解自己意識的有限性是多麼重要的一件事啊。

　　本書介紹大腦如何作為意識中樞？有什麼弱點？尤其著力說明正常大腦操作上常出現的問題，或無法達到而我們不自知的限制，只要使用大腦就要注意，或許可以避免過度偏執。引用的事證涵蓋歷來有名的案例和新近的實驗，對於許多現象的解釋或採取傳統的說法，或加上科學新發現。兼具廣度和深度，是一本生動易懂有用的好書。

　　（本文作者為科普作家、小兒科醫師，曾獲吳大猷科普獎創作類金籤獎。）

# 目 錄

# 〈前言〉 大腦其實也不瞭解大腦

> 我所有的發明皆是如此。先是有了直覺,接續靈感不斷湧現,然後困難就接踵而來。這個隨處可現的小小失誤與困難就叫做「臭蟲(**Bugs**)」。
>
> ——愛迪生

雖然人類大腦不盡完美,卻是已知世界中最複雜的一種裝置。而且我們身為單一個體或整個社會群體的意義,不只是由大腦驚人的能力來定義,最終也受到大腦的瑕疵與局限所影響。仔細想想就知道,記憶有時不可信賴,也會有所偏頗;好一點的情況,只是讓我們忘了名字與數字,但嚴重時,目擊者出了差錯的證詞就會讓無辜者的一生斷送在監獄中。另外,還得將人類易受廣告影響的傾向也納入考量,像是那個在20世紀造成約百萬人死亡的史上最成功行銷活動之一就是一例:香煙廣告悲劇性的成功,揭露了行銷左右我們渴望與習慣的程度。

註1主觀意識與不相關因素也經常主導著我們的行為與決定，舉例來說：問問題所用的字眼會影響我們的答案，而投票地點也能左右我們的選票。註2 人類常在及時行樂的誘惑下犧牲了長遠的幸福，也因迷信超自然現象而偏離了正途。甚至我們的恐懼感與我們應該恐懼的事物也只有薄弱的關係而已。

這些現象所產生的結果就是，我們自認為理性的決定往往並非如此。簡單地說，大腦天生就有適合的工作項目與不擅長的事務。不幸的是，連要區分眼前的任務是屬於哪一類都屬於大腦的弱項，所以在大多數情況下，我們對**大腦臭蟲**（brain's bugs）掌握我們生活的程度仍一無所知。

大腦是個不可思議的複雜生物電腦，統籌人類的每個行為與每個決定，以及每個想法與每種感受。這個說法可能讓大多數人感到不自在。的確，並非所有人都能接受人類心智源自於大腦的這項事實，但我們卻毫不意外地默認了人性完全源自於實體大腦的說法。其實大腦對本身的瞭解程度，與計算機既定的上網功能差不了多少。

大腦在**過去就被設計**成一個經由人類感官來獲取外界資訊的裝置；經過分析、儲存與處理這些資訊，然後產生反應（行動與行為）來求取最佳的生存與繁衍機會。但就跟其他的運算工具一樣，大腦也有錯誤與極限。

1.Proctor, 2001.

2.Tversky and Kahneman, 1981; De Martino et al., 2006; Berger et al., 2008.

　　為了方便起見，我就不考量科學的嚴謹性，而從電腦術語中借用了**臭蟲**（bugs）一詞來泛指人類大腦所有的極限、瑕疵、缺點與偏頗。註3 電腦臭蟲的情況，從螢幕圖像上出現令人討厭的干擾到電腦當機或「藍屏死當」都有。電腦臭蟲偶爾會產生嚴重的後果，像程式撰寫不當可能會讓病人在進行癌症治療時接收到大量致命的輻射線。大腦臭蟲的影響也一樣廣泛：從簡單的假象、討人厭的記憶問題到非理性的決定都有，這些大腦臭蟲所造成的後果可能無害，但也可能會產生致命的危機。

　　如果你喜愛的軟體中有隻臭蟲，或是沒有某個重要功能，總會希望下一個版本的軟體會解決這個問題，但動物與人類就無法如此奢望了；對大腦來說，它沒有即時修復、更新或升級的能力。如果上述那些功都能成真，大腦最該被升級的功能是什麼呢？拿這個問題詢問一班大學生，他們的回答不外乎是能夠更容易記得一堆他們必須要記的名字、數字和事項（不過也有為數不少的學生直接選擇了讀心術）。有時候，我們都會費勁地要想起某個人的名字，於是「你認識……他叫什麼名字

3.基於個人因素，**大腦臭蟲**這個詞指的不只是認知上的偏差（請參考第七章），也代表記憶上的瑕疵、易受廣告與恐懼影響的傾向，以及迷信超自然現象的情況。簡而言之，會造成荒謬及有害行為與決定的所有人類行為都包括在內。當然，隨著我們深入探討就會發現，同一種認知在某些情況下是有益的，但在其他情況下卻具有殺傷力。（像是電腦臭蟲在多數情況下是無害的，但某些情況下就會造成問題。）皮亞泰利‧帕爾馬里尼以**心理通道**（mental tunnels）一詞來代表我們主觀具有的認知偏見（Piattelli-Palmarini, 1994）。布朗與柏登（Brown and Burton）在1978年的文獻中以**臭蟲**（bugs）一字代表孩童犯下的那類加法及減法錯誤。羅伯特‧薩波斯基（Robert Sapolsky）有篇文章就是以「大腦中的臭蟲」為題，不過當時他指的真的是寄生在大腦之中、對我們行為造成影響的蟲類。

啊？」就成了每一種語言中最常派上用場的句子了。但抱怨自己對於名字或數字記憶力不佳，有點像是埋怨智慧型手機在水中運作不良一樣。實際上，人類大腦本就不是用來儲存如一串名字和數字這種不相關的資訊。

回想一下，你這一生中只見過一次的人，像是搭飛機時坐在你旁邊的人。如果這個人告訴你他的名字與職業，你記住這二項資訊的程度會一樣嗎？還是其中一個會比另一個更容易記得？換句話說，你會將名字與職業一起忘掉，或因為某種原因，你對職業會記得比名字清楚？很多研究已經回答了這個問題。這些研究把標示著姓氏與職業的臉部照片秀給自願受測者看。同樣的照片在測驗階段再次出現時，受測者還記得的多是職業而非名字。有人可能會大膽斷定，這是因為有幾個原因讓職業較易記住，像是職業多為我們常用的字眼，而這也是目前已知一項有助於回想的要素。不過有些字不只可以做為名字，也可當做職業，像是：貝克（Baker）／烘焙師傅（baker）或發瑪（Farmer）／農夫（farmer）就是名字或職業皆可使用的字眼，所以聰明周全的實驗中也納入了這類用字。不過人們還是較為容易記得某人是**烘焙師傅**（baker），較易忘記某人叫做**貝克先生**（Mr. Baker）註4。

以下就是人類記憶怪異之處的另一個例子。

請唸一遍下列字組：

4.McWeeny et al., 1987; Burke et al., 1991

糖果、牙齒、酸、糖、好、味道、好吃、蘇打、巧克力、心、蛋糕、蜂蜜、吃、派

接著再唸一次並花點時間記在腦中。

請問以下哪個字詞有出現在上列字詞中：豆腐、甜、糖漿、翼手龍？

就算你非常聰明地知道這4個字詞都不在原先列表中，但比起**豆腐**與**翼手龍**，**甜**與**糖漿**還是讓你有些遲疑，心裡會多停頓一下加以確認。註5這個道理很明顯：甜與糖漿跟原先列表中的大部分字眼皆有相關。我們很容易混淆相關事物的現象不只局限在甜食中，名字也是一樣。人們總是會叫錯彼此的名字。但這個錯誤並不是偶然隨機發生的；我們知道人們常會對著現任男女朋友，錯叫成前任男女朋友的名字，還有，我猜我媽媽不是唯一一個會不小心叫錯自己小孩名字的討厭父母（我唯一的手足可是女生啊）。對於發音很類似的名字，我們也會混淆：在2008年的總統選戰中，包括一位候選人在內的數位人士，都不小心地在提到奧薩馬‧賓拉登（Osama bin Laden）時說成歐巴馬（Barack Obama）。註6要記下在飛機上遇見者的名字叫貝克，為何比記下他是個烘焙師傅難？為什麼我們對於極

5.研究記憶問題的這類程序被稱為DRM（Deese-Roediger-McDermott）。（Roediger and McDermott, 1995）
6.Michael Luo，「羅尼（Romney）的舌頭打結，分不清奧薩馬與歐巴馬」《The New York Times》, October 24, 2007.

相關的字詞與名字容易搞混？接下來，我們將會瞭解，人類大腦關聯結構所造成的直接結果，就是這二個問題的答案。

## 臭蟲與特質

　　就像日晷跟手錶的共同處只有用途相同一樣，電腦與大腦的相同處也不過就是它們都是一種運算資訊的裝置罷了。即使電腦與人腦都在解決同一個問題，例如電腦與人腦一同對弈（只不過人類會出現慌張的樣子）時的狀況，但兩者運算的方式卻極為不同。電腦顯現驚人的強大能力來分析數百萬種可走的路線，而人腦則仰賴自身模式辨認的能力，進而對數十種可能性深入分析。

　　電腦與人腦所擅長的運算方式完全不同。大腦運算能力中最重要的一項就是模式辨認（pattern recognition），這也是目前電腦科技中出了名的弱項。我們與電腦實際的互動狀況，就清楚顯現出人類在此點上的優勢。如果在過去10年間你曾經上過網，你的電腦可能曾在某個時間點禮貌性地詢問你能否將螢幕方塊中所顯示的扭曲字母或單字再輸入一次。就各方面而言，這個動作的目的再簡單不過了：就是要確定你是人類而已。更精確地說，是要確保你不是個自動運作的「網路機器人」──這是一種惡意電腦程式，用以傳送垃圾郵件、入侵私人帳戶、囤積演唱會門票或進行其他各種邪惡的計畫。這種簡單的測試稱做驗證碼（CAPTCHA, Completely Automated

Public Turing test to tell Computers and Humans Apart）。註7 談到驗證碼，就要先說明一下圖靈測試。圖靈測試（Turing test）指的是被稱為電腦科學之父的超級密碼專家亞倫‧圖靈（Alan Turing）所設計出的一項遊戲。在電腦大到佔據整個房間但數字運算能力遠不及今日咖啡機的1940年代，圖靈不只思索著「電腦是否能夠思考」這個問題，也想知道我們如何才能知道電腦能否思考。於是他提出了一個測試方式，由猜題者與被猜者（可能是人類，也可能是電腦）進行對談的一個小遊戲。圖靈認為，若是一部機器可以成功地被誤認成人類，那麼它就具有思考能力。

電腦無法思考，或甚至亦無人類模式辨認的能力，這也是為什麼驗證碼仍是個篩除網路機器人的有效工具。無論你是否聽出電話裡傳出的是奶奶的聲音、是否認出10年不見的表親臉孔，或只是簡單地在電腦螢幕上重新輸入那些扭曲字母，你的大腦都代表著地球表面上最先進的一種模式辨認科技。不過在電腦快速的攻城掠地之下，我們的這種優勢也許無法保持太久。下個世代的驗證碼也許還會包含不同層面的模式辨認技巧，像是抽象意義與圖形的三維透視等等。註8

對我們感官造成衝擊的「各式困惑」資訊，大腦的理解

---

7.驗證碼不算是種圖靈測試，但可想成是種逆向操作的圖靈測試，讓電腦能夠確定使用對象是人類。驗證碼的好處在於提供了一種快速客觀且對管理者來說相當便捷的測試。

能力令人印象深刻。3歲小孩知道不同人以不同口音所說的**鼻子**，都是指人臉上那個偶爾被大人說要偷走的東西。幼兒對語言的理解能力遠勝過現在的語言辨識軟體。在使用電話語音自動辨識服務（automated telephone services）時，語音辨識軟體仍會分不清個別使用者以各式口音所說出的字彙。若有發音相似的句子出現時，這些軟體常常會產生問題，舉例來說，像是「我協助語音辨識（I helped recognize speech）」與「我協助破壞好沙灘（I helped wreck a nice beach）」的英文發音就很相近。相反地，若要說人類模式辨識的能力有什麼問題，那也許就是這功能太過了，在一點誘導之下，我們就會看到實際上不存在的圖像——無論是教堂牆壁上出現聖母瑪利亞模樣般的謎樣水漬，或是自願為羅夏測試（Rorschach test）的墨漬圖加諸特別的意義等等。

設想一下，你要建立一個目的與驗證碼完全相反的測驗：一個人類無法通過，但網路機器人或任何你可選擇的非生物運算工具都可以通過的測試。當然，設計這樣的測試實在是簡單到令人沮喪。題目可以是「算出二個隨機數字的自然對數」，如果受測對象無法在幾毫秒內計算出答案，那背後的隱藏者就

---

8.以驗證碼圖案分析為基礎會衍生出的問題就是：得將圖案正真代表的東西編列成表，作為答案對錯的依據。這個問題的解決方式如下：在每次測試中要求每位受測者解讀一項已知圖案與一項新圖案，並由多位不同的受測者對這項新圖案進行解讀。藉由交互比對不同受測者的答案，電腦就可以自動確認出正確答案。使用複雜度漸增的測試，是要讓我們至少在接下來的一段時間，還能有項只有人類會通過的驗證程序。

是人類了。有一大堆簡單的測試可以抓出人類來。大體而言，這些測試反覆地圍繞著一項簡單的觀察結果打轉，那就是：人類大腦擅長模式辨認，對數學卻不怎麼拿手。即使在1940年代，圖靈就清楚瞭解這項事實。就像他會思索電腦能否思考，卻不會浪費時間去想「人類可以像電腦一樣運算數字嗎？」這類的問題，因為他知道這是天生的不平等；也許電腦有一天能與人腦思考感受的能力匹敵，但人腦絕對無法擁有電腦超強的數字運算能力：「若是人類試著假扮機器，他的表現顯然會極為遜色。緩慢不正確的計算，馬上就會讓他出局。」註9

讓我們做點心算：


一千加四十等於多少？

現在再加上一千

再加三十

再加一千

再加二十

再加一千

最後再加十等於多少？


---

9.Turing, 1950.

　　大多數人都會回答5000，而不是正確答案4100。我們記下個十百千萬位置的心算能力不太出色，而且這個特定序列會讓多數人把其中一個放錯位置。

　　多數人在群眾中找尋一個臉孔的速要比回答8 X 7來得快。說穿了，事實就是我們的數字計算能力極差。弔詭的是，地球上差不多每個人都會使用一種語言，但要心算57 X 73卻覺得非常困難。實際上以任何客觀的評量方式，都會顯示57 X 73的計算任務，比擅長使用一種語言簡單許多。當然，經過練習我們的確可以增進心算能力，但無論怎麼樣練習，都無法讓人們於計算自然對數時，跟辨認驗證碼內扭曲字母時一樣簡單快速。

　　人類本質上幾乎就是種動物，而數字計算則是種數位知識：無論是1還是1729，每個整數都代表一個離散數量（discrete numerical quantity）。而連續整數的離散本質，與介於橘色及紅色間這類模糊的形式完全不同。法國神經學家史坦尼斯勒斯・狄漢（Stanislas Dehaene）在著作《數字感》（*The Number Sense*）中強調，雖然人類與動物天生就對數量有感覺（有些動物經過訓練可以算出某處中的某物數量），但那事實上不是種數位知識。[10] 我們能夠以符號代表數字42與43，但我們比較「四十二」與「四十三」時的感受，就與比較「貓」與「狗」的感覺不同。[11] 我們也許天生就對1至3的數量有感

---

10.史坦尼斯勒斯・狄漢的著作《數字感》（1997），對於人類與動物數字能力以及人類數學能力極限的概略情況，提供了絕佳的討論。

覺，但超出這個範圍就會感到混淆，像是我們也許只消對卡通中的辛普森看一眼，就說得出他有2根還是3根頭髮，但是當問到他有4根還是5根手指時，可能就得數一數才能得知。註12 在現代世界中要舉出數字重要性的例子多到不勝枚舉，從年齡、金錢的計算，到棒球比賽的統計數值都是，所以當我們知道在某些狩獵採集者的語言中，似乎沒有單字可以代表2以上的數字時，的確會感到驚訝。在這種「1、2、很多」的語言中，大於2的數量就簡單落在「很多」的這個項目中。就演化而言，模式辨認的需求確實要大過數數與算數。一眼就可以看出地上有蛇，要來得比到底有幾條蛇來得重要多了 —— 在這裡，「1、2、很多」的系統當然十分受用，因為1條可能有毒的蛇就已經讓人承受不住了。

我們都知道大腦不擅長數字運算。但為什麼一個有能力馬上辨認面孔並且能在比賽中進行必要計算以接到飛球的裝置（大腦），卻對數學上的長除法十分傷腦筋呢？就像手錶的每個零件均竭盡所能地顯現精確時間般，各種計算裝置的組成元件也各司其職地呈現其擅長的運算模式。人類大腦是由近乎100兆個突觸連接900億個神經元所組成的網絡，其元件與連線

11.天資聰穎的數學家會產生特別偏愛特定數字的情況，而且還會給每個偏愛數字設定某種特性。舉例來說，數字97是最大的二位質數，或是8633是二位質數中最大二者的乘積。不過，這可不表示這些數學家對於8633與8634在數量上的不同會有什麼特別的直覺感受，而是差不多就像我們一般人對1與2的感覺一樣。

12.4根。

遠大於由1兆個連結與200億個網頁所組成的全球網際網路。註13
跟資訊處理元件一樣，神經元會向外發展，試圖建立與其他數
千個神經元的連線並進行同步交流。它們非常適合執行像模式
辨認這一類從個別關係中瞭解整體概念的運算任務。我們將會
瞭解，大腦絕大部分的運算能力，來自於其內部代表各片段資
訊之神經元相互連結的能力（這些片段資訊在外部世界也以某
種方式互有關聯），而這可不是種巧合。相反地，電腦晶片上
百萬個電晶體，每一個的虛擬試誤與離散性轉換的特質，則讓
它在進行數字運算上有最佳表現。神經元是切換糟糕的喧鬧元
件，沒有人會用神經元這樣的元件來組成執行算術的裝置，不
過若是執行臉孔辨認系統的設計則有可能。

　　大腦建立連線與塑造關聯的那股與生俱來又壓制不住的
能力，在我最愛的假象之一「**麥格克效應（McGurk effect）**」
得到極佳的說明。註14 在一個典型的示範教學中，你看到影片
中有位女士在說話。當你凝視她的臉孔時，你看到她的嘴唇在

13.這些數字無可否認地都只是估計值。900億這個值來自一篇關於細胞分離（cell fractionation）的近期研究（Herculano-Houzel, 2009）。有研究認為每個神經元平均會接收超過1000個突觸（Beaulieu et al., 1992; Shepherd, 1998），所以將這個數值乘上神經元的個數就得到100兆個突觸這個估計值。（不過要注意的是，腦中最常見的神經元類型是小腦裡的粒細胞〔granule cell〕，連接到這種細胞的突觸實際上非常稀少，大約10個而已。）200億網頁的估計值來自於http://www.worldwidewebsize.com（谷歌指標）2010年的數值。1兆個連線則是我以網頁平均連線數乘上總網頁數所得到的估計值，不過我認為這個估計值可能估得太過，因為平均而言，1個網頁向外的連結少於10個（Boccalettii et al., 2006），但我寧可多估也不要少估，故就以1個網頁有50個向外連線來計算。

動（沒有合在一起），並聽到她重複發出「答答、答答」的聲音。但當你閉上眼睛後，聲音聽起來卻是「吧吧、吧吧」。這真是令人驚奇，你會聽到什麼全憑眼睛是否看到而定。這個假象是將發出「吧吧」的音軌與說出「嘎嘎」嘴型的影帶結合在一起所形成。那為什麼張眼時會聽成「答答」呢？因為大腦運作時，會有極強烈的傾向去找出不同事物間的相關性或關聯。除非你看了太多配音不佳的功夫片，不然當你看到某人的嘴唇閉合又張開時，99%的情況你聽到的都是「吧」這個音。你的大腦挑選並儲存這個資訊，並以它來決定你會聽到什麼。聽覺與視覺資訊產生衝突時就產生麥格克效應。雖然你的聽覺系統聽到的是「吧」，但因為你的視覺系統沒有看到嘴巴閉起，所以大腦就拒絕相信那人說的是「吧」。於是大腦就要找個介於「吧」與「嘎」之間的音，這通常就是「答」了。（說「答」時的嘴唇位置介於「吧」嘴唇完全閉合與「嘎」嘴唇大大張開之間。）無論你是否知道，我們都會讀唇。當我們在吵雜的房間中想要知道別人在說什麼時，這是一個有用的特質，但在觀賞配音不佳的電影時，卻可能變成麻煩。我們的心智能力仰賴自身神經元與其他遠近神經元分享資訊的能力，並在我們體驗過的聲音、景象、概念與感受中創造出連線，要將這份程度誇大實為困難，因為這是大腦預先設定好的功能。經由聽覺與視

14.McGurk and MacDonald, 1976，網路上有許多此效應的示範樣本，可參考www.brainbugs.org。

覺的關聯，孩童學會**肚臍**指的就是肚子中央部位那個迷人的構造。我們學會由數個筆劃形成一個字母，以數個字母組成單字，並瞭解這個單字所代表的物件；上述的這份學習能力全都源自神經元與突觸攫取與創造關聯性的能力。註15 不過我們對相關概念混淆不清的傾向，以及**貝克**（Baker）這個名字遠比**烘焙師傅**（baker）難記的現象，也與人類大腦的**關聯結構**（associative architecture）脫不了關係。

記憶缺陷不是唯一與儲存資訊有關的大腦問題。我們將會看到，人類的想法與決定都是主觀意識與反覆無常作用下的犧牲品。舉例來說，酒瓶上的標價強烈影響我們判定一瓶酒本身的好壞。註16 我們易受廣告誘惑的傾向，也與大腦的關聯結構脫不了關係；而廣告的影響程度，則取決於特定產品與舒適、漂亮或成功之類欲望特質在我們大腦產生連結的情況而定。

15.學習認知的信念仰賴同步發生或依序發生（具連續性）之事件與概念間的關聯性，這在哲學與心理學上都是老生常談了。從亞里斯多德，再經約翰·洛克（John Locke）、詹姆斯·米爾斯（James Mills）、約翰·華生（John Watson）到最近的多納德·海伯（Donald Hebb），並加上許多「承先啟後」的構思者，讓關聯的形成在古典制約與操作制約、學習語言與認知上皆佔有一席之地。但就像史迪芬·平克（Steven Pinker）所強調的，人類認知的產生與組織，無疑還得歸功於其他方式幫忙。（Pinker, 1997, 2002）雖然如此，關聯性在心智處理過程中的重要性毫無爭議。就像海伯與其他學者所預測的，當兩個神經元幾乎同時活化時，這兩者間的突觸就會強化，這項後來經過實驗證明的事實，讓關聯性在神經科學上的重要性更為強化（請參考第一章）。

16.Plassmann et al., 2008.

## 演化就是胡亂嘗試

　　神經元與突觸是演化設計上令人印象深刻的產物。雖然神經系統極為精細複雜，而且現居於地球的生命形式驚人的多樣與美麗，不過做為專責「設計」的演化過程可能也會產生非常粗糙的情況。數兆年以來，生命辛苦地在試誤中雕塑成形，每一項成功都是經歷眾多死胡同後所換來的代價。即便成功繁衍下來的生物也充滿了不完美：水生哺乳動物不能在水底呼吸、嬰兒的頭大到不容易通過產道，以及人類視網膜上都有個盲點。生物演化過程不在於發展出最完美的生物形式；而在於讓個體發展出比其他個體更佳的繁衍優勢。

　　想想一隻剛孵出來的小鵝要如何確定母親是誰，這對小鵝來說是非常重要的資訊，因為在接下來的數星期中待在能夠提供食物、溫暖與飛行教學者身邊可是個好主意。大自然為此問題設計出來的解決方案就是，雛鵝在破蛋的第一個小時中，對首先看到的移動物體會產生**印痕作用**（imprint）。但印痕也可能產生失敗的結果。若小鵝最先看到的是一隻狗、一隻玩具鵝或是神經行為研究學家康瑞·勞倫茲（Konrad Lorenz），那麼牠可能會就跟隨他們。更精巧的解決辦法是讓小鵝天生就對母鵝的模樣有較佳概念。印痕是演化胡亂嘗試下產生的一個可以解決事情又較易執行的方式，但也可能變成整體設計上的致命缺點，因為演化造就出來的解決方式，往往並非有智慧的設計

者會採行的方式。

主要任務為研發新式飛機的航太工程師，會從包含驅動力、上升與拖動等等理論的分析開始著手，接續建立模型與進行實驗。最重要的是，在飛機的建造過程中，會先安全地待在地面上組裝零件，並進行校準與測試。演化過程可沒有如此奢侈的安排。一個物種總是在「飛行當中」完成演化。每個接續的改變都必須具備完整的功能性與競爭力。神經學家大衛‧林登（David Linden）說過，人類大腦就是七零八落的演化組件或是各種臨時應急機制逐漸累積下的成果。註17 在大腦演化的過程中，各類新構造往往就直接架在舊構造上，造成重複、資源浪費以及不必要的複雜度，有時還會針對同一問題提出相互矛盾的解決方式。更進一步來說，想要因應新式運算的需求，也必須先裝入現代化的硬體才行。可惜在這個過程中，人類沒有從類比切換到數位的開關。

在演化組裝設計過程所產生的結果中，人類當然不是唯一會因為大腦臭蟲而面臨死亡的動物。你也許曾觀察到一隻蛾因飛向燈泡或燭火而死亡。難以觸及的月光是飛蛾夜間飛行的指引，但是接觸得到的燈火卻致命地攪亂了牠們的內建導航系統。註18 我們也知道，面對汽車快速接近的臭鼬會趴在地上一百八十度大轉身、抬起尾巴向汽車放出臭氣。就像許多人類

---

17.Linden, 2007.

18.理查‧道金斯將此稱為「失靈（misfiring）」。（Dawkins, 2006）。

大腦臭蟲一樣，某些動物現在生活的世界，原非牠們演化所適用的環境，於是就造成了這樣的錯誤。

動物王國中的其他大腦臭蟲更難以理解。也許你曾偶然有機會看到一隻老鼠在運動滾輪中快活地跑著。自己有隻寵物鼠的人都知道，老鼠會在滾輪上面跑數個小時才會停下腳步，這些人可能也會想知道，為何老鼠會願意花費這麼多時間與精力在滾輪上跑步。以人類的觀點來解釋，答案就可能會是：**因為這個可憐的小東西窮極無聊，不然牠還可以做什麼？**但老鼠在滾輪上努力跑步較像是種迷戀，而非無聊打發時間。數十年前就已經證實，就算老鼠1天只有1個小時可以盡情享用食物，牠們還是可以在實驗室中過著健康的生活。然而，若是在牠們的地盤上放個滾輪，牠們常常在數天內死亡。牠們每一天都想要跑得更多，所以很快地就會因為體溫過低與飢餓而死亡。雖然籠子中有滾輪的老鼠活動量較大，但實際上在同樣1個小時的用餐時間中，牠們吃得要比沒有滾輪的老鼠少。註19 顯然這種跑步嗜好對老鼠而言不是項健康的有氧運動。與人類及蟑螂一樣，老鼠與寵物鼠都是經過高度演化的動物。只有少數幾種動物才能在全球各個不同的角落中生存與大量繁殖，牠們都是相當具有適應力與彈性的動物；所以老鼠怎麼會笨到為了跑滾輪而送命呢？顯然滾輪啟動了某些神經迴路，而這些迴路在齧齒

19.Routtenberg and Kuznesof, 1967; Morrow et al., 1997.

類的演化史上皆無經過適當基本測試的先例可循。

在飛蛾與臭鼬族群中，會撲火與會被車輾死者繁衍的數量相較於無此問題者會比較少，所以蛾與臭鼬族群的大腦臭蟲最終會有所導正。但是進行設計的演化過程，卻是惡名昭彰地極為緩慢，所以產生了瑕疵。讓生物不會誤食某些有毒黃海參的最原始演化策略，就是讓那些誤食黃海參的動物生病或死亡，那麼會誤食黃海參的動物後代就會減少。這個過程可能要花費幾萬世代才會定型，而且萬一海參變色了，此過程又要重新來過。演化對於本身過程緩慢這個問題最明智的解決辦法就是學習：許多動物在首次咬到有毒獵物後，就知道要避免再度誤食，或者更好的方法是，觀察媽媽的取食習慣就能知道何為安全可食用的食物。「學習」讓動物能夠在自己有限的生命中去適應環境，但只能達到某個程度而已。就像飛蛾仍會撲火或臭鼬仍堅持要在車子前面釋放臭氣一樣，許多行為相當沒有彈性，因為這些行為已經固定在大腦迴路之中。舉例來說，我們將會看到人類具有一種內在傾向，會害怕那些曾經對我們生命福祉有重大威脅的事物，像是掠食者、蛇、密閉空間與陌生人等等。因此對於在現代世界才會發生的車禍與心臟病這類事物，反倒成了人類最後才會考量的事情。實際上，也因為演化過程過於緩慢，所以包括人類在內的許多動物，目前正在運作的都是一套我們會覺得古老到難以置信的神經運作系統。

雖然以電腦來類比神經系統可能會有些誤導的情況，不過

要瞭解我所說的神經操作系統，運用電腦來類比的方式還是派得上用場。電腦所要執行的任務就是發揮自身軟硬體的功能；電腦硬體指的就是晶片與硬碟這類實體零件，而軟體就是指儲存在硬體內的程式或指令。我們可以把電腦的操作系統想成軟體中最重要的一部分，它不但是提供電腦整體功能最簡要設定的主程式，也是運作大量附加程式的主力。不過當我們談到神經系統時，其軟體與硬體的分界再怎麼樣還是模糊難定。我很想將神經元與突觸當做硬體，因為它們是大腦的實體部分，但每個神經元與突觸也都各自擁有來自先天與後天塑成的特質。當人類進行學習時，神經元與突觸會產生變化，其特質接續就會主導我們的個性與行為，這就是大腦所執行的程式。所以神經元與突觸也同時是大腦的軟體。

　　電腦與人腦間更適當的比喻法，是將電腦硬體**與**操作系統比擬成包含如何建構人腦指示的基因編碼程式。電腦中的硬體與操作系統是電腦的固定實體，這部分原本就被設計成無法簡單與經常性地進行改變。同樣地，引導神經系統發展與運作的基因藍圖也幾乎是固定不變。神經操作系統建立了大大小小的每件事情，從額葉皮質的大致尺寸到主導經驗如何形塑幾十億神經元與幾兆突觸的特質都包括在內。編寫在我們DNA中的既定指示，也掌控著人類心智較為無形的特質，像是我們喜歡性愛、不喜歡指甲刮黑板的聲音等等。人類神經操作系統確保我們都能擁有相同的基本欲望與情緒。演化必須提供能與這些

欲望及情緒一致的認知配方，像是在恐懼感與好奇心中取得平衡、對於理性與非理性決定間有所取捨、權衡自私與利人行為的輕重，還有建立某些難以理解又經常變化的啟發探索方式來融合情愛、嫉妒、友誼和信任等等。恐懼感與好奇心間的最佳平衡是什麼？在整個演化過程中，好奇心驅動生物探索新環境的欲望與產生適應新環境的能力，而恐懼感保護動物免於進入一個最好避免探索的可怕世界。為了在不可預測的多變世界中處理各式各樣未來會遇到的場景，演化面對的是一項得讓各種欲望與行為獲得平衡的艱鉅任務。執行這個任務的結果並非產生一個固定的平衡情況，而是打造出一組可以讓環境改變我們天性的規範。因為我們**智人**（*Homo sapiens*，指的是相較於已絕種之原始尼安德塔人〔Neanderthal〕的現代人）目前掌控地球，所以看起來演化似乎賦與人類一個極利於生存與繁衍的操作系統。

但今日我們所居住的是初代**智人**所不能理解的世界。隨著時間的過去，身為一個物種的我們，從沒有名字與數字的世界來到大量仰賴名字與數字的世界、從一個以取得食物為優先考量的世界來到了食物過剩可能造成嚴重健康問題的世界、從一個只能以超自然力量「解釋」未知事物的時代來到了多數事物都能經由科學解釋的世界。然而，我們使用的依然是本質相同的同一套神經系統。雖然人類並非居住在原先設定的時間與空間中，但寫在我們DNA中用來建構大腦的那組指令還是跟10萬

年前一樣。這就產生了一個問題，對於人類為自己建立出的數位化、無掠食者、大量含糖、充斥特殊效果、充滿抗生素、媒體充斥且人口稠密的世界中，由演化建立的神經操作系統究竟能適應到什麼樣的程度？

　　我們在下一章中將會看到，大腦臭蟲影響的範圍從對人類生活無害到會產生嚴重後果的各種情況皆有。大腦關聯結構造成了錯誤的記憶，也讓政治人物與廠商容易左右我們的行為與信仰。人類笨拙的數字能力與不正確的時間感，讓我們容易做出不明智的財務決定、也造成了不健康且不環保的政策。人類容易對非我族類害怕的天性會混淆我們所做的決定，影響到的不只是要把票投給哪位候選人，甚至連發動戰爭與否也包括在內。人類生性似乎就有迷信超自然力量的傾向，這種情況常會壓制大腦較理性的區域，有時就會造成悲慘後果。

　　這些大腦臭蟲在某些情況中明顯可見；不過在多數情況下，大腦並不會放大這些缺陷。就像父母小心翼翼地過濾自家小孩可能接收到的資訊一樣，大腦也會編審進入我們心智的的許多資訊。如同你的大腦可能會剔除上個句子中多出來的那個「的」一樣，人類常常不知道掌握自己決定與行為的那些任意且非理性的因素。藉由探討大腦瑕疵，我們更可以激發自我的天生能力與瞭解自我缺點，好讓我們能夠加以改善。探索人類認知極限與心智盲點也是人類追求自我認知的簡單作法。因為

西班牙卓越神經學家拉蒙卡哈（Santiago Ramon y Cajal）曾說過：「只要大腦仍是個謎團，那麼其所反映出的大腦構造，也依然是個謎團。」

# 第1章 記憶網絡

「我曾到加拿大為爵士樂歌手Miles Davis開場，嗯……我指的是Kilometers Davis啦。」這段笑話節錄自喜劇泰斗札克‧加利費安納吉斯（Zach Galifianakis）的演出中。要能對這段話發出會心一笑，就得大力借助二個聯想，一是**公里與英里**（kilometers／miles）間的聯想，另一個則是**加拿大與公里**（Canada／kilometer）間的聯想。也許人們在有意無意中會記得，加拿大使用的是與美國不同的公制單位，因此才會產生「公里（kilometers）」取代「英里（miles）」的情況，或者像這個笑話般直接以「Kilometers」來取代「Miles」這個名字了。幽默中許多難以理解的元素之一，就是要有前後相互呼應的內容並發揮合理卻出乎預期的聯想。註1

重現前面談過的題材來帶出幽默感，是喜劇界常用的另一

1.Brownell and Gardner, 1988.

33

項實用手法。午夜電視節目的主持人與單口說笑的喜劇演員，常會先以一個主題或人物來說笑，過幾分鐘後，又在無預警的情況下，以完全不同的說法回頭點到原先的主題或人物，帶出幽默的效果。不過同一段話語若未觸及之前的題材，就完全失去效果了。

那麼就大腦的運作方式而言，幽默感的表現方式究竟透露出什麼訊息？它揭開了人類記憶與認知上的二個基本要點，這二點可用下面這段不怎麼幽默的方式來說明。

大聲回答下述前二個問題，然後以你腦海中第一個浮現的東西回答第三個問題：

一、肯亞位於哪一洲？
二、西洋棋中的棋子是哪二種不同的顏色？
三、任意說出一種動物的名稱。

對於第三個問題，大約有20%的人會回答「斑馬」，而有50%左右的人所說的動物都是來自非洲。註2 但若只是突然詢問某種動物的名稱，會回答「斑馬」的人則不到1%。換句話說，先把人們的注意力引到非洲及黑白兩色上，就有可能左右

2.從大學心理課中調查得知的答案有：斑馬（20%）、大象（12%）、狗（9%）、長頸鹿（6%）、印度豹（3%）、老虎（3%）、貓（2%）、海豚（2%）、熊（1%）、牛（1%）、鰻魚（1%）、袋鼠（1%）、科摩多巨蜥（1%）、熊貓（1%）、兔子（1%）、小黑魚（swimmy，1%）、鯨魚（1%）。

他們的回答。就像喜劇慣用手法,前述例子提出了人類記憶與心智的二項關鍵要素,而這也是本書中會不斷提起的主題。

首先,記憶是以聯想方式儲存下來:相關概念彼此會產生聯結,例如:斑馬與非洲,或是公里與英里。接著,在思考一個概念時,不經意就會「擴及」到其他相關概念,讓其他概念更容易被想起。這二項關鍵要素的作用,解釋了為什麼想到非洲後,在任意說出一種動物名稱時,腦海中迸出的動物就是「斑馬」。這種自發性的不自覺現象稱為**促發**(priming)。如同一位心理學家所言:「我們從起床到就寢間所做的每一件事都受到『促發』的影響,甚至連作夢時也不例外。」註3

人類經常對相關概念感到混淆,並且具有在心猿意馬且非理性情況下做出決定的傾向,在我們將這一切均歸罪於記憶聯想的本質之前,先來看看記憶究竟是由什麼所構成的吧。

## 語意記憶

直到20世紀中葉,記憶仍舊被當成一種單一現象來研究。目前已知記憶可分為陳述性記憶(declarative memory)與非陳述性記憶(nondeclarative memory)二大類。對於住址、電話號碼、印度首都等等這一類的認知,被稱為**陳述性記憶**(又稱**外顯記憶**〔explicit memory〕)。陳述性記憶正如其名所示,是在

3.Purves et al., 2008.

意識清楚的情況下，能夠回想並可用言語來描述的記憶，例如某人不知道印度首都是哪個城市，我們可以告訴他是新德里。相較之下，只靠語言就想要讓他人瞭解「如何騎腳踏車、辨認出某張臉孔或耍火把技巧」等等的知識技巧，其實跟對牛彈琴差不了多少，因為這些都屬於**非陳述性記憶**（又稱**內隱記憶**〔implicit memory〕）的範疇。

我們可藉由對自身的思考與觀察，確認大腦中這二套各自獨立記憶系統的存在。舉例來說，我們記得自己的電話號碼，並且輕而易舉地就可以告訴別人這一串數字。然而常常需要在鍵盤上輸入的個人帳號密碼，雖然也是一串數字，但因為不常由自己口中說出，所以我們也知道在某些情況下可能會「忘記」正確密碼，因此需用筆把它記下來。其實只要我們可以在鍵盤上正確輸入這串數字，就代表著自己仍然記得密碼，所以可用假裝自己正在鍵盤上敲打密碼的方式來記起這串數字。上述所提的電話號碼是明確存於陳述性記憶中的數字，而會「忘記」的個人密碼則是隱藏在非陳述性記憶的動作之中。

「電腦鍵盤上，E鍵的左邊是哪個按鍵？」對於這樣一個問題，你也許不知道要怎麼回答。就算你知道如何打字，你的腦袋也清楚每個按鍵的位置，但你就是無法回答這個問題。不過如果假裝自己正在打字，做出敲打鍵盤的動作，也許就能獲得解答。鍵盤上每個按鍵的位置分布是儲存在非陳述性記憶之中，除非你已明確記下鍵盤的排列順序，才會儲存到陳述性

記憶裡。陳述性記憶與非陳述性記憶兩者都還可以再進一步細分成亞型，不過這裡討論的重點只在於陳述性記憶中的**語意記憶**，這類記憶儲存了我們對於意義與事實的大部分認知，包括像是「斑馬生存於非洲、巴斯克（Bacchus）是（希臘與羅馬神話中的）酒神，或是有人請你吃洛磯山牡蠣（Rocky Mountain oysters），而你知道那其實是一盤公牛睪丸」等等的知識。

這類資訊究竟是如何儲存在大腦中呢？有些相關的議題更為深奧。任何一個曾經目睹阿滋海默症緩慢蠶食病患靈魂的人，都會意識到人格與記憶間密不可分的重要性。也就是這個原因讓「記憶究竟如何儲存於大腦中」的這個問題，成為神經科學界始終追尋不懈的聖杯。這裡我會再次以電腦存取資料的方式做為比喻來解答這些問題。

記憶需要一個儲存裝置，這有些類似實體裝置的存取，像是在舊型電腦卡上打洞、在DVD上燒入微點，或在隨身碟的晶體管中載入或釋出電荷。這之中必有編碼做為中介協定，以決定裝置中的實質改變如何轉換成有意義、可回想且具效用的東西。在便利貼上匆忙記下的電話號碼代表著一類記憶，留在便利貼上的字跡則是一個儲存裝置，而數字的寫法就是一種編碼。對於不熟悉阿拉伯數字寫法的人而言，這段記憶就有如小孩的塗鴉一樣，毫無意義可言。以DVD來說，其中的資訊是以長串的0與1序列來儲存，這序列可對應到是否有小洞燒在DVD的反射面上。然而小洞的存在與否並無法讓我們得知編碼的意

義:「那串數字可以轉譯成家人照片、音樂還是銀行帳戶密碼呢？」我們需要知道這些檔案的格式，弄清楚究竟是圖檔、音樂檔還是文字檔。其實這些編譯成碼的檔案背後是有邏輯可尋，那串0與1的序列會根據某種規則產生變化，若是你不知演算方法來將其解碼，那麼這份實體記憶就一點用處也沒有。

另一個著名的訊息儲存系統「基因」，已充分闡釋了同時瞭解儲存裝置與編碼的重要性。西元1953年華生和克立克（Watson and Crick）在闡述DNA（去氧核糖核酸）結構時，他們以4種核苷酸（nucleotides，以字母A、C、G及T來表示）所排列的序列來建構出資訊儲存在分子層級結構中的情況。不過他們並沒有解出基因的編碼，瞭解DNA的結構並不表示就知悉這些字母真正的意義。直到60年代，核苷酸序列轉譯成蛋白質的基因編碼被破解，這個問題才有了解答。

要瞭解人類的記憶，我們必須先確實知道當記憶儲存時，大腦中的記憶裝置會產生什麼變化，並破解出記錄下這些資訊的編碼。雖然我們對於上述二者並非知道得一清二楚，但現有的知識已足以建構出其中概況。

## 關聯結構

人類大腦運用關聯性的方式來儲存所有的事實性知識。也就是說，一項知識是藉由與其他知識間的關聯性來儲存，所以此知識的意義即衍生自與其相關的各類知識。[註4] 就某種意

上而言，這種關聯結構與全球資訊網路的結構相對應。全球資訊網路包含許多複雜的系統，我們可以把它想做具有許多節點（網頁或網站）的網路，每個節點以某種方式與許多節點互動（連線）。註5 而節點彼此間的連結並非隨機產生。比如說，一個有關足球的網站所連結的其他相關網站，會與「全球各地的足球隊」、「近期賽事比數」與「其他運動」等有關，不太可連結到摺紙或水耕之類的網站上。而網站間的連結模式也透露出大量的資訊。舉例來說，隨機選出的2個網站，若是其連結的網站絕大部分都相同，那麼這2個網站擁有相同主題的機率，就比之間沒有任何相同連結的2個網站大得多。所以可用相同連結網站的多寡來將網站分門別類。同樣的原則在人際關係上也能獲得印證。例如在臉書中，來自同一城市或是就讀同個學校的人（節點），彼此是朋友（有連結）的機率就大得多，而來自不同地區或不同學校的人，會是朋友的機率就小多了。換句話說，即使尚未讀到某人臉書上寫的隻字片語，光是看看他的朋友名單，對此人就能略知一二了。無論是全球資訊網路或是臉書網絡，任何一個指定節點的相關資訊，都可以從此結點連出與連入的節點清單中大量獲得。

我們也可以用自由聯想的方式，小規模地探索我們自身的記憶結構。當我從**斑馬**此字開始進行自由聯想時，我的腦袋

4.Collins and Loftus, 1975; Anderson, 1983.
5.Watts and Strogatz, 1998; Mitchell, 2009.

中會浮現**動物、黑與白、條紋、非洲**與**獅子的獵物**等字眼。就像點選網頁中某項連結般，自由聯想實質上就是讓我意會到大腦在**斑馬**與其他概念間所建立的那些連結。心理學家試圖要歸納出什麼樣的概念總是會有相關；而這樣的嘗試則讓無數主題衍生出無數的字詞，進而建立出巨大的自由聯想資料庫。註6 其結果可以想成由超過1萬個節點組合而成的複雜網路。圖1.1即為此語意網絡的一小部分。圖中的一對字詞間之關聯強度是以百分比來表示，從0%（沒有連線）到100%都有，而在圖上則以線條的粗細來對映其強度百分比。提到**大腦**（brain）時，有4%的人會聯想到**心智**（mind），這與由**大腦聯想到頭**（brain／head）的人數比起來相差許多，因為能從大腦聯想到頭的人數，是驚人的28%。從圖中可看出**大腦**與**臭蟲**之間並不直接相連，也就是說提到**大腦**這個字眼時，沒有人會想到**臭蟲**。然而，圖上卻也顯示出將**大腦**與**臭蟲**「串聯」在一起的二個可能間接途徑。雖然此圖中出現的網絡是調查數千人所得出的結論，但每個人自身還是擁有能反應出獨特個別經驗的語意網絡。所以儘管對世人而言，大腦與臭蟲這二個字幾乎完全不相關，卻因為我對這兩個字詞間的聯想（像是當我從**大腦**〔brain〕一詞進行自由聯想時，腦中就迸出了**複雜**〔complex〕、**神經元**〔neuron〕、**心智**〔mind〕與**臭蟲**〔bug〕等等字詞），而讓這2個節點有可能產生強力的連結。

6.Nelson et al., 1998.

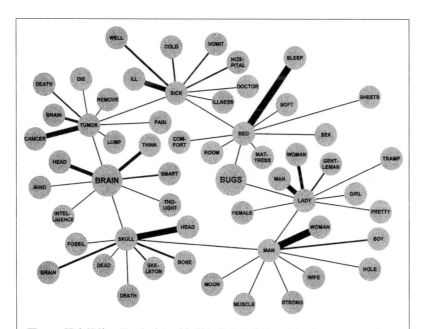

圖1.1　語意網絡：從一個字詞（起點）散出的連線，連結到與它最相關的字詞
（目標）上。起點與目標間連線的粗細，代表著提到起點字詞時想到目
標字詞的人數比例。此圖以「大腦（brain）」做為最初的起點字詞，
而其中顯示了有2條路徑能夠串聯至目標字詞「臭蟲（bug）」。（此
圖是以南佛羅里達大學自由聯想字詞資料庫的數據來繪製。〔Nelson,
et al., 1998〕）

　　節點與連線是用來描述人類語意記憶結構的簡便方式。但
大腦是由神經元與突觸所構成（請參考圖1.2），所以我們得先
清楚瞭解，節點與連線實際上是對應到大腦的哪一部分。

　　神經元是大腦的運作單位，我們可以把它想成在任何時間
點上，若不是處在「啟動」就是「關閉」的一種特殊細胞。當

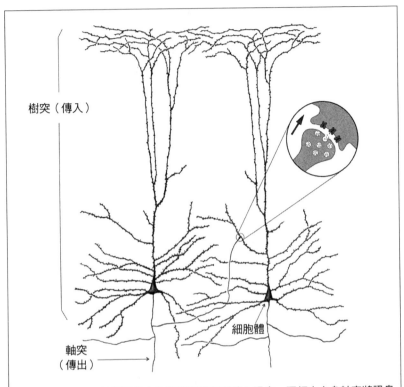

**圖1.2** 神經元：神經元從本身的樹突接收到傳入訊息，再經由自身軸突將訊息傳出。兩個神經元的連接點（嵌入處）就是突觸。當突觸前神經元（圖左的傳出者）活化產生動作電位時，會釋放出神經傳導物質囊泡至突觸後神經元（圖右的接收者）。樹突通常具有棘狀突起，這也是形成突觸的地方，而軸突則較為平滑。人體內角錐形的神經細胞體大約為0.02公釐長，不過從神經細胞體到樹突的最遠端有時可達1公釐長。

神經元「啟動」時，它會激發出**動作電位**（action potential，這是神經電位快速上升並持續1毫秒左右的一種現象），然後與其他神經元（或肌肉）產生交流。當神經元「關閉」時，它可

能會聽聽其他神經元的訊息,但仍然保持緘默。神經元會經由各自的**突觸**(synapses,神經元的連接點)彼此溝通。單一神經元可經由突觸促使其他神經元「發聲」,並激發出自身的動作電位。有些神經元會連接超過1萬個其他神經元的突觸,然後再將訊息傳送到另外數以千計的神經元上。如果想要建立出以相關形式儲存資訊的運作機制,以神經元來建構會是眾望所歸的方式。

那麼就神經系統而言,代表「斑馬」的節點是什麼呢?我們腦中會有個代表**斑馬**的神經元,或是另一個代表**祖母**的神經元嗎?事實並非如此。雖然我們尚未完全瞭解大腦如何將個人所知的無數物件與概念轉譯成碼,但每個概念(如**斑馬**)都是經由大量神經元活化以進行編碼的這個事實,卻十分清楚。所以將「斑馬」節點想成是一群活化的神經元也許較為恰當,也就是將其想成一群彼此進行交流的神經元(這些神經元不一定要極為靠近彼此)。此外,如同一個人可以同時成為各類不同社群的成員一樣(身兼自行車選手、德州人與癌症倖存者),特定神經元也可以成為許多不同節點的成員。加州大學洛杉磯分校(UCLA)神經外科醫師伊薩克・佛萊德(Itzhak Fried)提供了神經與節點關係的大致情況。他與同事記錄一群受測者看到明星及名人照片後,大腦皮質神經元活化的情況。當某個名人的照片出現時,有些神經元就會活化。舉例來說,只要拿出任一張珍妮佛・安妮斯頓的照片,某個神經元就必定會活化,

而在同區內的另一神經元，則對任何一張比爾・柯林頓的照片皆有反應。註7 換句話說，就算不知道受測者在看誰的照片，研究人員只要從哪一個神經被活化，就可以大致猜出受測者看見了誰的照片。我們也許能大膽認定第一個神經元為「珍妮佛・安妮斯頓」節點的成員，而另一個神經元則是「比爾・柯林頓」節點的成員。不過重要的是，即使這些神經元是「珍妮佛・安妮斯頓」或「比爾・柯林頓」節點的一部分，但它們也有可能會因一張完全無關的照片而產生活化現象。

如果某個節點與某群神經元有關聯，你可能會推測這些神經元的突觸就是那些連線。若是「大腦」節點與「心智」節點彼此間有強力連線，我們可以預期代表這2個節點的神經元群必有強大的突觸連結。雖然節點與神經元之間的相關性、還有連線與突觸之間的相關性，提供了大致的架構讓我們可以瞭解語意網絡在心理學與大腦生理結構上的定位，但在此還是要鄭重強調，這只不過是個極為簡化的版本而已。註8

## 產生連結

包含在全球資訊網路結構與人際關係網絡中所謂的資訊，

---

7. Quiroga et al., 2005.

8. 結點間的連線強弱與二項神經生理基礎有關：一、參與各別節點之神經元的突觸強度，二、各別節點之神經元重疊的幅度。這就是說，像「大腦」與「心智」這種概念相關的節點，也許會「共享」許多神經元。共享的神經元越多，「節點」彼此間的「連線」就越強。（（Hutchison, 2003）

是人們於某些時間點將自身網頁與相關網頁或是與志趣相投有如「朋友」者相連結所得到的結果。但到底是誰搭起了「斑馬」節點與「非洲」節點間的橋梁呢？這個問題的答案，就將我們帶往大腦實際儲存記憶方式的關鍵核心了。

雖然認定記憶儲存之謎已被解開也許是種錯誤的說法，不過目前倒是可以肯定長期記憶仰賴的是**神經突觸可塑性**。所謂神經突觸可塑性指的是，新突觸的形成或是現存突觸的強化或減弱。註9 大腦儲存資訊的多種重要途徑中，目前最廣為大家所接受的概念就是神經突觸可塑性，不過這向來就非大眾的共識。對於「大腦如何儲存資訊」此問題答案的探索，已徹底被顛覆並轉換方向。就算晚至1970年代，仍有部分科學家相信長期記憶是以DNA與RNA核苷酸（nucleotides）序列那樣的型式儲存，換句話說，他們相信人類記憶儲存之處與構成人類生命本身的媒介是同一個。一旦某動物學習到某件事物，這項資訊就會以某種方式轉譯進RNA序列中；RNA是由一串分子所組成，能將寫在DNA上的訊息轉譯到蛋白質上。然而這些科學家卻無法確實描述出如何從RNA中找出已被儲存的記憶。儘管如此，他們仍然推論，若長期記憶真是儲存成RNA的序列形式，那麼應該可以把RNA從動物體內分離出來並注入其他動物之中，這樣RNA接受者應該也能接收了原動物所學到的東西。這

9.Goelet et al., 1986; Buonomano and Merzenich, 1998; Martin et al., 2000; Malenka and Bear, 2004.

也罷了，令人十分困惑的卻是，在幾份極具公信力的科學期刊上所刊登的數篇論文中，竟然也有「藉由磨碎某隻老鼠的大腦再注入另一隻老鼠之中，就可以將『記憶捐贈者』的記憶成功轉移到接受者上」這樣的內容。註10 我只想說，很不幸的，對於探索「瞭解大腦如何儲存資訊」這個主題，這假設偏離了。

　　當前的共識則認為，人類大腦是藉由突觸可塑性來寫下資訊，這也無巧不巧地符合語意記憶的聯想性結構。學習新知（也就是節點間產生新連結）與強化原先較弱的突觸或形成新觸突有關。要瞭解這個過程，我們得更進一步深入探尋突觸的功能與其作用方式。突觸是二個神經元間的互動介面。就像是一組電話是由話筒送出訊息、從耳機接受資訊一樣，突觸也包含二部分：一端是送出訊號的神經元，另一則是接受資訊的神經元。任一突觸的資訊流通都是單向進行。突觸的「傳訊端」來自**突觸前神經元**（presynaptic neuron,），而「接受端」則位於**突觸後神經元**（postsynaptic neuron）上。當突觸前神經元「開啟」時，會釋放出稱為神經傳導物質的化學成份，此物質會被位於突觸後端的突觸後神經元蛋白質所測得；突觸後神經元蛋白質在此扮演著**接受端**的耳機角色（請參考圖1.2）。在這樣的結構中，觸突前神經元可以向觸突後神經元傳話，說出像：「我已經啟動，你也一起來吧。」或是「我已經啟動，不過我建議你還是安靜閉嘴比較好哦。」之類的話語。前一個訊

10.Babich et al., 1965; Rosenblatt et al., 1966.

息可由**興奮性突觸**（excitatory synapse）主導，而後一則訊息則
透過**抑制性突觸**（inhibitory synapse）的傳遞。

　　要從突觸後神經元的立場來瞭解這個過程，可用電視節目
參賽者在進行二選一（A或B）時的情形來比喻。因為場內觀眾
也能參與作答，所以就有些觀眾會大喊「A」、有些喊「B」、
還有些則默不出聲。所處立場有如突觸後神經元的節目參賽
者，實際上也在計算著觀眾（一大串突觸前神經元）答案的比
重，來決定自己要選擇哪一個答案。不過這個過程並非全然民
主。有些觀眾的聲量也許大過其他人，或是參賽者心中也許知
曉有部分觀眾的答案較為可信；前述的二類觀眾就相當於較為
強大或較具影響力的突觸。神經元的活動取決於數千個突觸前
神經元經由突觸對它產生影響的淨總和，有些是興奮性突觸、
有些是抑制性突觸、有些是強大突觸、有些則是有如觀眾耳語
般的突觸，但加總起來就能指引出一條明路。雖然突觸前與突
觸後神經元之間的性質差異就突觸而言極為重要，不過就如同
對談中的人們一樣，任何神經元都同時扮演著說話者（突觸前
神經元）與傾聽者（突觸後神經元）二種角色。因此電視節目
參賽者的比喻雖提供了神經元相互交流的寫照，但距離神經在
交錯網絡中那種實際複雜的交流程度還差得很遠。而且在諸多
其他複雜原因中還有一項也很重要，就是每個突觸的強度並非
固定，突觸強度會因經驗而增強或減弱。這個概念可用前述比
喻中參賽者的學習經驗來表達；經過許多問題的洗禮後，參賽

者學會多去注意某些觀眾的答案，並忽略某些觀眾的意見。

在**突觸**這個詞尚未創出前的19世紀末期，西班牙神經解剖學家拉蒙卡哈就認為記憶也許與神經連結的強度有關。註11不過我們後來卻花費了將近100年才找到有力佐證說明突觸確實具有可塑性。在1970年初期，神經學家提姆·布利斯（Tim Bliss）與泰耶·洛摩（Terje Lomo）觀察到在突觸前與突觸後神經元強力活化後，海馬迴（hippocampus，大腦中已知與新記憶成形有關的區域）中的突觸有長期持續性的增強現象。註12 這個現象稱作**長期增益效果**（long-term potentiation），這是一種「突觸記憶」，代表著：那些突觸「記得」曾被強力活化。這個發現再加上數十年的後續研究，確立了一件事，那就是：大腦突觸強度的改變，在某種程度上就像在DVD反射面上燒出小洞進行記錄的情況一樣。

如同科學界常見的情況一樣，這個重要發現引發了一個更為難解的問題：如果突觸具有可塑性，那麼二個神經元如何「決定」彼此間的突觸需要強化或減弱呢？一項20世紀極重要的科學發現，為此一問題提供了部分答案；對於我們用來詢問與回答所有問題的大腦，這個發現在其運作上提供了強力且深入的剖析。我們現在知道，當神經元X與Y幾乎同時啟動

---

11.Cajal, 1894. 坎德爾（Kandel）提供了學習與記憶理論的極佳歷史沿革。（Kandel, 2006）

12.Bliss and Lomo, 1973.

時，兩者間的突觸強度會增加。這個簡單的概念稱為海伯定律（Hebb's rule），是由加拿大心理學家海伯於1949年首次提出，也因此以其名來命名。註13 此定律可用「一同活化的神經細胞會連成一氣」來解釋。想像突觸前神經元Pre1與突觸前神經元Pre2，連結到同一個突觸後神經元Post。根據海伯定律，若是Pre1與Post同時活化，而Pre2與Post沒有，這樣從Pre1連接到Post的突觸會增強，而從Pre2連接到Post的突觸則為減弱。

科學上的重大發現常是以聚合形式出現，也就是科學家們幾乎在同一時間，對於同個問題有了類似解答。像是微積分的發現要歸功於牛頓與萊布尼茲（Gottfried Leibniz）各自的努力，而達爾文則是結合了華萊士（Alfred Wallace）的想法，才促使他發表《物種原始》（*On the Origin of Species*）這份傑作。當然，關於突觸的運作是依循海伯定律的這項發現也不例外。1986年時，至少有4個各別獨立的實驗室發表論文表示，當某一突觸的突觸前神經元與突觸後神經元同時活化時，此突觸會更為強大。註14 這些研究確立了所謂的關聯性突觸可塑性（associative synaptic plasticity）的存在，也成為後續數十年間無數相關研究與多項驚人發現的一股動力。

---

13.Hebb, 1949.

14.對於一組突觸前神經元與突觸後神經元之間會產生長期增益效果的驗證，就是科學上「聚合發現」的最好例子，當時至少有4個不同實驗室幾乎同時驗證了這個現象，這幾個實驗室包括：Gustafsson and Wigstrom, 1986; Kelso et al., 1986; Larson and Lynch, 1986; Sastry et al., 1986.

　　一個突觸如何「知道」其突觸前與突觸後神經元同時活化並加以強化呢？建立這些神經關聯性是大腦功能中極關鍵的一部分——經由演化大腦產生了一種「關聯蛋白質」，位於突觸上的這種蛋白質能夠偵測到突觸前與突觸後神經元同時活化的情況。這個稱為**NMDA受體**（NMDA receptor）的蛋白質，為興奮性神經傳導物質穀氨酸（glutamate）的受體。NMDA受體只在突觸前與突觸後神經元同時活化時才會打開，此受體完全符合海伯定律的運作。我們可以說NMDA受體的作用與搜尋引擎中所用布林邏輯（Boolean）中的「和（and）」極為相像，也就是說只有在二種情況都符合的情況下（突觸前神經元**和**〔and〕突觸後神經元同時活化），才會產生作用（NMDA受體開啟）。一旦NMDA受體開啟，就會產生一連串複雜的生理化學作用，啟動了突觸的長期增益作用。註15 感謝NMDA受體能夠偵測到二個神經元間「關聯性」的此一特性，因為這對於海伯定律與關聯性突觸可塑性的驗證極為重要。註16 我們再回到之前人際關係網絡的比喻上，若將海伯定律應用在臉書上，即代表同時登入帳號的人們，自然而然地就會成為朋友，最終就產生了一組作息相同者的共同網絡了。

15.Kandel et al., 2000; Malenka and Bear, 2004.
16.實際上沒有單一的海伯定律，只有一組交錯的相關定律。舉例來說：突觸前與突觸後神經元的精準時序關係通常極為重要；特別是當突觸前神經元較突觸後神經元早活化時，突觸會增強，但若是突觸後神經元比突觸前神經元早活化時，突觸就會減弱了。（Abbott and Nelson, 2000; Karmarkar et al., 2002）

我們現在可以開始來瞭解，語意記憶網絡如何結合在一起。小時候我們是如何知道一隻毛茸茸、有尾巴且態度高傲的四腳動物叫做「貓」呢？在出生的第一年中，大腦裡有部分神經元於看見貓時活化，而有些則在聽到**貓**此字時激發。（嬰兒起初並不知道貓此字的發音與貓的形象是有關聯的。）漸漸地在某些情況下，嬰兒的大腦以某種方式開始瞭解「貓」這個字的發音與貓的形象，其實是同一個東西。這是怎麼發生的呢？其實這大多要感謝媽媽才是。因為媽媽會在小嬰兒看到貓的前99次，特別強調地說：「看！那裡有隻貓。」媽媽讓接收「貓」訊息的聽覺與視覺神經元幾乎同時活化。套用海伯定律以及關聯性突觸可塑性來說：因為這些神經元同時活化，所以就會連成一氣。於是它們彼此間因強大的突觸而連結在一起。於是，聽到**貓**字而活化的神經元最終會進一步活化掌理貓視覺形象的神經元，因此就算那隻陰鬱的動物未出現時，也能讓小嬰兒在媽媽說「貓」時就能瞭解釋她指的是哪個東西。註17

我首次瞭解關聯性在幼兒成長中的重要性，是在對自家妹妹不經意也極不道德的心理實驗中發現。妹妹小我9歲，打從

17.如同心理學家詹姆斯・麥克萊蘭（James McClelland）所言：「試想，當一個小孩看見各式各樣的貝果時，一旁大人們告訴他這是『貝果』所會發生的情況。假設看見貝果時某一組神經元會活化，而貝果此詞的讀音則會讓另一組神經元活化。將每一次看到貝果與聽到貝果的學習經驗相配對後，貝果的視覺節點與聽覺節點間的連結就會增強。」（McClelland, 1985）不過「關聯性」真正形成的機制必定更為複雜，人類迄今也尚未完全瞭解。舉例來說，有些已連接的神經元或多或少是隨機產生，這很可能是學習上很重要的一部分。若這些神經元一同活化，它們之間的突觸就會留下並強化，若是沒有一同活化，那突觸就會消失或刪減。

她一出生，我就常常叫她**玻巴**（Boba），這是個輕蔑的暱稱，在葡萄牙文中意指「笨蛋」。某次在不經意的情況下，與我一起在前院玩耍的朋友大叫了聲「噢巴」（yeah的意思），那時才3歲的妹妹以為在叫她，就馬上跑到前院來回應：「叫我嗎？」我仍然記得當時腦中竄出的二個想法，一是我應該要以她的名字來叫她，二是想起她應該不知道玻巴有輕蔑之意，而且也不是她的名字（或是名字之一）。如果某人在與你互動時總會說出特別的一個字詞，你的大腦不由自主地就會將此字詞與你自己連接在一起，因為大腦原本即被設定如此運作。

關聯結構的獨特處之一就是組織方式因人而異，也就是其中的資訊是以反映出我們所在世界的方式來分類、合併與儲存。註18 若你住在印度，掌管「牛」的神經元很可能會與掌管「神聖」的神經元連接在一起，相反的，若是你住在阿根廷，那麼「牛」神經元可能就會與「肉類」神經元強力連結了。因為人類記憶有自我組織的本質，所以在各方面都比起以攝影機完全捕捉所有影像的傻瓜作法要高竿許多了。大腦的關聯結構讓記憶與其意義結合在一起，也就在記憶**和**意義間產生連線。

## 促發作用：進入情況

現在我們對於記憶如何在大腦中儲存與組織有了些概念，

18.Vikis-Freibergs and Freibergs, 1976; Dagenbach et al., 1990; Clay et al., 2007.

所以可以回頭談談促發現象了。「非洲」及「黑與白」會促使人們聯想到斑馬的這件事，不只因為知識儲存在關聯概念的網絡中，也因為搜尋記憶是個會蔓延的過程。在完全無意識的情況下，「非洲」節點活化的作用散及相連的其他節點上，增加想到斑馬的可能性。心理學家通常會以從一字（促發者）想到下一字（目標者）之間所需的時間來確認此字的影響力，而他們也是以這樣的方式來研究「促發」這個現象。在此種類型的研究中，受測者坐在電腦前面觀看螢幕上閃過的一個個字串，其中有些為有意義的字眼，有些則為讀音相近的無意義假字，像是「bazre」。受測者的任務就是盡可能快速辨認出螢幕上呈現的是真字或假字。當「奶油（butter）」閃過螢幕時，受測者約需0.5秒的時間反應。但若在「奶油（butter）」一字出現前，先閃過「麵包（bread）」一字，反應時間則可縮短至0.45秒。大略來說，反應時間之所以縮短，是因為神經元組在轉譯「麵包」一字所進行的活化作用擴及相關概念，加速了對「奶油」一字的確認。不過從「麵包」促發「奶油」的這份能力可不是全球皆然。對美國人而言，此二字詞具有強烈的關聯性，因為他們常以奶油塗麵包食用，也常用「奶油與麵包」來表示經濟能力。但是對於不常以奶油塗麵包的中國人而言，就幾乎不會有反應時間加快的情況發生。

　　然而雖然促發現象極為重要，可惜的是，我們尚未釐清這個現象可以對應到神經元及突觸的哪個部分。註19 有個理論是

這樣解釋：在語意促發現象作用期間，代表「麵包」的神經元會持續活化，即使「麵包」一字已經消逝也一樣。就像逐漸消失的回音一樣，這個作用會持續一秒左右慢慢減弱消逝，而這一秒間，神經元會持續傳訊到其他相關神經元上。因此，代表「奶油」的神經元即使在「奶油」一字還會未出現前，就收到促進活化的訊息，所以能夠快速活化。註20

　　無論促發作用確實的神經機制為何，此作用必定內建於大腦硬體之中。無論喜歡與否，只要你聽到一個字，你的大腦就不自主地開始猜測接下來會出現什麼。所以「麵包」一字不只促發了「奶油」一字，藉由神經迴路的特性，它還會促發「水」、「長條麵包（loaf）」、「甜甜圈（dough）」等

19.Wiggs and Martin (1998), Grill-Spector et al. (2006), and Schacter et al.(2007)所發表的幾篇論文，都討論到一些「促發」的模型。其中一個可能性認為「促發」可能是突觸強度短期變化的結果。除了突觸強度長期變化會建立長期記憶外，觸突會因每次使用的情況而增強或減弱。這些變化也許會持續數秒鐘，全憑參與其中的觸突而定（Zucker and Regehr, 2002）。以這個假設為前提，「麵包」一字的出現會活化一組突觸，其中有部分隨後也會因「奶油」一字活化，而且因為短期突觸可塑性的作用，這些神經元因奶油一字所產生的促發作用，造成其第二次的活化會更為強烈。「促發」也有可能是抑制性突觸（inhibitory synapses）上普遍出現的一種特殊型式的短期突觸可塑性，也就是所謂的「雙脈衝抑制現象（paired-pulse depression）」。在這種情況下，因促發字活化的神經會作用到目標字神經元附近的抑制性神經元上。受到促發字作用的影響，抑制性神經元會活化，當目標字出現時，這些神經元也會再次活化，但它們的突觸會因「雙脈衝抑制現象」而變弱。最後總和出的結果就是，原本處於興奮與抑制間常態平衡的神經迴路會興奮起來，促使目標字神經開始作用。

20.Brunel and Lavigne, 2009. 這裡要注意一件事：無須根據節點間擴散作用的概念，即可建造此模型與其他模型，但仍需以「相關字詞擁有共同節點」的概念為前提建立模型，也就是說，代表相關概念的神經元有一部分會重疊。

字眼。促發作用也許就是讓我們能在字詞出現時快速瞭解其脈絡，並解決其中語意模糊地帶的功臣。在「你的狗吃掉了我的熱狗（Your dog ate my hot dog）。」這樣的句子中，我們知道第二個「狗（dog）」指的是法蘭克福香腸而不是一隻發熱的狗。這是因為此句中早先出現的「吃（ate）」一字提供了脈絡可循，它促發了對第二個「狗」字的正確解釋，並協助建立出此句的恰當意義。

　　「從一個活化的節點到其他相關節點間的擴散作用」極為重要，因為它幾乎影響到人類思考、認知與行為的所有層面。試想，若你正與一個素未謀面的人在聊天，隨著對談進行與話題變換，產生了某種對話的軌跡。是什麼決定了你們之間的對話內容呢？人們互動的過程受到許多複雜因素所影響，但仍有模式存在其中。對話也許會從地理位置上起頭，像是：請問你打哪來？如果對方回答：里約熱內盧，那也許話題就會轉到足球或嘉年華上。如果對方回答：巴黎，那話題也許就轉成美食或博物館。對話內容的轉換常是由前個話題促發的結果。不過重要的是，這些轉變取決於對談者語意網絡裡的特定結構。的確，若你很瞭解一個人，要讓他說出一件事或談論一個話題（或是避免他講起某件你已聽過成千上百次的事）不是件難事，只要提到或避免一些促發字眼即可。

## 記憶錯誤

促發是大腦最有價值的特性之一，但它也必須為許多大腦錯誤負責。我們已經知道對於相關字眼的混淆可能會引發錯誤的記憶。像是給與人們一串如下的字列：**線**（thread）、**大頭針**（pin）、**尖**（sharp）、**注射器**（syringe）、**縫**（sewing）、**乾草堆**（haystack）、**刺**（prick）與**注射**（injection）等之後，人們往往會堅持在其中也看到了**針**（needle）這個字。能記住某事的要點是記憶最有用的一種特性，因為實際關鍵所在往往就是這些要點了。讓我們假設你正在規劃一段探險路程時，有人告訴你森林裡有水蟒、毒藤、流沙、蠍子、食人族、鱷魚與巨鼠。這時隊員若問你穿過森林還是河流哪個為佳，你也許無法細數出河流是上上之選的理由，但是還說得出清楚記得的一般要點。

然而在許多情況中，簡單記下要點不足以應付所需。如果你的另一半請你在回家途中買些東西，這時只記要點就不足以應付情況了，記住麵包**或**奶油是否列在其中，是圓滿達成任務維繫家庭和諧的好方法。以我自己的尷尬經驗來說，我曾因為鱷魚（crocodiles）及短吻鱷（alligators）間的促發作用與慣有聯想，犯下了一個記憶上的錯誤。當時我想買雙卡洛馳牌（Crocs，為鱷魚之意）的塑料鞋，結果向店員詢問時卻說成「短吻鱷（alligators）」。

　　因為我們的語意網絡是由個人經驗所塑成，所以就能預期到不同個體間會有出現不同錯誤類型的傾向。心理學家亞倫・卡斯泰爾（Alan Castel）與同事在所進行的研究中，請受測者記下一連串動物名稱，這些動物包括：**熊**（bears）、**海豚**（dolphins）、**隼**（falcons）、**美洲豹**（jaguars）、**公羊**（rams）等等，而這些動物名稱同時也是美式足球隊的隊名。所以，身為足球迷的受測者更能記住這些動物名稱（推測是因為他們對於這些動物名稱有較緊密的連結網絡），一點也不令人驚訝。但他們似乎也較易出現錯誤記憶，誤認為老鷹（eagles）與黑豹（panthers）也在列表中。（其實老鷹與黑豹並不在列表中，但牠們也是足球隊的隊名。）註21

　　你可能也會因為自身大腦皮質中過度相關的網絡，而發生記憶錯誤的情況。雖然這些錯誤令人討厭，但一般還不會造成生命威脅。但在某些情況下，還是可能危及性命。Paxil、Plavix、Taxol、Prozac、Prilosec、Zyrtex、Zyprexa等都是美國用藥安全中心（the Institute for Safe Medication Practice）所列出的易混淆藥物名稱。註22 醫師、藥師與病人對藥物的混淆會造成醫藥疏失，其中有高達25%的醫藥疏失就是與藥物名稱有關。事實上，精確審訂藥物名稱亦是美國聯邦藥物管理局（the Federal Drug Administration）在審核藥物時的部分程序，用意在

21.Castel et al., 2007.

22.http://www.ismp.org/Tools/confuseddrugnames.pdf, retrieved November 10, 2010.

於減少這一類疏失的產生。當醫藥人員對於相同屬性的藥物感到混淆時，就會產生記憶錯誤：例如Paxil與Prozac是作用機制相似的抗憂鬱藥物，所以在醫藥人員的神經網絡中，這兩個字早已形成連結。其他的藥物混淆則來自極為相似的藥物名稱，例如Xanax 與Zantac，或是Zyrtex與Zyprexa。因為大腦可能以相同的節點來代表這些藥名的讀音與拼字，所以它們之間就產生了共同的關聯性。

從洞穴頂端垂下的錐形石叫做石筍（stalagmite）或鐘乳石（stalactite）呢？路面上隆起的塊狀物稱為凸起（convex）或凹下（concave）呢？潘恩與泰勒（Penn & Teller）這對聯手演出的演員哪一個身形較為高大？為什麼我們會對上述那些含意不同但具相關概念的字詞產生混淆呢？這是因為人們對於擁有大量相同連結（相似拼字、相似讀音、相似脈絡或類似意義）的兩個概念不甚熟悉，於是就產生了難以分辨這兩個概念的危機。

經過上面的解說，我們現在就較能理解貝克與烘焙師傅（Baker／baker）的矛盾所在了。這個矛盾顯示，即使是相同的一個字眼，人們也較為容易記得職業而非個人的名字。在你的生活中，「烘焙師傅（baker）」這個職業能帶出許多聯想，像是：麵包、特別的廚帽、一打、蛋糕、早起等等。但相反地，對於貝克（Baker）這個名字的聯想幾乎乏善可陳，當然除非你的名字就叫貝克。換句話說，代表「烘焙師傅」的節點群有許多連結，而「貝克」節點群則沒有什麼連線，所以「貝克」就

比較難以記住了。註23 當有人介紹我們認識一位烘焙師傅時，大腦中所活化的連結會比介紹認識一位「貝克」先生要多。增加的連線數量也許會轉成更持久的記憶，這是因為大量突觸競相進行突觸可塑性的結果所致。常用來記名字的小祕訣就是將名字與容易記得的事物聯想在一起，像是理查（Richard）就以富有（rich）來聯想，而貝克（Bake）就與烘焙師傅（baker）聯想在一塊。這個小祕訣也許會有用處，因為它「借用」了本來與名字無關之節點上的連線與突觸，增加了參與名字記憶的突觸數量。雖然還需後續研究來證明此一說法，但是對於人類記憶最糟糕的特性之一，也就是記不起名字這件事，我們就能開始瞭解成因了。大腦的關聯結構提供強力的方法讓我們組織與儲存知識，但就像缺少其他連結的網頁一樣，一個少有連線的節點也難以被發現。

## 內隱關聯性

與相關概念及字詞所造成的混淆相比，促發現象與記憶的關聯結構能產生更加驚奇與深遠的影響。我們常將記憶視為所處環境理所當然的資訊來源，但實際上，資訊儲存的方式在下意識中，左右了我們的行為與思考。

運用一個名為**內隱關聯測驗**（implicit association test）的

23.Cohen and Burke, 1993; James, 2004.

簡單例子，就能說明我們「運用與接受儲存在本身神經網絡中資訊的方式，是如何受到記憶關聯結構的影響」。下表中的每個字若不是一種花（flower）就是一種蟲（insect），或是帶有「正向」涵意或「負面」涵意的字眼（舉例來說：「有益的（helpful）」或是「下流的（nasty）」等字）。你的任務就是要盡可能快速地將每個字分門別類，若是字詞代表花或具有正向涵意就勾選左邊欄位，若是字詞代表蟲或是具有負面涵意，則勾選右邊欄位。如果你有心想要試試，可以計時自己要花費多少時間才能完成這份12個字的測驗表。

| | 花或正向 | 蟲或負面 |
|---|---|---|
| 自由（freedom） | | |
| 虹彩（iris） | | |
| 愛（love） | | |
| 虐待（abuse） | | |
| 螞蟻（ant） | | |
| 醜（ugly） | | |
| 鬱金香（tulip） | | |
| 蜘蛛（spider） | | |
| 健康（health） | | |
| 臭蟲（bedbug） | | |
| 紫羅蘭（violet） | | |
| 毀壞（crash） | | |

　　下一張列表也是同樣的測驗，不過差別在於蟲或正向的字詞要勾選左邊欄位，若是花或負面字詞則要勾選右邊欄位。（若是你想進行測驗，也請測量一下完成下列12個字所需的時

間。）

| | 蟲或正向 | 花或負面 |
|---|---|---|
| 跳蚤（flea） | | |
| 幸運（lucky） | | |
| 玫瑰（rose） | | |
| 骯髒（filth） | | |
| 振奮（cheer） | | |
| 蒼蠅（fly） | | |
| 蘭花（orchid） | | |
| 謀殺（murder） | | |
| 雛菊（daisy） | | |
| 蜜蜂（bee） | | |
| 和平（peace） | | |
| 毒（poison） | | |

　　真正的內隱關聯測驗會比前述的要複雜些，不過即使是這個簡化版本，仍可以觀察到在進行第二張表的測試時，速度會稍微減慢。註24 研究顯示，平均而言，當所要求的指令產生了分類上的不協調時，人們的速度都會有明顯變慢的趨勢，而且出錯的情況會增加。（在多數人眼中，花代表愉悅的感覺，而蟲令人感到不快，但在這個例子中，卻採用了相反的配對組合。）

　　最初探討內隱關聯作用的幾篇研究中，有一篇就在檢視韓裔美國人與日裔美國人是否會因為彼此間不同的文化成見，

24.你可以試試在網頁http://implicit.harvard.edu/implicit上的另一種內隱關聯測試。結果
　會顯示你是否有內隱關聯的傾向，但不會提供作答反應時間的資訊。

而造成他們在反應時間上出現差異。心理學家安東尼‧格林沃德（Anthony Greenwald）與同事推測，由於日本在20世紀前半佔領韓國，再加上人類偏袒本國人的自然天性，可能會造成韓裔美國人與日裔美國人對彼此產生敵意，並在自身語意網絡中產生不同的內隱關聯性。實驗所進行的測試如下：當螢幕上出現日本名字時，受測者得按下電腦鍵盤上的一個鍵，若是出現的是韓國名字時，則要按下另一個鍵（這部分屬於「分類」字詞）。測驗進行時，還會在名字間穿插一些形容詞或常見名詞，像是：快樂（happy）、極佳（nice）、疼痛（pain）或殘酷（cruel）等等，這些字詞可以區分成愉快或討厭二類（這部分屬於「態度」字詞）。電腦鍵盤上的二個按鍵同時被指定了一個分類字詞與一個態度字詞：例如日本名字或愉快字眼出現時要按同一個鍵，而韓國名字或討厭字眼出現時則要按下另一個按鍵。（在另一個實驗中，組合會對調）平均來說，日裔受測者在日本名字與討厭字眼得按同鍵時（也就是說韓國名字與愉快字眼要按同一個鍵），反應時間會比較長。註25 同樣地，韓裔受測者在韓國名字與討厭字眼要按同一鍵時，反應速度也是變慢。

為什麼將蒼蠅歸類為蟲並做出與正向字眼相同的反應時，所需時間會比與負面字眼做出相同反應要來得長呢？同樣地，

25.Greenwald et al., 1998.

為什麼有些日裔美國人在日本名字與愉快字眼配在一塊時，會比與討厭字眼連在一起時更快做出反應？如果有個測驗要你在**凸起**（convex）及**凹下**（convex）二字出現時按下左鍵，而**石筍**（stalagmite）及**鐘乳石**（stalactite）二字出現時按下右鍵，那麼你的大腦無需去分辨凸起與凹下以及石筍與鐘乳石之間的不同，只要確認出現的字詞是與形狀有關還是出現在洞穴之中，就可快速做出正確反應。但若是測驗要你在「凹下（concave）」與「石筍（stalagmite）」出現時按下左鍵，「凸起（convex）」與「鐘乳石（stalactite）」出現時按下右鍵，大腦就被迫要分辨出二個極類似的相關概念，而這二個概念相同部分愈多，代表此二概念的節點重複的部分也愈多；更精確的說，即是代表節點的神經元群重複的部分也更多了。此一說法也適用於其他範疇：給你一大堆含有黑、棕、藍、深藍等四種顏色的珠子，若是按顏色以黑與棕及藍與深藍將珠子分成二類，會比將珠子分成黑與深藍及藍與棕二類簡單許多。內隱關聯作用是先天因素與後天環境共同結合而出的產物。先天因素的部分是因為無論我們學到什麼，都是以關聯性網絡的形式儲存起來。而後天環境則是指我們學到的特定關聯都是所處環境、文化與教育下的產物。為了探索文化作用對內隱關聯性的影響，安東尼・格林沃德與同事讓50多萬人在線上進行有關性別科學的內隱關聯測試。註**26** 在測試中，受測者需將出現的字詞分成「科學」字詞（如物理、化學）或是「文藝」字詞（如

歷史、拉丁文），其中還會穿插需根據性別分成男性（如男孩、父親）與女性（如女孩、母親）的字詞。在一半的測試中，出現科學或男性詞時要按同一個鍵，而出現文藝或女性字詞時要按下另一個鍵；而在另一半的測試中，改成科學或女生字詞要按同一個鍵，而文藝或男性字詞則要同按另一個鍵。在男孩普遍比女孩獲得較高數學測驗分數的國家中，當女性及科學字詞需按同鍵時，人們做出反應的時間較長，這是受到男性在數學及物理上較女性為強的刻板印象影響所致。不過在菲律賓與約旦等少數幾個國家中，女孩在標準科學競試中要來得比男孩出色，所以這些國家人士的反應時間就較不會因為「女性」與「科學」或是「文藝」共一鍵所影響。（不過當女性與科學共一鍵時，反應時間還是慢了一點。）此研究的作者認為，在標準測試中所產生的性別差異源自於內隱關聯，也就是受到神經迴路建構資訊的方式所影響。

上述研究帶出了一個問題：資訊儲存在大腦中的方式是否即為我們取用速度快慢的主因？或者資訊儲存在大腦中的方式確實影響到我們在現實生活中的行為與思考模式？這個問題並非不能回答，但要找出答案卻也十分棘手。心理學家伯特倫・加夫隆斯基（Bertram Gawronski）與同事進行一項研究，以居住在美軍基地所在地維琴察市（Vicenza）的義大利居民為受測對象來探討上述問題。註27 自願受測者先被問到是否願意讓

26.Nosek et al., 2009.

美軍基地擴充，然後進行一項內隱關聯測試。在測試中，電腦螢幕上會出現一個接一個的「正向」字詞（如快樂、幸運）或「負面」字詞（如疼痛、危險），其中還會穿插美軍基地的照片。當螢幕上出現一個字詞時，受測者得自己決定要按下代表「正向」或「負面」的按鍵，而出現美軍基地照片時，只需按下指定按鍵即可。（在一半的測試過程中，照片與正向字詞共用一個鍵，而在另一半的過程中，照片則與負面字詞共同一鍵。）舉例來說，若出現**快樂**這個正向字詞要按左鍵，而出現**疼痛**這個負面字詞時要按右鍵，而美軍照片的指定鍵可能為左鍵（與正向字詞同一鍵）。當美軍照片與正向字詞或負面字詞共用一鍵時，受測者反應時間上的差異，就是用來量測內隱關聯性的依據，這樣就能反映出在每個受測者的神經網絡中，美軍基地是與「正向」字詞或是「負面」字詞連結的傾向。如果有人心中對於基地擴充抱持強烈的反對態度，那可以預期當照片與正向字詞為同一鍵時，他看到照片所需的反應時間就會比較長。研究中有趣的地方在於：在最初的問卷調查裡，有部分受測者無法歸類到贊成或反對美軍基地擴建的組別中，但這些人在一個星期後的第二次測試，就做出了選擇。對於這些受測者而言，第一次測試出的內隱關聯性，正巧可預測一個星期後的問卷結果。這些研究結果顯示，我們神經網絡中的自發性無意識關聯，可以在當事人本身還未察覺前就有效揭露其想法。

27.Galdi et al., 2008.

研究結果也認同，人類關聯網絡結構可能確實會影響到個人想法與決定的這個論點。

## 促發行為

假設我弄了個猜字遊戲問朋友，請他猜出一個意思為「很好」並內含13個字母的英文字，而他回答：「compassionate（同情）」。這樣一個無關緊要的交流會改變朋友的行徑，讓他在接下來幾分鐘間變成較具同情心的人嗎？這會是跟他借錢的好時機嗎？簡而言之，我們有可能促發某人的行為嗎？耶魯大學認知心理學家約翰‧巴奇（John Bargh），在研究中對受測者進行某些概念的促發後，暗中研究這些人的行為來驗證這個問題。註28 他在一項研究中請受測者完成一個受測者本身認為是語言能力的測試。此測試要運用5個指定字寫出數句4字長的英文句子。舉例來說：若指定字為**他們**（They）、**她**（her）、**送**（send）、**常常**（usually）與**打擾**（disturb），就可寫出「They usually disturb her.（他們常常打擾她）」這樣的句子。其中一組受測者的指定字比較容易造出影射不良行為的句子，另一組的指定字則比較容易寫出正向的句子。（像是：**他們**〔They〕、**她**〔her〕、**鼓勵**〔encourage〕、**看**〔see〕與**常常**〔usually〕就可以寫出「They usually encourage her.（他們常常

---

28.Bargh et al., 1996.

鼓勵她）」這樣的句子。因為受測者專心於造句中，所以可能沒有意識到自己的潛意識正受到不良或正向字眼的促發影響。

受測者在測驗最後會收到指示，請他到鄰近房間找尋實驗人員以獲取進一步指示。受測者不知道，這項指示才是整個實驗的關鍵之處。當受測者來到辦公室前的走廊時，他們會看到實驗人員聚在一起聊天。約翰・巴奇的量測方式，就是我們在日常生活中常會碰到情況之一：我們會等待多久才打斷別人的談話？這個問題的答案想必牽涉到複雜的綜合因素，包括：我們是否天生具有耐心、當時的心情如何、是否有另外的約會以及是否想要去上廁所等等。不過驚人的實驗結果顯示，活化相關於不同行為（正向行為或是負面行為）的神經節點，會讓受測者的行為往事先預測的方向改變。實驗人員聊天的時間最長為10分鐘，也就是受測者最長會等到10分鐘。在「正向」組中，只有約20%的受測者會在聊天結束前打斷談話，而在受到「不良」字詞促發的受測者中，則有60%會在10分鐘未到前就打斷談話。我們早已瞭解字詞能夠左右人們的聯想（例如：「非洲」促發「斑馬」一字），但這個研究則顯示出字詞也能左右人們的感受與行為。似乎當節點作用時，不只會擴及到語意網絡中的其他節點，也會擴及到大腦駕馭個人決定與行為的部分，而產生了**行為促發現象**（behavioral priming）。

用來描述物理現象的形容詞有時也會用來代表人格特質。像是英文中的溫暖（warm）與冰冷（cold）也常用於描述某人

友善與否。因為我們常將高溫與溫暖聯想在一起，又將友善與溫暖視為同意，所以約翰・巴奇的研究團隊就想看看，高溫是否會影響我們對一個人友善與否的判斷。研究人員要求自願受測者閱讀一段關於某人的描述，然後為此人各方面的人格特質進行評分，評分欄使用了一些與「溫暖」有關的項目，像是：慷慨、合群，關心等等。受測者分成兩組，兩組唯一不同處在於受測者坐電梯到實驗室時，研究人員請他們手握的那杯咖啡冷熱不同。有人可能會希望，短短握住咖啡20秒鐘所造成的溫差，不會這麼容易就影響到我們對別人的看法。然而研究結果卻顯示，比起手握冰咖啡者，手握熱咖啡的受測者確實會認為被評分者的個性較為友善。註29

我不想給大家一個印象，認為人類的行為與決定，無可救藥地受到像咖啡冷熱不同這類無關緊要的因素所左右。其實行為促發作用通常效果極弱，也不會主導人們的行為走向。不過在某些情況下，還是會發生效果明顯的促發現象。因此我們也可以推斷，單純接收某些概念資訊，也許就能夠影響我們的行為。這也是某些人士支持勵志書籍的重要原因：正向思考的重要性以及自我態度對個人表現的影響。

29.Williams and Bargh, 2008. 另一個研究檢視「女性的數學能力較男性弱」以及「亞洲人的數量能力較其他洲的人高」這樣的刻板印象。此研究要求二組亞裔美國女性進行一項數學測驗。在進行測驗前，其中一組要填一份繞著性別差異打轉的問卷，另一組的問卷則重在亞裔人士的天賦能力。比起獲得種族能力促發的受測組，經過性別意識促發的那一組，其成績明顯遜色許多。（Shih et al., 1999）

我們的大腦是由錯綜複雜至無法想像的互連神經元所組成。就像全球網際網路中的連結一樣，神經元間連結的方式絕非隨機產生。如果我們可以打開神經迴路查看，就能發現這些由我們一生經驗累積而成的迴路架構儲存了個人的記憶，影響著我們的思想與決定。若進一步將這些經驗整合，就能成為左右我們想法與行為的工具。遠遠在多納德‧海伯提出關聯突觸可塑性之前，某些人士就隱約瞭解到人類記憶的關聯特質很容易受到操弄。簡單地讓某位政治人物的名字與一項具爭議性或負面的事件聯想在一塊（經由不斷重複以及在媒體曝光的方式），仍然是選舉時最有效果也最具殺傷力的政治策略運用。註30 像「歐巴馬是共產黨員嗎？」這類具誹謗之意的虛構頭條標題，確實會引起你的注意，但因為你大腦中的「歐巴馬」節點已有許多相關連線，所以這樣一個標題不太可能會對你的神經網絡結構造成太大的影響；對你而言，擁有大量強力關聯的記憶主導性較強。不過想像一下，若是頭條標題報導的是你不熟悉的政治人物，假設是位不太知名的總統候選人，標題就寫著：「喬納森‧黑澤爾頓（Jonathan Hazelton）有戀童癖？」。而在你的記憶庫中「喬納森‧黑澤爾頓」從未有過其他關聯，所以現在**戀童癖**這個字詞就成了與此人連結的第一個字詞了。即使報導最後的結論是此人絕對沒有戀童癖，但你對這位不知名總統候選人的印象還是會持續一段時間。藉由關聯性來進行

30.Jamieson, 1992.

誹謗（像記者有時會做假）是常用來影響公眾想法的手段，而且還相當有用，因為它啟發了人類大腦的關聯結構。雖然這個關聯結構儲存與組織多元變動世界資訊的能力無與倫比，但同樣也是因為這個結構，讓我們容易受到行銷與宣傳的誘導，做出非理性的決定；我們將在下一章中接續討論這一部分。

# 第2章 記憶更新的必要性

在所有我認識的女人中，她是最平靜、最自然不做作的一個，或許這也只是我比較想要記得的模樣吧；記憶的自主程度可不亞於人體的各種其他機能。

——節錄自約翰・厄普代克（**John Updike**）所著《時間將盡》（*Toward the End of Time*）

西元1984年7月29日，22歲的女大學生珍妮佛・湯普森（Jennifer Thompson），在北卡羅萊納州伯靈頓鎮（Burlington）自宅中遭到強姦。在受辱過程中，珍妮佛努力記下那名強姦犯的臉孔；她發誓如果自己能存活下來，一定要讓施暴者繩之以法。事發當天不久後，珍妮佛就從六張照片中指認出一個名為羅納德・卡騰（Ronald Cotton）的男子。可以理解的是，珍妮佛在指認照片後想從警探那兒得到一些回應，繼而詢問：「這樣可以嗎？」警探回答：「湯普森小姐，妳做的

非常好。」11天後，當珍妮佛從一群人中指認出羅納德‧卡騰之後，她再次懷疑自己是否真能確定就是這個人；而警探則告訴她：「我們想就是他了，他就是妳從照片中指認出的那一個人。」經過審訊，幾乎僅根據珍妮佛的目擊證詞，就宣判了羅納德需接受終身監禁。

在監獄中，羅納德巧遇了另外一位非裔美籍男性，他的外貌與羅納德有些相像。這位名叫鮑比‧普爾（Bobby Poole）的男性與羅納德來自同樣的地區，也是因強姦獲罪。羅納德聽說鮑比吹噓自己強姦了珍妮佛。幾年後，羅納德的案子進行再審。雖然有位在監獄服刑的犯人指證鮑比確實承認自己強姦了珍妮佛，但根據珍妮佛以及另一位同晚被強姦者的證詞，羅納德再度被判終身監禁。幸好羅納德仍持續努力，再加上一位熱心律師的鼎力相助，以及逐漸成形的DNA指紋比對技術，終於對強姦案進行了基因測試。從第二位受害者那兒所取得的DNA與鮑比相符，而鮑比在面對新證據時，也承認自己強姦了珍妮佛，並提出了只有強姦者才會知道的資訊。在此痛苦過程中仍有少數親近人士支持羅納德，在被迫與這些人以及生病的母親分隔11年後，羅納德終於獲釋。因為自己錯認造成這樣的後果讓珍妮佛感到十分難受，她亦對於記憶怎麼會背叛自己一事深感困惑。最後她祈求羅納德的原諒。這二位當事人漸漸成為好友，並且一起為目擊者指認程序及在審判中使用目擊證詞的改革而努力。註1

## 走樣的記憶

　　如同我們所知，人類記憶的關聯結構會讓自己易於犯下某些錯誤，例如與一列文字中某個字極相近的一個單字，就很容易讓人將此單字誤記成是此列文字中的一個。不過造成羅納德11年冤獄的這類記憶臭蟲，其成因及造成後果則與上述例子截然不同。以成因來看，這類記憶不單純只是人類關聯記憶本質的產物；以後果而言，它可是會導致遺憾終生的錯誤。

　　無論是硬碟或DVD形式的數位記憶，其資訊的儲存與取用分別仰賴二個機制，也就是說其寫入與讀取的執行方式在根本上就是完全不同的二個程序。硬碟中有劃分讀取及寫入的元件：讀取元件可以量測極小磁粒的極性，而寫入元件則可以改變磁粒的極性。DVD播放器也是採用類似的方式，不過它只能讀取已經燒錄在DVD中的記憶。讀取程序是經由雷射光束打在DVD表面上來進行，如果光束反射回來，就代表儲存在其中的是「1」，若光束沒有反射就代表儲存的是「0」。從DVD中取出資訊時，完全不用擔心這個過程會讓資訊內容產生什麼改變；因為若想改變其中內容，得需要有一台雷射光束更強的DVD燒錄器才行。另一方面，大腦中的讀取與寫入程序卻不是各自獨立的；取用記憶的過程可能會改變記憶的內容。當珍妮

1.Thompson-Cannino et al., 2009.

佛看著嫌犯的照片時,她不單單只是取出已建立在自己腦中的記憶,還讓新舊記憶融合在一起。特別是當她指認完後立即獲得警探的正向回應,這可能也幫忙「更新」了她的記憶。於是在強姦事發後數個月的法庭上,她對於強姦犯的記憶已不是事發當晚那個模糊不清的片段印象,而是在照片及本人指認時所留下的清晰模樣。珍妮的記憶騙了她,這是因為她的記憶將羅納德的樣子覆寫在鮑比的模樣之上。(在第一次的指認中並沒有鮑比的照片。)

多數人都有認不出見過之人的經驗,或是錯以為曾見過某人的相反經驗。所以美國司法體系傳統上對於受害者與目擊者記憶正確性的仰賴程度,似乎大得讓人感到吃驚。記憶錯誤阻礙審判過程的情況,不只局限在錯誤指認上,還包括了對重要資訊的錯誤回憶,以及對事發時間與事件持續時間的錯誤判定。以一位德州女性安德里亞・耶茨(Andrea Yates)為例,她被控在2001年將5名親生子女淹死在浴缸中。在本案中,一位精神科醫師的證詞後來被證明有誤。在法庭上,耶茨陳述她腦內有聲音告訴她,自己的子女將永遠在地獄中受苦,但如果她殺了他們,撒旦就會被摧毀。從5名受害子女的名字為瑪麗(Mary)、路克(Luke)、保羅(Paul)、約翰(John)及諾亞(Noah)即可看出這是一個對宗教全心奉獻的家庭,因此出現撒旦的幻覺實屬合理。在審判過程中,原告的精神科醫師證

實電視影集《法網遊龍》（Law & Order）有一集的內容與這個案子類似，他說：「影集中有位產後憂鬱症的女性在浴缸中淹死了她的孩子，且被發現精神有異常，這段影片在本案發生不久前才播出過。」這暗指這宗謀殺案是預謀的。這證詞可能就是讓陪審團駁回耶茨精神異常的辯護，並判她終身監禁的原因。後來卻發現那集播出的時間是在案發之後，且部分細節也有所不同。案發後的審理過程通常要花費數年的時間；記得電視影集某一集的內容，與一同正確記下這個記憶發生的「時間印記」是個不同的過程。你也許能夠回想起有關美式足球員辛普森（O.J. Simpson）審訊的相關事件，但你能確定事件是發生在亞特蘭大奧運之前還是之後嗎？註2 每份電腦檔案在存檔時都會連同當下的日期一起儲存；但在人類記憶中卻沒有這樣的時間印記。所以我們很容易就可以看出即使是最誠實的目擊者也會產生錯誤記憶的原因，而這些錯誤記憶最終也被證實了在決定別人的一生上具有相當關鍵的影響。耶茨的案子因為那個錯誤證詞的關係進行重審，而新任陪審團最後則認定耶茨是在精神不正常的狀態下犯下此案。註3

目前任職於加州大學歐文分校（the University of California

2.辛普森的犯罪審理終結於1995年，而亞特蘭大奧運則是在1996年舉辦的，所以辛普森事件發生在奧運之前。

3.A. Lipta，「溺死五名子女之母更審（New trial for a mother who drowned 5 children）」《The New York Times》, January 7, 2005、「經更審，溺死五名子女之母獲判無罪（Woman not guilty in retrial in the deaths of her 5 children）」《The New York Times》, July 27, 2005.

in Irvine）的心理學家伊麗莎白·洛夫特斯（Elizabeth Loftus），就致力於探索易於產生諸如珍妮佛證詞與發生在耶茨審理中那類錯誤的大腦特性。當然，在現實世界中研究這類錯誤記憶常常是不可能的任務，因為我們很難核對目擊者或受害者究竟經歷過什麼。的確，當法庭中需仰賴目擊證詞時，絕對就是因為缺乏決定性的證據。為了克服這個限制，洛夫特斯與同事以模擬部分實際目擊情況的方式來設計實驗。在一個經典的研究中，洛夫特斯與同事讓200名學生觀看十字路口發生車禍的一組30張連續投影片。註4 除了一個重要的地方有所不同，每位受測者看到的投影片都一樣；這個不同之處就在於在車禍發生的十字路口上，半數學生看到的是停止標誌，另一半看到的則是讓行標誌（yield sign，其他車道優先）。看完投影片後，受測者馬上被問了數個像車子顏色之類的問題。在這些問題中，有一個是實驗的關鍵問題，也就是用來植入錯誤記憶的問題：前二組學生中，各有半數被問道：「當紅色車子停在**停止**標誌時，是否有另一輛車通過呢？」而另一半的學生則被問道：「當紅色車子停在**讓行**標誌時，是否有另一輛車經過呢？」換句話說，半數受測者被詢問的問題，含著誤導標誌的資訊；這個誤導訊息相當微妙，因為它跟問題本身沒有什麼關聯。在問卷調查結束後的20分鐘，受測者進行了一項認知測試：投影片兩兩一組出現在銀幕上，受測者必須指出他們之前

4.Loftus et al., 1978; Loftus, 1996.

看過的是哪一張——最關鍵的一組就是他們必須在出現停止標誌與讓行標誌的投影片上做出選擇。當前面的關鍵問題中提到是正確的標誌時，有75%的受測者可以正確選出他們看到的是哪張投影片。但當前面關鍵問題中用了不正確的資訊，只有41%的人能夠正確選出他們在一開始所看到的是哪張投影片。一個誤導問題不只戲劇性地改變了記憶的可信度，竟然還造成比隨機亂答（答對與答錯的比率各為50%）還糟的情況，這也表示一個與真相有關的錯誤問題，竟然戰勝了真相本身。

另一個研究則是讓學生觀看老師與孩童互動的影片。實驗人員告訴受測學生這是有關教育方法的影片。受測者在影片最後會看到一個男小偷從其中一位女老師的錢包中偷了錢。所有觀看影片的受測學生被分成二組：實驗組的學生最後會先看到一位男老師為孩童閱讀文章的片段，再看到女老師錢包被偷的段落。而控制組學生在錢包被偷段落前所看到的，則是那位女老師為孩童閱讀文章的片段。看完影片後，受測者被告知研究的真正目的，並要他們從一組照片中指認出小偷，這些照片包括一些隨機選入人士的照片以及那位無辜男老師的照片；但這7張照片中並沒有小偷的照片。此研究的受測者有三個選項：指認出他們覺得是小偷的人、確認小偷不在照片中，或是不確定這之中有沒有小偷的照片。在控制組中（影片中沒有男老師閱讀文章的段落），64%的人能正確指出其中沒有小偷的照片。註5 在實驗組中，只有34%的人正確指出其中沒有小偷的照

片，卻有60%的人指認那位無辜的老師是小偷。如果這是真實案件中所發生的情況，那麼在這類案件中，就有60%左右的機率會將無辜的旁觀者當作罪犯。

魔術師也可以利用資訊誤導的方式，重塑觀眾內心中所見的實際情況。魔術師將一副紙牌交給你並要求你切牌後，可能會運用步驟繁複的技巧，再揭曉你早先選出那張紙牌。為了效果，魔術師會在表演結束後，口頭重述一遍整個魔術發生的順序，有意無意地提醒你自己在一開始曾「洗過」那副牌——在紙牌把戲中，洗牌與切牌是完全不同的情境。藉由這樣的方式，魔術師有效地在你腦中注入錯誤的資訊，降低你會記得這重要場景的機率，也更加重了魔術的神祕感。

雖然魔術師與心理學家長久以來就已經知道，干擾或不當資訊如何能夠覆寫記憶，但是司法體系卻極遲才瞭解到這一點。不過，司法體系目前也已致力於改善目擊者的詢問程序了。對於警察的偵訊過程，現今均建議應使用開放性的問題，像是：「請描述意外發生的情況」，而不是「在意外發生當下，是否出現過一輛休旅車？」因為提到休旅車會混淆犯罪現場的記憶。而且最好是以一次看一張照片的方式來指認嫌犯，而不是一次給一堆照片，因為給予多張照片的這種方式會促使證人即使在不確定的情況下，還是會從中挑選出一個來。上述情況依然顯示了經過演化塑成的人類記憶，原本就不是為了快速並

5.Ross et al., 1994.

正確儲存像那輛高速車是掀背車還是跑車、那個小偷是藍眼還是綠眼、或案發後警察是1分鐘還是2分鐘後到等等枝微末節的細節而設計的。

## 寫入與覆寫

　　人類記憶持續不斷地進行編輯，也就是記憶會隨著時間的進行而增加、刪除、合併及更新各種內容。正如早先所提，會造成此種情況的部分原因，是因為就人類記憶而言，儲存與取出資訊的程序難以區別──寫入與讀取過程彼此會互相干擾。我們已經知道記憶儲存仰賴突觸強化或減弱的情況。學習二個自己熟悉想法間的概念性關聯，得要讓代表這二個想法的節點產生連線。如果在一個小孩的腦中有個節點代表葡萄，而另一個節點代表葡萄乾，學習葡萄乾就是葡萄的過程，就得仰賴「葡萄乾」與「葡萄」這兩個字的節點，經由現有突觸的強化或是新突觸的形成，產生直接或非直接性的連結。註6 如同在前一章所討論到的一樣，因為代表二個概念的節點幾乎同時被活化，所以正如海伯定律所言，它們之間的突觸也會增強。

6.因為看起來不是所有代表特定節點的可能神經元群一開始都是以微弱的突觸相連，所以人類如何在任何一對可能的概念之間形成關聯目前還是未知數。不過這個過程似乎一開始就是由某個大腦結構來推動，這個結構就是海馬迴。海馬迴實際上本就不是用來儲存長期記憶的結構，但對組織長期記憶卻相當重要（Hardt et al., 2010）。除此之外，近來的研究顯示，神經元似乎總以不斷創造與收回突觸的方式來進行探索。最後某些經證明有效的突觸就會形成永久性突觸，這也可能就是資訊儲存的地方。（Yang et al., 2009; Roberts et al., 2010）

前述所提的是記憶儲存的過程，不過記憶的讀取過程也非常地
相似。如果有人問道：「葡萄乾是什麼？」對此問題的回答則
靠葡萄乾節點的活動引發葡萄節點活化而產生，這與記憶儲存
時所用的突觸是同一個。記憶的儲存與取用不只使用相同的突
觸，還會活化同一群神經元。（請參考圖2.1）

　　就像墨水未乾之前的筆跡般，初始記憶極為脆弱，所以會
被各種因素干擾。舉例來說，學習新資訊就會對近期獲取資訊
進行長期儲存造成妨礙。想想在記住自己新手機號碼的10分鐘

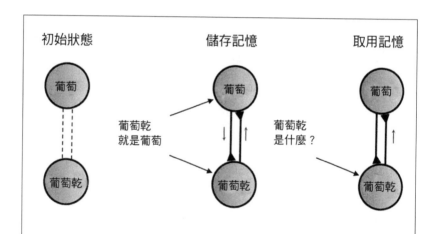

圖2.1　儲存與取用：由虛線連結的二個圓圈代表「葡萄乾」與「葡萄」二節點
　　　　間沒有連線。而在人類學習「葡萄乾就是葡萄」的過程中，二個節點都
　　　　被活化了。假設因為突觸可塑性的關係，二節點間的連線會在節點同時
　　　　活化的情況下增強（倒三角形的實線代表強力的連線）。而在記憶取用
　　　　的過程中，直接活化的只有葡萄乾節點，然後再利用葡萄乾與葡萄間的
　　　　同一連線來活化葡萄節點——這能夠更進一步地強化連線的強度。（圖
　　　　上小小的灰色箭頭代表電位活化的方向。）

後，試著再記下朋友的電話號碼會是什麼樣的情況。部分藥品與電氣痙攣治療（electroconvulsive therapy）也會妨礙新記憶成形。動物研究已經讓我們知道，在剛學會走迷宮的老鼠身上，注入阻斷蛋白質合成的藥物，老鼠就會忘了迷宮要怎麼走。這類藥物之所以會干擾新記憶形成是因為，要長期維持突觸增強的情況需要在神經元內合成新蛋白質。當突觸也許因海伯可塑性而增強時，馬上使用會抑制蛋白質合成的藥物，就會逆轉突觸增強的情況，也就是阻礙了突觸記憶。註7 一項對人類真實記憶與「突觸記憶」（會因突觸強度而改變）的觀察顯示，這二種記憶都一樣容易因蛋白質合成抑制劑而喪失，而這項觀察也是人類真實記憶是以突觸記憶為基礎的首批證據之一。

　　給予蛋白質合成抑制劑的時機，若是在動物學習一項經驗的數個小時或數天後，則不會發生記憶喪失的狀況。同樣地，若以電氣痙攣療法來治療憂鬱症患者，也只會對患者治療前不久的記憶造成喪失。從初期脆弱易喪失的狀態到後期難以抹去的整個記憶轉化情況，就是一種稱為**固化**（consolidation）的過程。註8 如同墨水會乾一樣，突觸強度似乎也會從暫時性變化轉變成永久性改變。但這個過程究竟是對應到突觸活動的哪個階段呢？看起來似乎有部分可以對應到其中的轉變過程，也是

7.Frey et al., 1988; Frey et al., 1993.
8.在另一種記憶儲存的說法中，**固化**一詞則用來代表隨著時間過去，記憶從海馬迴「轉移」到大腦皮質的另類過程。這種系統層級的固化，是記憶隨著時間過去，變得不易受到干擾也不易忘記的另一項原因。

就從仰賴突觸生化反應的突觸記憶，轉移到以蛋白質合成為初始需求的更永久性「結構」變化的過程中。註9 動物研究顯示，我們腦中許多突觸就像婚友速配公司一樣，有著喜愛探索的本質，喜歡暫時性地連起突觸前與突觸後神經元。而持久性的學習似乎則會伴隨大腦接線圖的結構性變化，讓曾經遊移不定的突觸有了持久穩定的形式。註10

記憶固化的概念對於心理學及神經科學產生了極重大的影響。不過也有證據顯示，在某些案例中，「固化」記憶不像原先所想地那麼無可改變。特別是在一些例子中，固化記憶因藥物、傷害或其他記憶干擾，再次變得容易喪失，這是一種**再固化**（reconsolidation）現象的中間過程。註11 如同我們將在第五章看到的，讓老鼠處在聲響與電擊連結的環境中，老鼠很容易就能學會在聽到特定聲響時表現出恐懼的反應。如果在老鼠學到恐懼的24個小時後使用蛋白質合成抑制劑，並不會對牠的記憶產生什影響，老鼠仍會對特定聲響感到害怕。不過有趣的是，如果讓老鼠再次聽到聲響卻不電擊牠，之後再給予藥物，則會引發一些記憶喪失的狀況，也就是老鼠對於聲響不再那麼

9.Goelet et al., 1986.

10.研究證實，軟體動物擁有的簡單形式記憶與新突觸的形成是伴隨而生。貝列與陳（Bailey and Chen）於1988年所做的研究，即是證明這個現象的初始幾項研究之一。在學習或經驗能改變神經元與突觸的結構與形態上，目前則有許多研究有更多相關的發現。關於這些研究請參考霍得瑪特與斯沃博達（Holtmaat and Svoboda）於2009年發表的文獻回顧論文。

11.Misanin et al., 1968; Nader et al., 2000.

恐懼了。換句話說，再次活化舊的記憶會讓記憶在某種程度上變得容易袪除。雖然我們尚不瞭解所謂的再固化究竟是以什麼樣的機制為基礎來進行，不過這些發現進一步證實了記憶儲存與取用所採行的程序並無區別。

　　記憶更新是人類記憶的重要特性，也許就是再固化提供了一種機制讓老舊記憶可以進行修正。註12 就像我們會追蹤著自己喜愛女星數年來的發展，每次看到她時都會發現她的臉部有些變化、髮型及髮色也一直改變，臉上還可能出現些許皺紋，然後這些皺紋又神祕地消失。同樣地，我每次看到我的表哥時，都會覺得他的臉孔看起來有些不一樣，也許臉變圓了些、髮線也往後了點。無論什麼時候我們看到某個人，記憶都會更新一點。當然這是在不自覺中發生的過程，在這個過程中，「取用（認出我表哥）」記憶似乎無可避免地會與儲存及更新記憶連結在一起（所以下次我見到他時，我的大腦將預期看到這次見到的模樣）。記憶更新以及記憶儲存與取用間的模糊地帶，在持續變化的動態世界中是非常有價值的特質。但這個具彈性的特質，卻也會造成嚴重的記憶問題。特別是如果記憶的最初樣板沒有好好確立，「更新」過的記憶就會將原有記憶完全覆寫，就像珍妮佛案例中所發生的情況，或是學生在問題的誤導下，便把原先記下的停止標誌改以讓行標誌來取代了。

12.Sara, 2000; Dudai, 2006.

## 記憶的產生與造假

造成我們字詞混淆或分不清非熟人面孔的這類記憶臭蟲，很容易就可以找出相關的例子。就算自己從沒犯過以上的任一種錯誤，也應該曾抱怨過某位朋友出了這樣的問題。不過人類記憶也可能會出現比合併或覆寫資訊更為嚴重的問題。在某些案例中，也許整個新記憶顯然從一開始就是造假。

1980年代與1990年代早期所提出有關壓抑記憶的那一串案例，也許就是極致錯誤記憶的部分最佳案例。有時這些錯誤記憶的源頭原不過只是個空想，但在治療師或諮商者的推波助瀾下，往往成長為「真實」記憶，這樣的過程有時歷時數年。註13這些案例常涉及女性控訴父母性侵，最後則導致家庭破裂、罹患憂鬱症以及各種刑事訴訟。在一個案例中，有位名為貝絲·盧瑟福（Beth Rutherford）的19歲女性，到教堂尋求諮商者協助處理她的壓力。經過數個月的諮商。貝絲揭開了她被父親殘酷性侵的「壓抑」記憶。隨後而到的罪名讓她父親失去牧師的工作，也讓他再也難以找到任何工作了。

與其他類似案例的發展如出一轍，貝絲不久之後就收回那些有關性侵記憶的闡述，部分原因在於，她面對了駁斥自己指控的鐵證。多項實證顯示那些壓抑記憶沒發生過，其中

13.Brainerd and Reyna, 2005.

最重要的就是在律師的建議下由婦產科醫師所進行的檢查，顯示她仍然是個處女。註14 貝絲後來說：「經過2年的諮商治療，我完全相信自己被父親性侵受孕2次。我記得第一次懷孕時，他用衣架讓我流產，而第二次則是我用衣架讓自己流產。」回憶發生在自己身上的事件被稱為**自傳記憶**或**情節記憶**（autobiographical〔or episodic〕 memory），跟語意記憶一樣，都是種陳述性記憶。認為父親性侵自己的假象回憶，是杜撰自傳記憶中令人難以置信的極端案例。但是我們所記得的那些過去發生過或沒發生的事情，究竟可信度有多少呢？人為控制的實驗顯示，孩童特別容易產生自傳記憶的錯誤。那些對自己幼年記憶感到懷疑的人，對此應該不會感到訝異才是。我記得自己5歲時有個看不見的朋友叫做庫克（Cuke），但關於庫克的記憶是真的嗎？這些記憶真是我自己所有的嗎？還是因為我聽到媽媽提到我與想像朋友的往事，才創造出這些記憶？

伊麗莎白・洛夫特斯與同事在另一個研究中，請2到5歲的幼兒想想他們是否經歷過某些事件。其中二個事件是幼兒在過去12個月中確實經歷過（像是生日派對驚喜或是到醫院縫合傷口），另外二個事件則是研究人員所知幼兒尚未體驗過的事情（像是坐上熱氣球，以及手被捕鼠器夾到並送醫縫合）。在

14.「『恢復記憶』案例的家庭進行和解。治療師在虛構強姦控訴上有過失。」《Boston Globe》, November 16, 1996。此段引述自布雷納德與雷納（Brainerd and Reyna）2005年著作366頁。

10個星期的時間中，這些幼兒被重複詢問這些問題高達10次。對於自己有經歷過的事，幼兒回答的正確率高達90%；但有近30%的機率，他們也會說自己體驗過那些未曾經歷過事件中的一個。[註15] 因為錯誤回答的比率並不會隨著一次次的面談而增加，所以解析這些結果相當複雜又困難。這樣的結果也許不一定總是能反映出錯誤記憶的情況，而且兒童還在學習說實話與他們認為大人愛聽什麼之間的界限。不過顯而易見地，無論在什麼案件中，要採用幼兒的證詞時都要非常小心。數件「大眾性騷擾」案狠狠地為我們上了一課。1989年時，有7位在北卡羅萊納州小淘氣托兒所（Little Rascals preschool）的員工，被控性騷擾29位孩童。因為孩童的證詞，其中一位負責人被判12個終身監禁入獄服刑；孩童的證詞中還提到了像是在太空中飛行與跟鯊魚一起游泳的故事。如果這案件沒有摧毀這麼多人的一生，它還真是有點好笑。這個事件起因於1位老師掌摑某個學生，而處理此事的警察在事發前數個月參加了1場「惡質宗教儀式侵害」[譯註1] 專題討論會，所以讓整起事件迅速發展起來，進而演變成專門設法取得性侵害資訊的心理療程與警察面

15.此篇1993年的研究出自於賽西（Ceci）等人之手。要注意的是，要解釋這些結果的困難之處在於，錯誤回答不會隨著一次次的訪談而增加。這可能是因為部分這類研究中，真正反映的不是錯誤記憶，而是兒童對於說實話與他相信大人愛聽什麼之間界限的學習。（Gilstrap and Ceci, 2005; Pezdek and Lam, 2007; Wade et al., 2007）

譯註1：惡質宗教儀式侵害（satanic ritual abuse）是指某些不法神職人員利用與信徒間的權力及地位上的不平等，以超自然或宗教信仰為藉口，讓信徒因害怕「神的懲罰」而順從神職人員的侵害。

談。兒童們一開始否認有任何性侵害情況發生，最後卻給了治療師與調查員一些荒誕離奇的虐待故事。這案件的審理時間長達10年，也是當時北卡羅萊納州有史以來耗費最多金錢的官司。最後對於所有被告的指控都被撤銷。註16 這個案例中的大腦臭蟲似乎跟記憶錯誤沒什麼關係，但是治療師與警察的**偏見**卻與此脫不了關係，那就是他們忽視不利於自己假設的大量資料，死抓著與自己信念相同的片段證據不放，同時也是他們教導了孩童建構出符合他們不當期待的陳述。

## 刪除指令在哪裡？

像貝絲相信自己受到父親性侵害的這類極端例子中，造成錯誤記憶的機制不但相當複雜，無庸置疑地也跟特殊人格特質有關，再加上一位能對心理易受引導者導引記憶走向的「治療師」，就造成了此一情況。事實上，幾乎沒有證據顯示，創傷記憶可以壓抑並在治療師的協助後痊癒。根據案例所示，幼年時候的性侵記憶是難以遺忘的。1990年代末期浮上枱面的多數

16.電視新聞節目《最前線》（Frontline）製作了一個有關小淘氣案例的特別單元「喪失純真」。文字記錄請參考網頁http://www.pbs.org/ wgbh/pages/frontline/shows/innocence/etc/script.html．其他參考資料包括：1997年6月26日刊登於《太陽先驅報》（Herald-Sun）有關北卡羅萊納州達勒姆市（Durham）的美聯社報導：「這對夫婦給了曾因小淘氣事件遭控訴的人士43萬美金。（Couple gives \$430,000 to former Little Rascals defendants）」；1999年10月3日由記者喬瑟夫・那芙（Joseph Neff）於北卡《新聞暨觀察家報》（The News and Observer）所發表的報導：「歷時10年的小淘氣性侵案悄悄落幕（10-year Little Rascals sexual-abuse scandal expires quietly）」。

天主教神父性侵案，就是由仍記得被性侵的受害者所爆出。這些受害者都沒有出現開啟自己壓抑記憶的情況，反而是有著要讓此事公諸於世的動機與作法。同樣地，集中營的生還者也同意，要忘掉自己親身經歷與親眼所見的可怕事物是絕不可能的事情。有些受害者會將這些記憶「劃分開來」以避免籠罩在記憶陰影下，這樣才能試著重拾正常的生活，但要忘掉這些刻骨銘心的記憶絕無可能。研究人類記憶上最傑出的心理學家之一丹尼爾・沙克特（Daniel Schacter）曾說過：

　　對於許多心理受創者而言，更為可能的情況似乎是刻意避免想起不愉快記憶，降低被壓抑經驗以某種讓他們受盡折磨的方式不自覺湧現的可能性。而且……這甚至可以讓人難以想起個人發生過的某些情節。但這與完全記不得遭受數年侵害的情況可是相去甚遠。註17

　　許多人相信，如果真能有永久壓抑或抹去傷痛記憶的能力，應該可以協助治癒許多心理創傷所造成的後果。性侵與暴力的受害者常常因自己記憶感到痛苦，受盡焦慮、憂鬱、恐懼的折磨，難以進行正常社交生活。這也算是種不幸吧，因為人類記憶與硬碟的另一個不同之處就是缺乏刪除指令。
　　人類會忘記事物，這也是種刪除，不過不能等同於完全

17 .Schacter (1996), p. 254.

清除。科學家目前正在對一些行為與藥物方法進行實驗，試著找出就算無法清除記憶，但至少能降低強姦或經歷可怕戰役這類會引發情緒反應的記憶強度。這些研究企圖運用再固化的概念，希望能在喚起傷痛經驗的當下，讓記憶再度呈現不穩定且易於清除的狀態後，馬上運用藥物或甚至給予新的無傷痛記憶來除去原有記憶。不幸的是，再固化的效用也是有期限的，這表示經過數個月或數年之後，記憶就無法產生再固化現象。註18此外，就算新治療方式被證實能成功地清除某些記憶，它也無法像電影《王牌冤家》（Eternal Sunshine of the Spotless Mind）中那樣，可以挑選特定記憶來進行刪除。

2006年的某一天，當我一覺醒來時，有人告訴我，顯然一些非常有份量的人士已經判定冥王星不再是個行星。從我有生以來就一直被告知冥王星是顆行星，所以我的大腦在代表「行星」與天體「冥王星」的神經元群間已經創造出強大的連線。因此在語意促發的情況下，**冥王星**這個字詞可能會加速我對「行星」的反應時間。但是現在卻告訴我這個連線是不正確的。大腦雖擅於在概念之間產生新連線，但要逆向操作卻是不可能的事：大腦之中沒有「刪除連線」這樣的機制。我們的大腦可以透過在「冥王星」與「矮行星」、「冥王星」與「庫伯帶天體（Kuiper Belt Object）」或「冥王星」與「非行星」間創

---

18.Debiec and LeDoux, 2004; Monfils et al., 2009; Tollenaar et al., 2009。有些實驗顯示，記憶經過一段長時間後，就不再出現再固化現象。（Milekic and Alberini, 2002）

造新連線的方式，來因應事件的新發展。但冥王星與行星間的連線是無法快速移除的，而且在我接下來的人生中似乎依然會深植在我的神經迴路裡。在我晚年的某一天，也許我會回歸到第一個信念，向孫子堅持冥王星就是個行星。

大腦中冥王星與行星的關聯性可能永遠不會被刪除也不是件壞事，畢竟這剛好讓我知道冥王星曾經被認為是顆行星。如果我完全抹去這段資訊，當我看到認定冥王星為行星的早期文獻與電影時，一定會感到困惑不已。除了說出：「冥王星是太陽系中距離太陽最遠的行星」的風險外，不能刪除冥王星與行星間的連線對我的影響實在微乎其微。然而如同我們在上一章節所見，無法刪除像回教人士與恐怖分子、美國與好戰者、或是女性與數學不佳間的這類連線，卻有可能導致嚴重後果。人們能否從刻意刪除特定連結或抹去傷痛記憶中獲益，還是件爭論不休的事情。但可以確定的是，人類神經系統的硬體部分原就不是為此種功能而設計的。

## 儲存空間

當我在購買電腦時可以在500GB或1000GB硬碟容量中做選擇。那麼人類大腦的儲存容量又是多少呢？這並非是個不可能回答的問題，但也算是個難以回答的問題，造成此情況的原因眾多，最主要的原因在於必須先明確定義出我們所說的**資訊**到底是什麼。數位儲存裝置藉由能存入多少個位元（也就是由

0或1所構成的八位數有多少組），很容易就能量化出儲存容量。此種方式極為有用，因為它提供了一種能比較不同儲存裝置的絕對測量方式，但嚴格地說，多數人不會真的在意磁碟中有多少個位元。人們比較在意的反而是自己有興趣的資訊能儲存多少：像是專業數位影像玩家也許會想知道可以存入多少個Photoshop檔案、電生理學家則想要知道可以存入幾個小時的腦波數據，而在iPod上，我們一般感興趣的則是能存入多少歌曲以便能隨身聆聽。但即使是iPod這樣容易瞭解的小玩意，我們還是無法精準回答它可以存入多少歌曲，因為數量會隨著歌曲的長短與檔案形式而有所不同。

雖然要估算任何記憶儲存容量的大小都是種挑戰，但藉由人們可以記起多少張之前看過照片這類規劃良好的方式，心理學家已試圖估算人類記憶容量大小。1970年代的研究顯示：「記憶容量沒有上限。」[註19]但大腦本身是個有限系統，所能儲存的資訊必為有限，所以大腦顯然不會有無上限的記憶能力。

更有趣的問題是，人們是否達到了自己記憶能力的極限。早期研究顯示，人類有極高的影像儲存能力。在其中一項研究中，實驗人員讓受測者以每張照片約5秒鐘的時間，觀看過數千張照片。稍後，受測者再觀看兩兩一組的照片；在這一組照片中，一張照片是之前看過的，而另一張則是全新的照片，然後再請他們指認哪一張是看過的照片。若是照片展示與指認照

19 .Standing, 1973.

片的測試是在一同天內進行,看過1萬張照片的受測者,選出
自己看過照片的正確率高達83%。這個驚人的表現,代表他們
可以記下6600張照片。註20 不過在這些實驗中,每張照片與其
他照片的差異都很大(像是車子、披薩、山、孔雀等等),所
以不大會出現互相干擾的情況。倘若展示在你面前的是1萬張
不同葉子的照片,那麼要指出哪一張是看過的照片,不用說也
知道其機率就跟隨便亂猜相差無幾了。此外,在這些研究中,
受測者一直都知道那一組照片中有一張是看過的,於是就像目
擊者相信一堆嫌疑犯照片中一定會有犯案者一樣,變相地鼓勵
他們猜猜看。另一個研究則用上1500張照片,在測驗過程中以
一次一張照片的方式詢問受測者是否看過,以測試人們視覺記
憶的容量。這個實驗中,受測者指出看過照片的正確率約為
65%,與隨機亂猜50%的機率頗為接近。註21

　　人類是否具有指認已看過某特定影像的能力呢?在某些
量測方式下所得的結果還不賴,不過對於記起某人名字(臉孔
對照名字)之類屬於現代世界中實際會遇到的情況,人類記憶
能力又能達到什麼樣的程度呢?這是個讓大多數人都深感困擾
的情況;在研究中,看過12張人像照片與相對名字及職業的受

20. 記憶容量相關研究請參考Standing, 1973; Vogt and Magnussen, 2007; Brady et al., 2008。
　　83%的正確率減掉50%的隨機機率剩33%,而記憶數量的估計值經計算為33%的兩
　　倍,所以得出6600張照片的估計值。

21 在本研究中,23.9%的錯誤率出現在「沒有看過」的照片上,45%出現在「已看
　　過」的照片,因此受測者犯下「明明有卻說沒有」的錯誤要多過「明明沒有卻說
　　有」的錯誤。

測者，大概只能記起2到3個人的名字，但能記起4到5個人的職業。註22 不過受測者只看了這些名字與臉孔一次，而且這也未啟動人類大腦長期儲存的能力。另一個量測名字記憶力的方式，就是用能叫出的名字總數來定。理論上，這可以藉由展示某人所有碰到或見過之人的照片，來看看他叫得出幾個人的名字。範圍則含括所有可能的來源，包括受測者的家人、朋友、熟人、同學、電視上出現的人物與名人等等。我不清楚一個人平均可以叫出多少人的名字，註23 不過我估計自己能叫出名字的人不到1000個；即使是那種能記下每個碰到或見過之人的討厭鬼，我猜想他們能記下的名字也遠低於1萬個。如果有人要將1萬個名字粗略地以位元來估算，他可能會說1張中等品質的照片（以及名字的文字部分）可用100KB大小的檔案儲存，這樣全部就是1GB左右。這樣可觀卻無法讓人印象深刻的數量，差不多也只是一個精子細胞的儲存容量而已啊。註24

## 記憶冠軍

第一屆世界記憶錦標賽（World Memory Championships）於1991年在倫敦舉行，這項競賽的出現協助了人類記憶容量研

---

22.Cohen, 1990

23.據說，「多數人認得數以百計或千計的臉孔與無數的景象。」（Rosenzweig et al., 2002, p. 549）。

24.人類基因大約包含了3兆個基本組合。而由於有四種可能的核苷酸，每一個對應到二位元的空間，這樣總共就要6兆位元，這接近1 GB的容量。

究的進行。雖然你有權認為記憶錦標賽不過是某些心理學家尋找研究對象的有用策略，但這類競賽真的是參與者彼此認真對抗的心理競賽。世界記憶錦標賽分為好幾個部分，包括記憶一整副紙牌的順序以及一連串的數字等等。在記憶速度比賽的部分，參賽者會拿到載有1000個數字的一張紙，他們有5分鐘的時間來記憶，接著在15分鐘後就得盡可能按照原有順序寫下所有的數字。在2008年的美國記憶錦標賽中，總冠軍切斯特‧桑托斯（Chester Santos）記下了132個按順序排列的數字。2000年時，23歲的切斯特從電視節目中初次聽到有關記憶錦標賽的資訊，並在2003年首次參加美國記憶錦標賽，而且只用了5年就拿下了美國冠軍。

也許有人會將切斯特的能力當做實際上人類具有極佳記憶能力的佐證，並認為只是我們其他人不知道要如何運用而已。但事實上，世界記憶錦標賽中的這些參賽者，卻讓我們知道大腦對於分散資訊的記憶能力是多麼不足。

世界記憶錦標賽的參賽者也許確實擁有超乎常人的天賦能力，但他們的表現主要來自練習與技巧訓練。參賽者記憶長串數字序列的常見方式之一，就是學習將數字三個三個分一組（000, 001, 002, ……, 999）與人、事、物連結在一起。註25 舉例來說，經過數個月或數年的練習後，你也許就會將數字279與巴布‧狄倫（Bob Dylan）、踢足球及泡菜聯想在一塊；而

25.Foer, 2006

將數字714與史嘉蕾‧喬韓森（Scarlett Johansson）、射門及豪豬聯想在一起；以及將數字542與愛因斯坦、縫紉及雲連結在一塊。因此，若一個數列中的前9個數字為2-7-9-7-1-4-5-4-2，那麼你也許會想到巴布‧狄倫射雲的樣子。而下9個數字可能就會讓你想到聖雄甘地（Mahatma Gandhi）鏟披薩的樣子。當然，要記得一串由90個數字所構成的序列仍然需要記下10個這個非現實的片段畫面，這也不是件容易的事情，不過在心中想像巴布‧狄倫射雲的樣子還是比記下一長串的數字要簡單多了。這種綜合人事物的技巧，往往藉由想到這些事件依循熟悉方式的發生順序來補足。利用這種稱為軌跡的方式中，有人也許可以把長串數字想像成上班途中公車所停每一站中發生的每件人事物。

人類大腦對於數字的記憶非常不在行，所以世界記憶錦標賽的參賽者甚至不會嘗試直接去記憶數字。他們將數字轉譯成一些比較容易記下的東西，像是自己認識的人、事、物；以此創造故事，再記下這些故事而不是直接記下數字本身。並在回憶這些故事時，將故事轉譯回數字。當然從運算效能上來說，這種方式有如神經系統版的魯比‧戈德堡機<sup>譯註2</sup>一般，非常沒有效率。在一部電腦中，數字是以0及1的序列來儲存，而不是以想像人事物的方式記下，也不是以滿室猴子可能會寫下的那類隻字片語<sup>譯註3</sup>來記住。但若你必須記下12-76-25-69，還是比較建議你想想這些數字所引發的聯想，像是一打、美國獨立紀念

日、四分之一與任何會讓你想到69的事情。

　　人事物的記憶方式，靠的就是運用死背硬記方式先將大量的聯想配對放入長期記憶中。假定這個過程創造出二個特定節點（例如：「巴布‧狄倫」與「279」）間強大永久的連線。一旦這些聯想深植於神經迴路中，它們就能在短期記憶中快速取用與儲存。這個方法的首要優勢在於，人類短期記憶原就較擅長記憶人事物而非數字，所以聯想起人們從事某件事，要比聯想一串數字自然簡單多了。這個方式不明顯的次要優點在於可以降低干擾。如同我們所知的，相關概念會彼此干擾，讓你即使想起大概，仍然難以記起細節。對多數人而言，一列數字在某些點上的確會混在一起，造成我們記不住各別數字。藉由將數字轉譯成無意義但容易回想的景象，我們就是在進行神經學家所稱的**模式區分**（pattern separation）過程，這是指列表中每個項目「重疊」的部分有多少。簡單來說，比起279與714，「巴布‧狄倫」與「聖雄甘地」的相似度較小。藉由讓每個數字與完全不同概念產生關聯，數字間彼此干擾的可能性就會降

譯註2：魯比‧戈德堡是美國知名漫畫家，其除了漫畫作品中的幽默風格為人所稱道外，其中的奇妙機械設計也影響後世深遠。其所繪製的機械被稱為「魯比‧戈德堡機」，此機由繁雜的零件所組成，而且有著繁複的操作過程，但機械本身的目的通常都是完成一個再簡單不過的功能，例如：削鉛筆或擦窗戶。若以結果論之，會覺荒誕不經，故「魯比‧戈德堡機」也成為「複雜而無用的機器」的同義語。

譯註3：作者在此用了一個有趣機率理論中的部分文字，這個理論叫做無限猴子理論（Infinite monkey theorem）：若給滿室會打字的猴子各一台打字機，在沒有任何時間限制的情況下，其中會有一隻猴子打出哈姆雷特這樣的鉅作。

低。運用人事物方式的專家可以用它來記下令人驚奇的長串數字（目前的世界紀錄是405個數字），但這個驚人表現告訴我們的最重要事實就是，這些選手如何盡可能地遠遠避開使用直接記憶數字的方式。

## 選擇性記憶

人類現今所居住的世界，是個資訊量遠超過我們所能負荷的世界。舉例來說，在所有遇見的人當中，我們只記得少部分人的名字及臉孔。人類大腦不是演化來儲存許多人名的這個情況，以演化的角度來看早就不是祕密了。認出社群中每一份子的這項能力是許多當代哺乳動物都有的一種能力；不過顯然只有人類會使用名字。此外，在人類演化早期時，任何一個人所遇到之人的總數可能相當少。即使假設我們的祖先在25萬年前就會彼此命名，他們會遇到的人似乎也不會超過幾百人。然而農業與其他科技改革最終造成村莊與城市的出現。今日，包括攝影、電視、網路與其社群網絡在內的科技發展，讓我們所遇到的總人數較遠古祖先高出好幾倍。

每一個人所經歷過的許多空間點與時間點，大多沒有在我們的神經網絡中留下什麼痕跡。我們認不得每個路人的臉孔、想不起每個遇到之人的名字、或也記不住每個讀過的句子，也許這就是避免記憶庫飽和的演化方式。無論是名字、臉孔或是自傳情節等等的人類記憶，目前可能已經使用到近乎極限的程

97

度了。就像硬碟的可用空間會逐漸減少一樣，我們能儲存的資訊量很容易就會隨著年歲增長而減少，這也反應出大腦的儲存空間實為有限。註26

　　人類在幼年時期，皮質近乎是塊白板，會以極強與冗長的方式來儲存資訊，也可說是在橫跨數千突觸的好幾個頁面上用極大字體寫下資訊。到了老年時期，可用的「空白」突觸相對少得多了，所以只能以較弱較短的方式來儲存資訊，就像是用小字體寫在單頁的邊緣處一樣，這也讓它隨著時間過去，必然較容易被重組與覆寫，其突觸與神經元也易於喪失。這是項推測，不過可以用來解釋李伯特定律（Ribot's law），所謂的李伯特定律就是：越近的記憶越容易忘記，越早的記憶反而越難以忘記。這是在阿滋海默症患者身上可以觀察到的現象，阿滋海默症患者的生活經歷會反向地被慢慢抹去──首先是失去認出或想起自己最近認識朋友與孫子孫女的能力，接下來喪失對自己子女的記憶，最後則是對配偶與手足的記憶變成一片空白。

　　事件是否會儲存成記憶，極度取決於事件的脈絡與重要性，還有你對它的專注程度。大多數人都會記得聽到重大世事或摯愛者意外死亡時，自己所處的時間與地點。有些我認識的人能記得自己每場球賽的分數，卻難以記住新電話號碼或配偶的生日。重大或威脅生命的事件，以及會引發我

26.Zelinski and Burnight, 1997; Schacter, 2001.

們興趣及關注的事件，會優先進入我們的記憶庫中。會產生這樣的結果，部分原因在於大腦循環中的特定神經調節物質（neuromodulators）組合，以及對於這些事件的關注程度所致。註27 舉例來說，在高度警戒時釋放的腎上腺素，有助於持久記憶或「閃光燈」記憶譯註4 的形成。這樣的機制也許確保了重要事件以及我們有興趣的事件會被儲存下來，同時避免我們浪費空間去儲存在機場等候數小時的那種無聊細節。

　　人類不將大多數的經驗儲存成長期記憶的其中一個原因，可能就是為了留些空間。但也可能是因為那些經驗不過就是心理層面上的一種垃圾郵件。人類記憶的主要目地並不在於儲存資訊，而在於以某種有助於讓我們瞭解及預測週遭事物的方式來組織資訊。就像丹尼爾·沙克特所說的：「唯有能讓我們預測到未來會發生的事件，過去的資訊才顯得有用。」註28「儲存大量資訊」以及「組織與利用這些資訊」之間，很可能是種交易。波赫士（Jorge Luis Borges）在《擅長記憶的富內斯》（Funes the Memorious）這篇虛構故事中的一段描述，就捕捉到這種交易的特性：

　　富內斯不只記得每處森林中每棵樹上的每片葉子，還記得

---

27.Cahill and McGaugh, 1996; Chun and Turk-Browne, 2007.

譯註4：「閃光燈」記憶是指對於鮮明重要的事件所產生的深刻記憶。

28.Schacter and Addis, 2007.

每次感受到或想到每片葉子的時間點……然而，要瞭解「狗」這個通用詞包含了許多不同大小與種類的狗，對他而言卻非常困難；因此當他於三點十四分在旁邊看到一條狗，又於三點十五分在前面看到一條狗時，他會對這二條狗是否同樣都叫「狗」，著實感到困擾。註29

關於大量儲存的能力與有效利用儲存資訊間的交易上，學者症候群（savant syndrome）的患者似乎就是極佳寫照。註30有些患者擁有非凡的能力來儲存大量資訊，像是能記下多本書中的全部內容等等，但就像「笨蛋學者」這個原有醫學術語所示，擁有這樣的能力是要付出代價的；多數這類患者在抽象思考、瞭解比喻以及參與一般社交活動上都有困難。雖然有些患者擁有超群能力來儲存資訊，但他們卻無法有效利用這些資訊。

據瞭解，有些人士擁有回想起每項自己經驗事件的驚人能力：他們對於自己在一生中任一天在什麼地方做了什麼事都能記得。註31 但這個天賦似乎無法跨越到其他方面，像記憶號碼之類。

我們自身經驗的記憶並不會忠實的重現，而是以跨越不同

29. Borges, 1964.

30. Treffert and Christensen, 2005.

31 Parker et al., 2006.

空間與時間的拼湊事件為基礎，在重建中進行了部分修正。大腦儲存機制的靈活適應性，正是人類記憶能夠及時不斷更新的原因——這也讓一直陪伴在孩子身旁的父母沒有察覺出孩子的成長，但偶爾看到孩子的祖父母，就明顯感受到孩子的成長。記憶的易變性也可說明為何人類會混淆與忘卻事情、錯記事發時間，以及拼湊出錯誤的記憶。對於大腦（相對於電腦）儲存與讀取作用不是各自獨立的程序而是緊密交織的情況，這些特質與臭蟲都有部分貢獻。

戰爭中的男人

雖然失去手腳

卻跟過往一樣

感覺手腳還在

男人躺在床上

滿身大汗

沉默發呆

但仍感覺到

他不再擁有的東西

——蘇珊・薇格（Suzanne Vega）


　　蘇珊・薇格這曲〈戰爭中的男人〉，捕捉到**幻肢症候群**（phantom limb syndrome）的矛盾感受：截肢者常常還是會鮮明感受到自己失去的肢體依然存在。他們有時會感覺到自己已

失去的手腳動彈不得，因為那份感覺太過真實，使得他們常在動作中還會顧慮到那隻不存在的手腳。有位覺得自己已截肢手臂仍然存在的人，在穿過門口旁時會側身讓出空間，以免那隻不存在的手臂與別人擦撞；而另一位腿部截肢的患者則試圖以自己已經不存在的肢體來走路。[註1] 在許多案例中，幻肢覺不僅僅只是感受到失去肢體依然存在，還幾乎真實地感受到從那肢體傳來的疼痛。幻肢痛的真實感及磨人程度無異於任何其他疼痛。然而悲慘的是，這類患者卻無法從痛覺的源頭來撫平那種疼痛感。

由於人類歷史上接連不休的戰爭，我們確信人類失去肢體的狀況也經常不斷發生。可想而知，歷史上也有不少記載曾經提到，人們與其失去肢體的鬼魂共處的情況。不過直到20世紀後半，醫學界才開始接受幻肢症候群是種神經疾病。我們很難責備外科醫師竟然與一般人沒什麼兩樣，將幻肢覺歸咎於對失去肢體的歇斯底里或渴望而產生。有什麼比感受到不存在的東西更違反直覺的呢？就像幻肢覺中的「幻」一字所示，似乎得從超自然的層面著手才能解釋這樣的情況。的確，幻肢症候群引出了一項我極愛的靈魂存在理論。18世紀時，英國海軍上將納爾遜勳爵在戰爭中失去他的右臂，因為他仍可真實感受到失去肢體的存在，所以就將此做為靈魂存在的證據。他具驚人說服力的理由即是，若是肢體在失去後其魂魄仍然存在，那麼人

1.Melzack, 1992; Flor, 2002.

也是一樣。註2

　　幻肢症候群算是相當違反人類的直覺了，但還有一種與本體感覺相關的更古怪病症存在。人們在受到特定幾類大腦皮質損傷（通常是中風）後，有可能會無法感受到自己身體某部位的存在，即便肢體本身的功能完整健全，而且連接肢體到脊神經的神經均完好無損。這種少見且常是暫時性的身體忽略現象，被稱為**肢體妄想症**（somatoparaphrenia）。註3 當醫生觸碰此類病患的患臂時，病人對於患臂被碰觸不會有任何感覺，但對於疼痛性刺激則會產生移開手臂的反射性動作。若問病人在桌上的東西是什麼，她會回答是**一隻**手臂，而不是**她自己的**手臂；再問她那是誰的手臂，病人會說不知道或甚至認為那是別人的手臂。在某個案例中，有位病患錯把自己的左手認為是醫生的手，還說：「醫師，那是我的戒指，你戴了我的戒指。」奧利佛・薩克斯（Oliver Sacks）在著作《錯把太太當帽子的人》（*The Man Who Mistook His Wife for a Hat*）中提到一位因中風住院的病人，在醫院中掉到床底下。病人事後解釋，當他醒來發現床上有條腿，還以為有人在惡作劇，所以他理所當然地把那條腿推下床。於是病人也掉到床下去了，因為那是他的

---

2.納爾遜動爵的理論曾被數位論文作者（Riddoch, 1941; Herman, 1998; Ramachandran and Blakeslee, 1999）引用，但我不知道其真正出自哪一份文獻。

3.肢體妄想症（somatoparaphrenia）不是一個「單一」病症；沒有出現其他功能缺失的情況下它幾乎不會產生，而且也會隨著時間慢慢消失（Halligan et al., 1995; Vallar and Ronchi, 2009）。

腿。註4

患肢症候群與身體妄想症是互為鏡像的感覺異常。具體來說，患肢症候群病人依然能感受得到其已失去的肢體，而身體妄想症患者卻無法感受到自己完好肢體的存在。總而言之，要瞭解這兩種病症，還需要對心智本質以及其對身體感知的實際作用有更深一層的認識才行。

## 身體假象

我們均熟知那些讓我們視覺驚歎的著名畫家，也崇拜那些讓人們耳朵如痴如醉的音樂家。每個人應該多少都可以說出一位名廚的名字，此外，就算不知道任何一家著名的香水製造商，至少也知道一款有名的香水。前述所提的這些感覺就佔了人體五感中的四種，只剩觸覺沒有提到。然而在觸覺上，卻無法像其他四種感官知覺那樣，出現畢卡索、莫札特、或甚至湯瑪斯·凱勒（知名廚師）或恩尼斯·鮑（Ernest Beaux，香奈兒五號香水的創造者）這樣的例子。造成這種情況的原因諸多，其中也包括了我們無法將觸覺儲存在DVD、MP3檔案、冰箱或是瓶子之中。觸覺無法遠距感受，碰觸是人類感官中最親密也是最私人的感覺。雖然觸覺在藝術界多被忽略，但它卻擁有如調色盤般令人印象深刻的多樣化感覺，這些感覺包括：痛、

4.Sacks, 1970.

冷、熱、搔癢、滑順、粗糙、癢與抓等等。觸覺更提供了其他感官知覺夢寐以求的情緒感受，從撞到腳趾的強烈疼痛，到性愛所帶來的情慾愉悅皆包含在內。

如此廣大的觸覺感受來自大腦體感系統（somatosensory system）的恩賜，此一系統不但擔負著人體自身的觸覺感受，也掌控著身體的本體感覺。當神經專科醫生以橡皮槌輕敲我的膝蓋時，我感受到的不只是橡皮槌，還知道它敲打到**我的膝蓋**。我清楚地知道，被橡皮槌敲打到不是別人的膝蓋而是我的膝蓋，是左邊的膝蓋而不是右邊的膝蓋。體感系統不單單報告橡皮槌是軟是硬、是溫是涼，還會將橡皮槌碰觸到的身體部分定位出來。位於身體周邊的體感系統部分，還包含了分布於全身各處的精密觸覺感受器。包覆在皮膚中的**機械性刺激感受器**（Mechanoreceptors）可以偵測到皮膚上的微小變形。與筆記型電腦觸碰板不同的是，大腦在身體的每個位置都有多樣的感受器；有些感受器對於輕觸有所反應，有些則能感受到震動或自己肢體的位置，還有其他的感受器能偵測到溫度或是痛覺刺激。

如果你用指甲戳進手掌中，疼痛感受器就會活化，讓你感受到手掌部位在疼痛。擁有幻肢痛的患者，即使已經沒有手指及手掌，但還是會感受到與你相同的疼痛。患者的疼痛是種假象嗎？

幻肢覺揭露了身體知覺上的重要關鍵，那就是幻肢不是種

假象，而是我們對肢體實際存在的感覺是種假象。當腳趾撞到時，痛覺受器會將訊號從腳趾傳送到大腦的神經元中，這也是最終產生痛覺的地方。但是你感受到的不會是大腦在疼痛！這是因為就像投影機可以將影像投射到幾公尺遠的銀幕上一樣，你的大腦把疼痛投射回腳趾處。這個投射也許才是最為驚人的一種假象：我們的身體當然是真實存在的，但對於位置不在頭顱內的全身肢體，我們對其知覺感受卻是個假象。

腹語表演者可以創造出令人讚歎的假象，以玩偶愚弄現場的每一個人。他運用聲音，以及減少自身嘴唇的動作並誇大玩偶嘴巴動作這樣的視覺誤導，來達到效果。如果有位粗心的腹語表演者在例行表演中忘了拿出他最重要的玩偶，那這項把戲就十分容易看透也變得無趣了。就像沒有玩偶的腹語表演者一樣，在少了某個肢體存在的情況下，我們身體投射假象的本質很快就會顯露出來了。幻肢不過是因為身體感覺要投射的肢體已經不存在，而使得正常身體假象變得奇怪的一種現象而已。

對於這個現象形成的方式瞭解得更多，就能更深入探究資訊從周邊傳送到大腦的方式。當有人用棉花棒輕觸你的手指頭時，指尖的感覺受器就會產生動作電位（攜帶神經元傳出訊息的生理性「電波」），從感覺神經元的軸突往脊神經的方向傳送。這些軸突與脊神經中的神經元形成突觸將資訊傳送過去，而這些神經元接續再將訊息傳送到特定大腦皮質部位。如同大腦中有處理視覺與聽覺刺激的區域一樣，部分大腦皮質也會處

理從全身感覺受器傳送而來的資訊。這類區域中的首要區域就適當命名為**主要體感皮質區**（primary somatosensory cortex）。神經學家藉由記錄下碰觸動物身體各個部位時體感皮質的電位活動，於1930年代末期建立出大腦的身體感覺分布圖。差不多在同一時期，加拿大神經外科醫生瓦爾德·彭菲爾德（Wilder Penfield）從癲癇手術中也獲得相同的結論。因為大腦本身並沒有感覺受器，所以可在病人只有局部麻醉且依然清醒的情況下進行手術。這讓彭菲爾德醫師能以不同於科學家進行動物實驗的方式進行研究：他不是去記錄因觸碰而產生電位活動的神經元，而是運用電刺激活化病人的大腦神經元，再詢問病人感覺到什麼。病人的回應包括：「我的嘴唇在顫抖。」或是左腳會抽搐等等。從彭菲爾德的實驗中，我們可以瞭解到如果有人能畫出體感皮質每個區域所代表的身體部位，最後就會得到**體感小人**（somatosensory homunculus，請參考圖3.1）的圖案。不過這個小人嚴重變形，像手指這類身體部位的反應區域會不成比例的巨大。換句話說，在比例上，皮質中負責手指的區域會比負責像腿部這種大型身體部位的區域要大得多了。雖然這個小人圖嚴重變形，但身體的鄰近部位還是位於皮質中的相鄰區域中，這也代表此圖是按實際**身體部位依序分布的**。後續的研究

5.Marshall et al., 1937; Penfield and Boldrey, 1937. 一共有四張主要體感分布圖，每一張代表一種型式的觸覺，像是輕觸辨別的型式或是表皮深層受器活化的型式。（Kaas et al., 1979; Kandel et al., 2000）

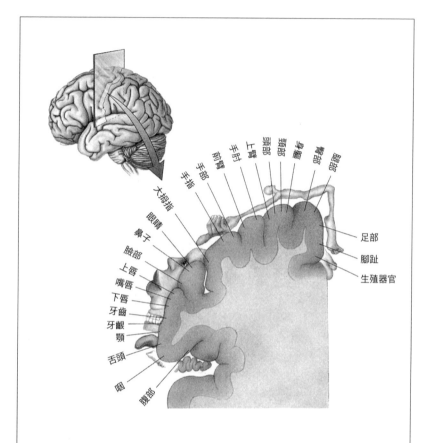

圖3.1　體感皮質。體感皮質表面上有張身體部位的分布圖。據說這張分布圖像是張按人體部位依序分布的圖，因為鄰近的皮質區域代表的也是就大腦的相鄰區。要注意的是，大片皮質區可被「分配」在像手指這樣相當小的人體部位。（Bear et al., 2007；經威科公司〔Wolters Kluwer〕授權，做了適當更動的分布圖。）

顯示，體感分布圖不只有一張，而是同時有許多張；像是輕觸
或震動等等不同的觸覺感受都有各自的體感分布圖。註5

　　彭菲爾德的實驗漂亮地證明，即使不經由所有正常的管道
傳送，直接給予大腦刺激也可以產生感覺。然而大體而言，彭
菲爾德實驗以及後續人類研究中，經由電刺激所誘發出的感覺
有些「模糊」——患者對於直接給予大腦刺激所產生的感覺，
通常不會與實際碰觸身體所產生的感覺混淆。但理論上，若是
我們精準地知道要刺激是哪些神經元，應該有可能讓大腦分辨
不出其中的差別才是。對於直接給予大腦刺激是否得夠取代身
體上的實際刺激此事，在以猴子為對象的實驗（類似電影《駭
客任務》那類的精巧實驗）中得到得了答案。墨西哥神經學家
蘭諾佛・洛莫（Ranulfo Romo）訓練猴子執行一項任務，此任
務要牠們判斷放在食指尖之金屬探針的振動頻率。註6 在每一次
的實驗中，猴子會先感受一次「參考」刺激，像是以探針給予
每秒20次的振動刺激。接下來猴子會再感受到一次「比較性」
的刺激，這次的刺激頻率會比之前的高一點或低一些。猴子被
訓練到能比較出2次刺激的頻率高低，以此來選擇按下其中一
個按鍵。猴子在這個任務上的表現不錯，能夠熟練地分辨出每
秒振動20次與30次的不同。此實驗的關鍵就是在猴子大腦中植
入晶片，晶片被精確地植在主要體感皮質中掌管手指傳來金屬
探針震動資訊的區域。這些晶片讓實驗者可用人工方式來刺激

6.Romo et al., 1998; Romo and Salinas, 1999.

原由猴子指尖探針所活化的同樣一群神經元。

　　洛莫與同事想知道的是，他們是否能以「虛擬」的方式來讓猴子執行任務，也就是說他們想瞭解的是，在訓練猴子比較實際刺激後，再直接給予其大腦電刺激會產生什麼樣的結果？在這些虛擬的實驗中，第一階段還是使用金屬探針給予猴子手指真實的刺激，不過第二階段就不再使用金屬探針，而是直接經由大腦植入晶片給予簡單的一組電脈衝刺激；這樣的方式完全無須經過周邊的體感神經系統。因為由晶片傳入的電刺激可以設定在特定頻率，所以實驗人員就能要求猴子去比較第一次的真實刺激與第二次虛擬刺激間的頻率差異。如果猴子完全感覺不到第二次的刺激，可想而知，牠可能就無法完成任務，或也可能採取亂猜的方式。另一方面，若是實際刺激與直接給予大腦刺激有某種程度上的相似性，那麼猴子成功完成任務的比率就會相當的高。令人驚奇的是，猴子繼續執行任務，而且如同比較二次實際刺激那樣，牠們也成功比較出實際與虛擬刺激間的頻率差異。當然，我們不知道對猴子而言，是會覺得實際刺激與虛擬刺激的感受相同，還是覺得：「哇！這是我以前從未有過的感受。」無論如何，這些實驗證明，直接給予大腦刺激這樣簡單的方式，就能有效地取代實際刺激。

　　知道「觸覺或感受到某人手臂的感覺，可以經由大腦神經元的單獨活化達成」，也許能讓我們明瞭造成幻肢覺的可能原因。幻肢覺成因的最早科學假設之一，認為其是截肢處被切

斷神經重新生長的結果。這是個合理的假設，因為被切斷神經
纖維的遠端部分確實會存在於殘留下來的肢體（也就是**殘肢**
〔stump〕之中）繼續生長。在這樣的情況下，原先支配手部
的神經就會改為處理殘肢部分，並將訊息回傳至中央神經系統
中，而中央神經系統卻持續地將這些訊號視做從已喪失的肢體
傳來，如同這些肢體依然存在。這項假設成為幻肢痛某類早期
療法的依據，這個方式就是以手術切除殘肢處的神經或是切斷
連進脊神經的神經。這些手術對部分患者有效，但大體而言對
於幻肢痛無法產生永久的療效。

今日科學家都同意，在許多案例中，幻肢覺反映出的不是
過去支配截肢處神經所釋出的不正常訊號，而是因為大腦發生
改變所造成。明確地說，就如同在猴子實驗中所見情況，直接
給予大腦刺激能夠代替實際刺激一樣，大腦中原本支配那隻手
臂的神經元持續活化，就衍生出幻肢的感受。註7 問題是：為何
大腦中原先處理截肢的神經元，在肢體失去後仍然持續活化？
這個問題的答案將提供重要見解，讓我們更能瞭解大腦最有力
的特質之一，也就是大腦的適應能力如何轉變成大腦臭蟲。

## 神經元拒絕保持沉默

就像電腦晶片中的有限空間一樣，大腦皮質也是個價值非

---

7.關於幻肢覺成因的各類理論與機制討論，請參考Melzack, 1992; Flor et al., 1995; Flor, 2002.

凡且空間有限的資源。那大腦要如何決定把多少空間分配給身體的每個部分呢？對於背上一公分見方的皮膚與食指尖上一公分見方的皮膚，大腦皮質是否都該給予同等的運作資源呢？

有人也許會猜測，處理不同身體部位的大腦皮質區域大小是天生的，的確，在某程度上大腦皮質分區確實是固定不變的。舉例來說，背部每平方公分皮膚內所有的感覺神經纖維，要比同面積的手部皮膚來得少。（背部是低分辨率的傳入部位，而手指尖則具有高分辨率。）如同我們在前言中所定義的那樣，這是神經操作系統的一項功能。但若只單獨執行如此固定不變的策略，就會產生過於僵化且欠缺周詳考慮的演化設計成品。皮質區域分配問題的最佳解決方案（這個方案帶有幾分達爾文主義的味道），就是不同的身體部位必須相互競爭：最「重要」的身體部位可以獲得較多的皮質區域。

如果在閉上眼睛時，請人碰一下你的某根手指，你輕易就可以說出是哪根手指被碰到。若將觸碰的區域改為腳趾再重複一次，你會發現自己不但無法確定是哪隻腳趾被碰觸到，甚至還可能會回答錯誤。會產生這樣結果的部分原因可能在於，大腦用於處理手指的體感皮質區域較處理腳趾的區域大。身體每個部位所獲得的皮質區域大小，決定了我們定位碰觸位置的精準程度，以及我們分辨出碰觸物為釘子、筆或某人手指的難易程度。我們可以想像，比起教授、律師或打擊樂器演奏家，裁縫師、外科醫師或小提琴家更能因為處理指尖訊息的體感皮質

區域較大而受益良多。更進一步來說，假設你正試著要學習布拉耶盲人點字法（Braille），那麼讓你指尖所分配到的體感皮質區域增大是非常合宜的事情。每一個人不同的生活形態讓個人指尖所分配到的大腦皮質面積有所不同，這是可以理解的；這也代表了大腦可以根據實際需求而不斷改變皮質區域的分配。也就是說，代表不同身體部位的皮質區域，會因每個人的經驗而有擴張或縮小的情況。

曾經有數十年的期間，人類與其他動物在成年時期的體感區域分布被認為是無法改變的。但在80年代初期，加州大學舊金山分校神經學家麥克·莫山尼克（Michael Merzenich）所進行的一系列創新研究，推翻了前述觀點。莫山尼克與同事證明皮質分區圖具有「可塑性」，大腦皮質就像沙漠中的沙丘一樣，持續不斷地被重新塑形。註8 莫山尼克首先證實，支配猴子手部的其中一條神經被切斷後，猴子大腦的體感皮質會進行重組，也就是說皮質分區圖會產生改變。原先負責患肢的皮質神經元一開始沒有反應，但經過數週及數個月後，因神經切斷造成傳入訊息喪失的神經元就「轉換了組別」──它們對身體其他部位所傳來的訊息更積極地反應。更重要的是，後續研究還顯示，當猴子經過數個月以幾根手指進行觸覺辨識的訓練後，負責手指的體感皮質區域會擴張。就好像大腦中存在有某些管理者，將舊有的皮質空間重新分配給最需要的身體部位那樣。

8.Merzenich et al., 1983; Jenkins et al., 1990; Wang et al., 1995; Buonomano及Merzenich, 1998.

　　儘管這些研究一開始受到當相大的質疑，不過目前皮質可塑性已被認定是大腦功能最重要的原則之一。以人類為對象的此類研究，也已更進一步地建立出大腦皮質的重組功能對於許多各類學習能力的重要性。舉例來說，有些研究以非侵入性的方式，來比較音樂家與非音樂家間手指所佔的體感皮質區域大小。從幼年時期就開始學習弦樂器的人士身上可以發現，掌控指尖的皮質區域較大。同樣的，在年輕時就開始學習布拉耶盲人點字法的人士身上，也可以觀察到負責指尖的皮質區域有擴張的情況。註9

　　電腦程式設計師在早期必須將程式所需的記憶空間進行有效分配。這也是說，他們必須估計總共需要用掉多少記憶體，因為早期的一些軟體能處理的資訊量實為有限。經過數十年的時間，目前已經發展出能彈性分配記憶空間的更精密程式語言：就像我在文書處理器中打入愈來愈多的字詞時，此文書檔所佔的記憶空間就會彈性增加。就運算能力的分配而言，大腦在幾億年來也都是以這樣的策略來因應，不過皮質區域的彈性分配則是個需要花上數個星期及數個月才會產生的漸進過程。

　　當然，在大腦中並沒有管理者在監督皮質區域的分布。那麼大腦怎麼知道每個身體表面部位到底有多重要呢？大腦所依循的似乎是經驗法則。因為體感皮質區域中的神經活動程度，大致可以反應出其對應身體部位的使用程度，所以大腦可以根

9.Elbert et al., 1995; Sterr et al., 1998.

據神經活動的程度來區分每個身體部位的重要性。註10 讓我們想想，當一個人因意外失去食指而產生幻肢覺時，他的體感皮質會產生什麼樣的變化。代表食指的主要體感皮質區域神經元，原先是接受食指傳來的訊息。但現在因為失去傳入來源，這些皮質神經元活化的情況就會變少。為了便於討論，讓我們假設負責食指的體感皮質神經元在意外發生後就完全保持沉默。但神經元拒絕保持沉默。不再活化的神經元即是靜止不動，而靜止的神經元也很難再被稱作神經元了，因為神經元的本業就是活躍地進行傳訊交流。所以神經元被設計成會盡其所能地避免長期保持緘默，也就絲毫不讓人驚訝了。就像大腦中存在的代價或**穩定**（homeostatic）機制，讓人體得以根據環境冷熱來調節體溫一樣，神經元也能穩定地調節它們的活化程度。

　　一個負責食指的體感皮質神經元會接受到上千個突觸。其中多數突觸傳遞的是從食指送來的訊息，但也有部分觸突是與代表其他身體部位的鄰近皮質神經元連結產生。在這樣的情況下，因為大腦皮質是以符合身體表面鄰接區域的特質來分布，所以位於食指皮質神經元周圍的，應該就是代表拇指及中指的神經元。這些鄰近神經元應該還會呈現它們原有的活化程度（或也可能更多，因為失去食指的人士將會開始改以中指來從

10.這不單單只關係到此區的使用，還包括了專注與行為的關聯程度，這些對於皮質重組似乎都是關鍵。（Kilgard and Merzenich, 1998; Kujala et al., 2000; Polley et al., 2006; Recanzone et al.,1993）

事原本由食指執行的工作）。失去食指的沉默神經元會將從鄰近活動區域傳來的訊息放大。使得原先負責食指的神經元，經由本身對大拇指或中指有反應的神經元觸突後續的強化作用，轉變成為大拇指或中指的神經元。

將原先微弱訊息放大的確實機制究竟為何，目前仍持續爭論中，但這似乎再次顯示，它們仰賴的是與學習記憶相同的突觸及細胞機制，其中包括了現有突觸的強化與新突觸的形成。註11 這呼應了第一章提到的海伯定律：**一同活化的神經細胞會連成一氣**。但就像我們假設例子中那個食指神經元變得沉默的情況一樣，假定有一個神經元完全停止活化，突觸可塑性的穩定特質反而會讓此神經元原來虛弱的突觸變強，即使在失去大量突觸後活動也一樣——基本上這又推翻了海伯定律。註12 這代表著神經元如果失去一個強大訊號，對於微弱訊號的反應就會增強。

現在讓我們回到之前所提到的問題上，也就是「失去原有傳入訊息的體感皮質為何還會持續活化，讓大腦誤認為已截斷的肢體（或失去的手指）依然存在」此一問題。其中一個假設認為，原先因食指而活動的神經元，會以非常誇大的方式被大拇指與中指傳來的訊息驅動活化。所以即使原先負責食指的主要體感皮質神經元已失去了原有的傳入訊號，這些神經元還是

11.Bienenstock et al., 1982; Buonomano and Merzenich, 1998; Abbott and Nelson, 2000.
12.Bienenstock et al., 1982; Turrigiano et al., 1998; Mrsic-Flogel et al., 2007; Turrigiano, 2007.

會持續活化！而此區域的下游或「高階」皮質區域就會繼續將這樣的活動視做證據，認定食指依然存在。有人猜測，那些高階皮質區在某種程度上創出了感受到肢體的知覺經驗，但無人知曉這是如何發生或是從何而起。雖然如此，從幻肢覺的患者身上可清楚知道，這些皮質區域並未得到身體已產生變化的訊息，也就是主要體感分布圖沒有更新。就像是不知道國家部分土地已被人佔領的國王，可能會持續「統治」他已無法掌控的領土一樣，部分大腦區域也會持續認定身體沒有改變，進而造成假象，完全不知道身體的某一部分已不再存在。

## 具有驚人可塑性的大腦皮質

　　體感皮質終身都能持續重組的這項發現極具重要性，因為它揭露了大腦皮質的一般特質及學習記憶的機制：皮質可塑性不受限於大腦體感皮質，它是整個皮質區域共通的特質。許多研究已證明其他皮質區域的迴路也會因應經驗而進行重組。

　　我們對於皮質可塑性的知識大多來自感覺區域的研究，特別是來自體感皮質區、聽覺皮質區與視覺皮質區。上述幾區中，又以視覺是最惡名昭彰的皮質區域爭奪者。舉例來說，靈長類動物處理視覺的總皮質區域遠大於處理其他感官的區域。根據某些研究的估計，有將近一半的皮質區域主要都貢獻給視

---

13.Van Essen et al., 1992.

覺使用。註13 因此,若這些區域因為失明而永遠不再作用,那將有幾十億的神經元會非常無聊。不過由於皮質可塑性,這些視覺皮質區域可以轉而處理非視覺的工作。對一位幼年就失明的人士而言,決定手中所握物體是原子筆還是鉛筆的觸覺任務,可能就會活化「視覺」皮質區域(大腦中原先負責處理視覺的區域)。 此種說法的實質證據在於:給予盲人「視覺」皮質暫時性的電刺激,會降低他們閱讀點字書的能力。此外,盲人的視覺皮質區域也會因聲音而產生大量活化的情況。註14 換句話說,失明者也許會用更多的皮質區域來處理身體的感知與聽覺,讓他們能在某些體感及聽覺任務中有出眾的表現。註15 人們感官作用能夠增進的程度,以及此種方式可用來代償像失去視覺之類的情況,說明了有些人士為何會擁有能以回音定位來「看見」的那種極致能力。包括蝙蝠與海豚在內的一些動物,可以在沒有光線的情況下於環境中游走飛行,牠們也能定位出物體的位置;海豚甚至可以發出各種頻率的聲納,藉此「看」穿某些物質,這也是為什麼美國海軍會訓練海豚來找尋蘊藏在海底泥層之下的礦物。

　　回音定位運用與聲納相同的原理。蝙蝠與海豚發出聲音

14.Sadato et al., 1996; Kujala et al., 2000; Roder et al., 2002. 一篇研究以跨顱磁刺激儀(transcranial magnetic stimulation)來改變盲人「視覺」皮質的處理程序。(這裡所說的視覺皮質指的是枕葉皮質,其在視力正常者是負責視覺的重要區域。)

15.關於盲人各類感覺,還有與失明及感覺喪失相關的皮質可塑性,請參考Merabet and Pascual-Leone, 2010的這篇回顧性研究。

後，就等著接收這些聲音碰到物體反彈產生的回音，並運用牠們的聽覺系統來解釋這些回音所代表的情況。發出聲音與接收回音間的時間差，可用來判斷物體的距離。令人驚奇的是，某些失明者也學會了以回音來定位的方式。他們會從嘴巴發出類似喀嚓的聲音，或是用枴杖敲出「嗒嗒」聲，然後等著接受回音。一位在2歲時因癌症失去雙眼的男孩能夠四處遊走，並在沒有接觸到物體的情況下知道它的位置，像是有車要從車庫中開出來等等。註16 雖然這項能力還未被仔細研究，不過這仰賴的似乎就是大腦根據個人經驗來分配皮質區域的能力。然而必須注意的是，這些非凡的感覺能力不只是因擁有更多的皮質空間來進行某些運算所產生，它們也是密集練習以及生活於全然不同世界下的經驗所致。

　　大腦皮質適應與重組的能力是其最強而有力的特質之一。皮質可塑性就是熟能生巧的原因、也是為何放射學家能從X光片上看到一般人以為是失焦污點的肺炎徵兆，以及點字法使用者手指感覺更為靈敏的緣故。此外，皮質可塑性也是一般以英文為母語者分不出中文四聲，而中國小孩的大腦最終卻能夠靈活運用中文四聲的原因。不過，皮質可塑性也是某些由中度

16.關於少數討論人類回聲的研究，可參考Edwardset等人 (2009)發表的論文。不過以失明者為對象進行回聲定位的科學研究不多。關於男孩班‧安得伍德（Ben Underwood；已於2009年過世）的新聞報導可參閱數個網站，例如：http://www. youtube.com/watch?v=YBv79LKfMt4。多數人都可以運用極簡單的回音定位方式。舉例來說，你大致可以分出在衣櫃、在房間或在室外的拍手聲有何不同。

或嚴重傷害所引發之大腦錯誤的元凶。幻肢痛是大腦本身的問題，是大腦在適應失去肢體時產生的小缺失。大腦非凡的重組能力有時也會產生適應不良的情況。

　　大腦可塑性產生的缺失，可能也是造成耳鳴（tinnitus）這個常見症狀的原因。大約1%~3%的人口，都感受過討厭且持續嗡嗡叫或「鈴鈴聲」等耳鳴症狀。這也是參與伊拉克戰爭的老兵最常出現的問題。註17 耳鳴可能會造成的嚴重問題，包括：無法專注、失眠與憂鬱症等等。

　　耳朵感覺器官「耳蝸」中的毛細胞可以偵測聲音。每個毛細胞頂端的細小「毛髮」或纖毛會對細微的氣壓變化有所反應：纖毛的移動會在聽覺神經中產生動作電位，使得資訊傳送到大腦中。不同的毛細胞群會因各別特定頻率的聲音而活化。就像鋼琴的琴鍵那般，耳蝸的一端為低頻的聲音，另一端則代表高頻。如同體感皮質呈現出身體部位依序分布的情況，主要聽覺皮質也包含了耳蝸的**音調排序**分布圖。如果神經外科醫師刺激你的聽覺皮質，你不會感覺到有人碰你，而是聽到一種聲音，此聲音的頻率高低則依據收到刺激的確實部位而定。

　　有人也許傾向於認為，耳鳴患者聽到的刺耳聲響是因為耳中某些聲音偵測器過度作用的緣故。也就是說，因為某種原因，部分耳蝸毛細胞持續活化，產生了一直有聲響的假象。雖然此一假設表面上聽起來十分合理，但它並沒有許多相符

17.Groopman, 2009.

的實例來佐證。耳鳴通常伴隨耳蝸與聽覺神經活動降低一起產生，並與毛細胞的壞死有相關。註18 特定藥物、長期（或突然）處在非常吵雜的環境中以及正常老化，都是可能造成毛細胞壞死的原因。耳朵特別容易受到環境傷害以及老化的影響，因為我們與生俱來的毛細胞數量不多，每個耳蝸中最重要的毛細胞，也就是內毛細胞（inner hair cells），只有3500個。（相較之下，每個視網膜中卻有高達1億個的感光受器〔photoreceptors〕。）負責高頻聲音的毛細胞一旦損傷，就會造成高音聽覺受損。耳鳴患者感受到的嗡嗡聲響，常與患者本身所喪失的聽覺音頻相符。註19 也是說，耳蝸基部負責高頻聲音的毛細胞壞死，可能會產生持續性的高頻耳鳴聲響。耳鳴與幻肢覺在這點上的類似性相當明顯：兩者皆與正常感覺傳入訊息的損傷或喪失有關。耳鳴等同是一種聽覺上幻肢覺，也就是幻聽。

如同幻肢的案例一樣，皮質可塑性的錯誤似乎是造成耳鳴的原因之一。註20 這個假設如下：若特定耳蝸部位受損，相對應的聽覺皮質區域就少了原有訊號的傳入來源。這個區域接下來可能就會被鄰近的聽覺皮質區域所「掠奪」。失去原有訊號來源的聽覺皮質（或聽覺路徑上其他中繼站的）神經元可能會

18.Salvi et al., 2000.

19.Norena, 2002.

20.Eggermont and Roberts, 2004; Rauschecker et al., 2010.

產生幻聽，並因鄰近神經元的傳入訊息使得幻聽成為永久性。然而造成幻肢及耳鳴的原因目前尚未完全明瞭，而且產生這兩個病症的原因似乎也不只一個。不過，大腦可塑性出錯確實是造成這兩個症狀的原因之一。

## 適度性退化與災難性損壞的對比

900億的主要腦部神經元裡，[註21] 有將近700億是粒細胞（granule cells），這可說是一種傻瓜神經元的細胞，主要存在於小腦中。（小腦是在動作平衡上扮演重要角色的構造。）如果你一定得要捨棄幾十億的神經元，那粒細胞就是最佳選擇了。一個大腦皮質神經元平均會接受到數以千計的突觸，然而1個粒細胞的突觸卻不到10個。[註22] 但粒細胞的巨大數量倒也彌補了它們因有限突觸所造成的狹小世界觀。剩下約200億的神經元，多數都位在大腦皮質中。這數量可不像聽起來那麼平淡無奇。今日，一塊電腦晶片上通常會有數十億個電晶體，所以在某些平行運算的電腦中，其電晶體的個數甚至比大腦皮質神經元的數量還多。我一點也沒有想讓人將電晶體比喻成電腦中之神經元（甚至是粒細胞）的意圖，不過就運算結構單位而言，現代一般桌上型電腦的電晶體數量，遠大於包括老鼠在內的許多動物所有之大腦神經元總數。

21.Herculano-Houzel, 2009.
22.Shepherd, 1998.

「所有哺乳動物於出生時擁有最多的神經元，出生後神經元就不會再生了」，此一信念直到1990年代仍是主流教條。我們現在知道事實並非如此。有些神經元在人的一生中都會不斷再生，但大部分都只局限在大腦的某些區域中（像是嗅球與部分海馬迴）。註23 不過說實話，這些再生神經元相較於所有神經元的總數實在是微不足道。如果所有神經元終生都可一直再生就更完美了，可惜不是。所以從人類出生到死亡間，神經元的數量實際上是在逐漸減少中。據估計，一個人一天會喪失85000個皮質神經元，而在我們成年的期間，皮質總體積會減少20%左右。註24 這項事實驚人的地方在於，這些喪失對人類日常生活的影響少之又少。雖然神經迴路重組、細胞死亡、大腦萎縮、頭部意外受到重擊的情況不斷上演，但每一個人還是活得好好的。多數情況下，我們仍保有重要記憶、主要個人特質與認知能力。對於一項系統可以容納及吸收大量改變與傷害，且不會讓這些改變及傷害對整體運作造成問題的這種特性，科學家與電腦學家認為是種**適度性退化**（graceful degradation）的表現。不過大腦與電腦在功能上的適度性退化其實相當不同。

電腦仰賴的是可信度超高的電晶體，每一個電晶體可以在不出任何差錯也不中斷的情況下，進行數兆次同樣的計算。但如果現代中央處理器（CPU）上的少量電晶體損壞，可能會

23.Gross, 2000; Gould, 2007.
24.Pakkenberg and Gundersen, 1997; Sowell et al., 2003; Taki et al., 2009.

因受損的電晶體位於重要區域而造成嚴重問題。大腦就極為不同了，無論是哪個皮質區域失去幾十個神經元，都感覺不出有什麼影響。部分原因是由於神經元與突觸是種驚人吵雜又不可靠的運算工具所致。神經元跟電晶體完全不同，即使在實驗室周全控制的環境中，位於培養皿中的一個神經元對於相同的傳入訊號，還是會產生各式各樣不同的反應。若是二個皮質神經元有突觸相連，而突觸前神經元釋出一個動作電位，那麼突觸中屬於突觸前神經元的部分就會釋出神經傳導物質來活化突觸後神經元。不過實際上，兩者在突觸間的傳遞有著極高的失敗率，也就是訊息沒辦法傳到觸突後神經元中。這個失敗率的高低與眾多因素有關，一般比例約為15%左右，但也可能高達50%。[註25] 不過某些非皮質突觸所進行的突觸間傳訊卻非常具有可信度，這也表示皮質神經元的低可信度似乎不該以過度負面的角度來看待，因為這個多變性是經由演化所形成的。部分神經學家相信，就像某人會以試誤的方式來找出下一片拼圖的位置一樣，皮質突觸會出錯的特性，有助於神經網絡針對一項運算問題去尋求不同的解決方式，再從中選出最佳者。此外，個別神經元與突觸的低可信度，也許就是大腦出現適度性退化的原因之一，因為這樣就能確保沒有任何一個神經元是重要到不可或缺的程度。

25.Markram et al., 1997; Koester and Johnston, 2005; Oswald and Reyes, 2008.

對電腦學家而言，大腦這種適度性的退化有些令人嫉妒。不過這份嫉妒是有點用錯了地方，在某些案例中，大腦退化的狀況可是一點也說不上適度。的確，只有對皮質造成大量損傷（或是傷到腦幹的重要部位）才會造成腦部系統的當機（昏迷或死亡），但是小傷害也可能會驚人地造成特定能力的喪失。

當大腦中某些特定區域受到損傷時，就可能會產生一種稱為**異手症**（alien hand syndrome）的古怪病症。這是種成因多樣的少見病症，可能造成的原因包括頭部受傷與中風等等。異手症患者會覺得自己的一個（或數個）肢體不是他的。那個肢體既沒有癱瘓，執行細微動作也沒有問題，但那肢體就好像是有了別的主人一樣，完全不受控制。當異手症患者想要用健側手扣上襯衫的釦子時，患側的異手卻把釦子解開，或是患者想用好手打開抽屜時，患側手卻同時把抽屜關上。根據患者所言，這個病症常造成他們的困惑與挫折。「我不知道自己的手在做什麼。我完全不能控制。」、「當我要做事情時，我的左手總是出來搗亂，想要主導一切。」還有一位異手症患者對護士說：「要是我能找出是誰在拉我的頭髮就好了，因為實在很痛。」註26

另一個造成特定能力極大損壞而非一般適度認知退化的罕見病症，稱做**卡波格拉斯症候群**（Capgras syndrome），這種病症的特色是患者會將熟悉的人（通常是患者的父母）妄想成是

---

26.關於異手症的文獻回顧請參考Fisher (2000)的論文。其中一位病人的談話內容引用
自下列這段影片：http://www.youtube.com/watch?v=H0uaNn_cl14。

由別人假扮的。註27卡波格拉斯症候群患者也許會承認自己的媽媽看起來非常像自己的媽媽，卻堅持這是由別人假扮的。有些患者甚至把鏡中的自己也視為冒牌貨。在某些案例中，患者還會攻擊他自認的冒牌貨，我們可以理解這是因為他們在為何有人要假扮自己家人的疑問中會變得沮喪，也會想要找出其親愛的家人到底在哪裡。註28

公認具有恢復力及適度性退化的大腦，如何會產生異手症或卡波格拉斯症候群這類嚴重的問題呢？其中一個原因就是大腦天生是以模組方式來運作，也就是說不同的大腦部位各司其職，負責不同種類的運算功能。

1700年代末期，一位傑出的神經解剖學家法蘭滋‧喬瑟夫‧高爾（Franz Joseph Gall），提出大腦皮質是種模組構造的說法，也就是說大腦是由各司其職的不同器官所組成。高爾也是讓骨相學成為一門「科學」的始祖。他認為皮質中的某一區域負責愛情、另一區為自尊，其他還有負責信仰、時間知覺、機智等等的各別區域，而這些區域的大小，與一個人擁有的人格特質有成比例的直接關聯。高爾進一步主張，可以根據頭骨凸起的部位來判斷每一皮質區域的大小。融合上述這些特立獨行的假設，對頭顱進行摸骨成為瞭解人格本質的便捷方式。若是頭骨後方有大塊隆起，代表你會是個充滿愛心的父母；若是

27.Hirstein and Ramachandran, 1997; Edelstyn and Oyebode, 1999.
28.De Pauw and Szulecka, 1988.

耳朵後方有骨頭隆起，則表示你既神祕又狡猾。人們諮詢骨相學家以深入理解自己與他人的心理特質，也用來決定男女雙方是否能成為一對佳偶。不過由於缺乏科學基礎，再加上對於受測者人格特質的主觀認定，反而讓骨相學變成江湖術士有利可圖的領域了。註29

　　就某種意義而言，高爾是對的，大腦的確是種模組結構。不過他犯了一個科學家常犯的錯誤，就是將我們只用來分類的項目，在其中附加了太多意義。雖然愛情、自尊、神祕與狡猾都是不同且重要的人格特質，但沒有理由可以認定每一項特質都擁有一小塊自己的大腦部位。我們可以說一部車很有型，但不會有人將這項特質歸功於車子的任何一個單一零件上。不過，對於那些相信智慧、「創新」、靈性之類的複雜人格特質是由單一基因或單一大腦區域所掌控的人，「在心理層面上用來為人們行為分類的那些項目即是大腦結構表現」的此一假設，時至今日仍具有影響力。

　　演化與大腦運算模式，是瞭解大腦分工的最佳方式。雖然我們已經瞭解，大腦運用不同的部位來處理聲音與觸覺，然而大腦中卻沒有單一部位專門用來處理語言，倒是有些特定部位具有理解語言與產生語言等各種語言附屬項目的功用。甚至還會發生這樣的情況：視覺系統的不同部位會優先處理環境與

29.本書是於1910年由一位提倡骨相學的人士所撰寫，書中提供了判斷朋友真實性格的準則：Olin (1910/2003)。

人臉的辨認。同樣地，有些區域在人格特質上扮演著重要卻又有些難以捉摸的角色。最著名的案例就是菲尼爾斯‧蓋吉（Phineas Gage）。蓋吉被一根約3公分粗、1公尺長的鐵條意外貫穿頭部後，原先受人歡迎的個性全失，變成一個言行粗魯、反覆無常且目中無人的人，讓大家避之為恐不及。註30 蓋吉受損的部位是大腦正中前額葉皮質中的部分區域，此區的主要功能就是用於制止做出不合宜的行為舉止。

　　許多神經性病症的症狀都是拜大腦模組構造所賜，這些症狀包括：中風後可能會發生的失語症（aphasias）、喪失動作控制能力與忽略肢體現象。異手症與卡波格拉斯症候群的成因則更為複雜難解，但它們可能是因大腦中某些特定子系統喪失所造成。異手症可能是因為負責決策的額葉「發令」區域，與負責執行（也就是將目標化為手部實際動作）的動作區域之間的連繫管道損壞所造成。註31 卡波格拉斯症被認為是臉孔辨識區域與情感意義區域間的連線部位損傷所致。想像一下，若有人長得很像一位你死去的家人，你的反應也許是迷惑，而非抱住那個人並展現出欣喜情緒，你認出那張臉，但那張臉帶來的情緒衝擊並沒有一同來到。對卡波格拉斯症患者而言，認出父母的臉孔，卻沒有感受到任何的愛意或熟悉感，也許就是導致病人認定那人是冒牌貨的原因。註32

30.Damasio et al., 1994.
31.Assal et al., 2007.

　　所以大腦模組並無法一一對應智慧、靈性、上進或創造力等等定義明確的人格特質細項。多數人格特質與個人決定皆是複雜且多元化的現象，需要許多不同大腦區域共同整合作用，每一區域都扮演重要但又難以捉摸的角色。我們不應將大腦的模組構造想成如汽車零件那般功能單一且無法轉換，反而該將其想成像足球隊球員那般，每位球員的表現皆大幅仰賴其他球員的協助，而且若是少了一名球員，其他球員還會以不同的比例分擔此球員的工作。

　　大腦驚人的學習、適應與重組能力有個反效果，就是因應損傷所啟動的神經可塑性，可能會造成幻肢與耳鳴等等的病症。註33 大腦錯誤會因損傷而浮現這件事，一點也不讓人感到特別驚訝，因為我們的神經操作系統可能從未在這樣的情況下進行測試或「除錯」程序。皮質可塑性主要展現的是一種讓大腦可以適應外在環境的強力機制，而不是專門用來處理損傷的機制。在一個物競天擇、適者生存的世界中，任何嚴重傷害幾乎就決定了個體無法在基因池中存留下來。也就是說，雖然大腦可塑性與身體或大腦嚴重受損交互作用下會產生瑕疵，但這

32.Edelstyn and Oyebode, 1999; Linden, 2007.

33.某些類型的慢性疼痛可能也跟大腦可塑性產生的錯誤有關。（Flor et al., 2006; Moseley et al., 2008）在複雜的局部疼痛症候群中，受傷但已經痊癒的身體部位可能還會持續產生疼痛。有數篇研究顯示，主要體感皮質中負責表現此身體部位慢性疼痛的區域有縮小的現象。（Juottonen et al., 2002; Maihofner et al., 2003; Vartiainen et al., 2009）

樣的小瑕疵與天擇壓力比起來顯得就微不足道了。

　　飛機的駕駛艙中有襟翼、起落架位置、引擎溫度、燃料量、整體結構等等的指針與儀表。感謝這些感應器讓飛機駕駛艙中的主電腦「知道」起落架的位置，否則電腦本身是**感受**不到起落架的存在。遍布人體全身各處的受器，提供資訊讓大腦知道肢體位置、環境溫度、能量存量與整體結構等等事項。做為一個運算工具，大腦特別的地方在於，演化不只讓大腦可以接受從周邊系統傳來的資訊，還賦與我們對這些系統的自覺意識。當你在黑暗中醒來，大腦不只報告了左臂所在位置，還盡可能地藉由投射出頭部以外世界中的手臂感覺，來產生出手臂是屬於我們的感受。在如此精細假象下所產生的小瑕疵就是，某些情況下（大腦本身可塑性的機制出錯所造成），大腦仍會將手臂的感覺投射在早已不存在手臂的位置上。這也許單純就是擁有身體知覺得付出的代價吧；身體知覺可是大腦賦與我們最實用的非凡假象之一。

# 第4章 時間錯亂

　　我認為21點會是自己初訪拉斯維加斯最能全力一擲的賭場遊戲。當然，就算我可以瞭解這個遊戲基本上就是每次拿到一張牌，並希望這些牌能加總至21點。但當我拿到前兩張牌後，我的工作就剩下決定是否就此停手，或是冒著爆牌的危險繼續「叫牌」了。我的對手是莊家，我確信她的策略固定不變，也就是在點數未達17點時會持續叫牌，直至到達或超過17點為止。換句話說，莊家就像執行單一程式的機器人般，無須擁有任何自由意志。為了避免自己真的用上了這些優勢，我決定也遵循莊家的規則，像機器人一樣玩牌。我天真的以為如果自己用了跟莊家一樣的方式，那麼贏牌的機率也應該會有一半。

　　不過這當然跟我想的不一樣。如同大家所知，莊家總是佔盡優勢，但他的優勢打哪兒來呢？幸運的是，在拉斯維加斯這個城市中，人們會熱切給予別人賭博上的建議，所以我就到處詢問。計程車司機信口旦旦地告訴我，莊家的優勢來自於他們

可以看到你的牌，而你卻看不到他們的牌。而一位曾擔任莊家的人士則告訴我，這是因為我必須在莊家之前先決定要不要叫牌。但點數到17就不能叫牌的固定規則，讓莊家除了確定自己牌面的點數外，根本無須觀看他人的牌，所以誰看到誰的牌或是誰先叫牌是沒什麼關係的。進一步的探索讓我有了數個儘管不一定正確、卻頗為有趣的答案。

當我拿了第三張牌，加起來超過21點時，莊家就會明快地出手把我的牌與籌碼拿走，接著繼續與牌桌上的其他玩家進行遊戲。當牌桌上沒有其他人要叫牌時，莊家會翻開自己的牌說出總點數，我知道在這個時間點上她處在劣勢。若是我也處在劣勢，我會緊跟著莊家。如果最後我們的點數都是18，當然就是平手，我可以拿回自己的籌碼。賭場的優勢很簡單，當玩家及莊家的點數都超過21點時，就是玩家輸了。註1 但為什麼我自己或是我問到的那些人，沒有馬上看出來呢？

原因就在於，賭場的優勢被小心地隱藏在一個沒人注意到的地方（或說時間），這個地方就是「未來」。注意一下，莊家在我爆牌之後馬上收走我的牌。我的大腦也在這個時間點覺得**遊戲結束了**。的確，我可能就會在這個時間點離開賭桌，根本不會發現莊家是不是也爆牌了。深植在我們大腦中的其中一

1.公平一點來說，21點的遊戲規則中也有獨厚玩家的部分。如果玩家牌面總點數為21點，那麼就算莊家拿了21點，玩家還是獲勝。換句話說，在這樣平手的情況下，勝者是玩家。不過要拿到21點的機率明顯比爆牌的機率小多了，這確保了賭場的優勢。

個金科玉律就是先有因後有果。所以我們的大腦在找尋造成輸牌原因（也就是莊家的優勢）時，也不會費心去觀看停止玩牌後發生的事情。藉由靈巧運用心理對於先因後果間的盲點，賭場隱藏了自己的優勢，永久豎立了公平的假象。

## 時間差盲點

我們不用刻意去學習「先有因後有果」這件事，它就深烙在大腦之中。如果一隻老鼠偶然間壓到一根操縱桿時，有食物從天而降，牠會重複的自然就是神蹟發生前的動作而非之後出現的事情。學習的二個獨特基本形式就是**古典制約**（classical conditioning）與**操作制約**（operant conditioning），這二個形式讓動物們能夠捕捉到因果間的要點。俄國心理學家伊凡‧帕夫洛夫（Ivan Pavlov）即是以自己著名的實驗來仔細研究古典制約現象的第一人。他證明了，若每次在給狗兒肉粉（**非制約刺激**）之前都會響起鈴聲，那麼後來只要聽到鈴聲（**制約刺激**），狗兒就會開始流口水了。從狗的觀點來看，古典制約可被想成一種簡略的因果檢測儀，雖然實際上鈴聲會不會**造成**肉的出現對狗來說一點關係也沒有，因為重點在於鈴聲預告了享用點心的時間到了。

會因制約刺激而流口水的動物，可不是只有狗而已；我付出慘痛的代價才學到這一點。有幾個星期的每一天，我在加州大學洛杉磯分校的同事會分給我一顆維他命C嚼錠（嚼錠的

酸味很容易引發口水分泌）——她是出於好心，還是以科學實
驗為名，我就不得而知了。每次同事從抽屜中取出這瓶維他命
時，瓶子都會發出特別的叮噹響聲。幾週後，我發現自己的嘴
裡有時會突然分泌大量的口水。在向醫師求助之前，我發現，
同事有時取出瓶子後就獨自享用維他命，並沒有分給我。可
是大腦在我完全無意識的情況下，接受到制約刺激（叮噹響
聲），就產生了非制約反應（口水分泌）。

當帕夫洛夫與後續研究者反過來地讓聲音在給狗兒肉食**之
後**不久才出現，狗兒就不會因為鈴聲而流口水了。註2 為什麼
會這樣呢？如果真有因果關係存在前述例子中，也是肉食「造
成」了鈴聲，所以幾乎沒有理由因為鈴聲就流口水，特別是在
你正在享用大餐的時候。

在多數的古典制約中，制約刺激與非制約刺激出現的時間
差距都很短，通常是幾秒鐘或甚至更少。負責古典制約的神經
迴路不只「假設」出刺激的順序，也「假設」了兩者間適當的
時間差。在自然界中，當某一事件為另一事件的成因（或有相
關）時，兩事件間的時間差距通常都很短，所以制約與非制約
刺激發生的時間必須非常相近，才能讓經演化設計出的神經系
統產生古典制約的現象。如果帕夫洛夫在肉出現前的一個小時

2.帕夫洛夫表示，在制約刺激出現以前非制約刺激就先現身，通常不會造成制約反應
（Pavlov, 1927, p. 27）。不過，這可不代表當制約刺激與非制約刺激的順序相反時，
動物什麼都學不到。牠們通常會學到制約刺激無法用來預測非制約刺激，這種現象
稱為**制約抑制**（conditioned inhibition, Mackintosh, 1974）。

就響鈴，狗兒根本沒有機會學到鈴聲與肉的相關性，即使鈴聲依然會預告肉的出現也是一樣。

另一個古典制約現象「**眨眼制約**」（eyeblink conditioning）註3 也已運用於仔細研究二個刺激間之時間差的重要性。對人類而言，這種關聯學習常包含了戴上某種特殊「眼鏡」來觀看一部默劇的這類方式，此種眼鏡會對眼睛吹氣，讓人們反射性地眨眼（比起之前以木板拍打受測者的臉來誘發眨眼反應的方式，這個方式明顯有所改善）。如果在吹氣之前出現某種聲音，那麼人們在還沒吹氣前就會因聲音而不自覺地開始眨眼。註4 如果聲音在每次吹氣前半秒鐘出現，則會產生非常強烈的學習效果；但如果「因」與「果」之間的時間差距超過幾秒鐘，古典制約現象就幾乎不會產生。制約刺激與非制約刺激間依然可以產生學習效果的最大時間差距，得視涉及其中的動物與刺激是什麼而定，但一般而言，如果時間差距太大，就不會產生學習效果。

二事件間的時間差距若極大，動物要偵測到之間的關聯性實為困難，這在動物學會以某個動作來獲取回報的**操作制約**中也顯而易見。在一個典型的操作制約實驗裡，老鼠學會壓下操縱桿來取得食物丸子。這裡再次顯示出「動作（前因）」與「回報（後果）」間之時間差的關鍵性。如果在老鼠壓下桿子後馬上就出現食物，老鼠很快就能學會這件事。但如果時間差

3.Gormezano et al., 1983.
4.Clark and Squire, 1998.

距大到5分鐘，老鼠就學不到之間的因果關係了。註5 在二個案例中出現的情況都一樣，壓下桿子就會出現食物。但因為時間差的不同，動物就無法察覺出兩者間的關係。

這種「時間差盲點」不只局限在古典制約與操作制約之類的簡單關聯學習上。這是多種神經系統學習形式上都有的共通特性。若是我們按下一個按鈕時會閃過一道光線，我們肯定會在動作與亮光間建立起因果關係。不過若是兩者發生的時間差距有5秒鐘（也許這是道緩慢亮起的螢光），那麼彼此間的關聯性就有點難察覺了，如果我們又沒耐心地多按了幾下按鈕，狀況更是如此了。

我曾在義大利的某間旅館中，對淋浴間的一條細繩感到興趣，想知道它的用途是什麼。於是就拉了繩子看看，但過了一段時間都沒有得到什麼明顯的反應，因此我就認為這東西也許沒有作用或是已損壞。30秒鐘後電話響起，我才知道那條神祕細繩是萬一我在浴室跌倒時用來緊急呼救之用。但如果拉繩與接到電話的時間差了5分鐘，無疑地我一定不會記得自己拉過繩子，也想不到繩子與電話間的關聯性。

大腦對於因果關係所感受到的時間差不是絕對的，不過會

---

5.據說有些方法可以幫助動物學習強化時間差較大事件間的關係。雖然如此，但時間差愈大還是愈難學習到彼此間的關聯性。而且幾乎沒有證據顯示，在差了好幾分鐘、幾小時或幾天後，絕大部分的動物還能學到事件間的因果關係。關於時間差強化與制約學習的討論，請參考迪金森（Dickinson）等人於1992年發表的論文，及利柏曼（Lieberman）研究小組在2008年發表的論文。

與當時所發生問題的本質一致。看到某東西落下，我們會預期很快就會聽到撞擊聲，而對於服用阿斯匹靈到頭痛減緩間的時間，就會預估得長一點。但超出這個範圍，要察覺差距幾個小時、幾天或幾年的事件間具有關聯性則非常困難。如果我第一次服用某藥物的15分鐘後發生癲癇，我必定會猜測藥物是造成癲癇的原因。另一方面，若1個月後才出現癲癇的症狀，那麼讓我覺得這兩者之間具有關聯性的機會就小多了。想想抽煙與得到肺癌的時間差距就有數十年之久。若是抽了第一支煙的人在一個星期內就罹患肺癌，煙草公司就不可能建立出數兆美元的巨大全球產業了。

　　對於相差數天或數月之久的事件，我們為什麼很難察覺到其中的關聯性呢？當然就一般法則而言，兩事件發生的時間差距愈大，兩者的關係就愈複雜、直接性也愈少。再加上人類神經系統原就不是設計來偵測時間差距極大事件間的關係，所以對於時間差距幾個小時註6、幾天或幾年的事件，最原始的關聯學習形式（古典制約與操作制約）通常無用。要瞭解播下種子與穀物供給間的關係，或是知道性愛會造成懷孕這樣的關聯性，都需要將間隔數個月的事件連結在一起。這種需要認知能力的學習形式，除了人類以外，已超乎所有其他動物的能耐了。但即使是人類，要瞭解時間差距極大事件間的關聯性也是

6.這個定律著名的例外情況就是制約味覺嫌惡（conditioned taste-aversion）。人類與動物能夠學習某種味道與疾病間的關係，就算發生的時間差了好幾個小時也一樣。

項挑戰。因此，對於自己行為會造成什麼樣的短期與長期後果，我們往往無法進行適當評量。

## 時間折價

在「馬上拿到100元美金」與「1個月後拿120元美金」二個選項中，你會選擇哪一個呢？

等1個月就能多拿20美元是非常好的獲利，因此一般經濟學家會認為合理的決定就是選擇1個月後拿120元。然而多數人的選項卻是現在就拿100元美金。註7 傾向於馬上獲利的想法稱做**時間折價**（temporal discounting），這是指：一項潛在報酬讓人感受到的價值會隨時間而減少。因此當我們需要權衡現況與未來時，確實常會做出不理性的決定。也許我們的真實生活也像上述例子那麼刻意，總是不斷地得在短期與長期效益間權衡利弊得失，並做出真正的決定。我應在今天買1部新電視，然後在接下來的6個月分期付款嗎？或是等我手頭上的錢夠了再買？我應該買下這部便宜的汽油車，還是那台長期來看較環保也更省油的昂貴油電車呢？

對人類的祖先而言，生命既短暫又難以預測。比起憂心數個月或數年後才會發生的事，面對找尋食物與存活下來的立即挑戰才是值得優先考量之事。如果有任何理由讓你相信自己活

7.Frederick et al., 2002.

不過1個月，或是提出100元及120元選項者不值得信任，那麼最合理的決定就是馬上拿到100元現金。同樣地，如果你現在破產了，又有小孩嗷嗷待哺，為了多20塊而多等1個月也非明智之舉。願意接受未來有更大報酬的先決條件，不只是我相信自己那時還活著，還包括提供選項者能給我某種程度的保障，確定我在未來一定會拿到那筆金額較高的款項。在人類演化的大部分過程中，這種情況不太多見。

因為人類神經系統大部分是從哺乳動物祖先那兒遺傳而來，所以其他動物對於不同時間點的選項會採取什麼行為，也值得我們去探討一下。牠們的作法其實不太明智。絨猴與金絲猴經過訓練，可在「馬上拿到2顆棉花糖」或是「一段時間後拿到6個棉花糖」間做選擇。那麼猴子究竟願意花費多長的時間等待另外4顆棉花糖呢？處於5歲衝動年紀的猴子，若可以為了多拿一顆棉花糖等上數分鐘，就算得上是位道行高深的和尚了。金絲猴平均只等了8秒鐘。換句話說，如果要等10秒鐘，牠們通常就會去拿那份量較少但馬上可以取用的食物，但如果等待時間只有6秒，牠們通常就會忍一下。絨猴的耐心多一點，為了多些食物，牠們平均可以等到14秒。註8 研究動物短期與長期決定所得的粗淺概念，也許並無多大意義。因為似乎沒有證據顯示，人類以外的物種能對時間產生概念或將未來納入

8.此研究的出處：Stevens et al., 2005.關於猴子時間折價方面的另一篇研究請參考Hwang et al. (2009)。

考量。當然有些動物會為了未來所需而儲存食物，但這類行為似乎是與生俱來，沒有彈性也不是在瞭解之下所採取的行動。心理學家丹尼爾‧吉爾伯特（Daniel Gilbert）說：「在我家庭園中儲藏堅果的松鼠，其對未來『瞭解』的程度，與落石對重力的『瞭解』程度相差無幾。」註9

　　人們傾向於快點拿到100元而不想1個月後拿到120元的原因，可能並非我們無可救藥地受到及時行樂的誘惑所致，而只是單純地不想等待罷了。想想下面的選項就可以瞭解這個微妙但重要的關鍵：在「12個月後拿100美金」與「13個月後拿120元美金」二個選項中，你會選擇哪一個？就像前一個例子一樣，也是多等1個月就可以多拿20美金。在邏輯思考下，我們也許會預測在前一例中選擇馬上拿100美金的人，在此例中也會選擇拿100美金。然而在第二個例子中，多數人會多等1個月好多拿20美金。因為較早拿到錢的選項也不是立即就可以拿到款項，所以人們就會傾向於採用需多些耐心的合理策略。因此我們偏好馬上有回報的選擇，並不是因為我們無法多等1個月，而是我們想要馬上拿到現金！知道能馬上拿到100美金的興奮程度，大過被告知數個月後才能拿到同等金額的興奮之

9.Gilbert, 2007. 有些科學家認為動物的確擁有思考能力，也會為未來進行計畫。舉例來說，灌叢鴉（scrub jays，一種會未雨綢繆儲存食物的鳥類）會在自己可能挨餓的地方儲存食物，彷彿就像牠們真的知道要先為未來計畫，而不是在天性驅使下才做出儲存行為（Raby et al., 2007）。不過對於這些現象的解釋仍持續爭議中。

情,這單純就是天性。

數篇大腦影像研究所得的結果也支持上述觀點,這些研究讓受測者在馬上拿到錢與一段時間後拿到更多錢間做選擇。有些衝動的受測者寧可選擇今天就拿到20美金,也不要多等21天後拿到50美金。有些受測者則會為了22美金,放棄馬上拿到20美金的選項,心甘情願地等上21天。無論是衝動型還是耐心型的人,二者大腦中的一部分(包括涉及情緒處理且在演化上較早出現的**緣系統**〔limbic areas〕)在接收到立即報酬時的活動量明顯較大。相對地,其他的大腦部位(包括演化上較晚出現的外側前額葉皮質〔lateral prefrontal cortex〕)所產生的活動,則不會受到取得報酬的時間所影響,較能反映出潛在報酬的真正價值。註10

因為人類大腦受到及時行樂的傾向所控制,這有時就會損害到我們的長期利益。許多人不由自主地沉溺於非必要消費的享樂中,即使要付給信用卡公司極高的利息也無法自拔。我們當前行為所產生的後果若是得在更久的未來才會看得到,那麼要精準地權衡長短期結果的利弊得失就更為困難。個人的財務決定與國家的經濟政策,往往都是錯估了短期獲利與長期成本下的犧牲者。美國的發薪日貸款公司(Payday Loan stores)目前的交易量高達數兆美金。這些公司提供了短期借貸,條件是要借貸者提出在職證明,以及簽下一張借貸金額加上信貸費用的

10.McClure et al., 2004; Kable and Glimcher, 2007.

遠期支票。所謂的信貸費用以二個星期的借貸期來說，通常是指借貸金額的15%。這個利率等同於390％的年率，這樣高的利率幾乎可以算是犯罪行為了，有些國家甚至還將此明定為非法行為。註11對於某些突然出現財務危機、又沒有信用卡或其他管道能夠貸款的人士而言，發薪日借貸公司提供了他們一個合法的借錢管道。但研究顯示，許多發薪日借貸者同時擁有多筆貸款；有些則陷在借貸的循環之中。註12毫無疑問，這些借貸公司藉著數個大腦臭蟲佔盡便宜，其中就包括了人們對取得即時現金所需付出的長期代價毫無知覺。

除了即時享樂的天性傾向外，讓我們無法做出理性長期決定的進一步障礙就是，這些長期決定得視大腦對時間的感知與測量而定。我們都**知道**2個月的時間是1個月的二倍，但在**感覺**上真的是二倍嗎？

涉及時間長短的決定，部分是依據我們用來代表時間差距的數值而定。但人類對於數字的直覺，並不如自己所想的那麼正確。2塊美金與3塊美金間的差距，在某種感覺上似乎要比42美金與43美金間的差距更大。大腦似乎天生著重的就是相對差異，而非絕對差異。如果給孩童一張在左方邊緣處印上0、右方邊緣處印上100的紙，然後請他們在之間按大小排列幾個不同的數值，他們通常都會把10這個數值放在約30%紙長之處。

11.Joana Smith, "Payday loan crackdown"《Toronto Star》, April 1, 2008.

12.Lawrence and Elliehausen, 2008; Agarwal et al., 2009.

將這些數值被放置的點以實際數值繪製成圖時，我們得到的不是一條直線而是減速曲線（對數函數適用於此）。換句話說，小的數值會有大量的空間，而大的數值反倒全部擠在右邊。當然，成人因為受過數學教育，會以線性方式標定數字位置。不過來自亞馬遜部落的成年原住民，因為沒有受過正規教育，所以會跟孩童一樣以非線性方式來標定數字的位置。註13

不過就「時間」的分配而言，受過教育的成人就會與孩童及未受教育洗禮的亞馬遜部落原住民有相同的表現了。有個研究以大學生為受測對象，要求他們在電腦螢幕上畫下長短不同的線條，來代表3個月到36個月間不等的時間。線條長度與幾個月間之關係並沒有呈現線性，而是再次地依循了對數函數。平均而言，代表3個月與6個月線條間的長度差距，是33個月及36個月間之長度差的二倍以上。註14 所以現在與1個月後間的差距，要來得比12個月與13個月間的差異大，可能也就不足為奇了。人類對於「長時間」的感覺，顯然似乎是傾向以我們天生對數值採用的非線式方式來呈現（第六章會回頭講講這個主題），也許這就是時間折價與做出不當長期決定的主要原因。

13. 有關孩童的研究請參考Siegler and Booth, 2004。亞馬遜印第安人的研究則請參考 Dehaene et al., 2008。此外，測得猴子大腦用於「選擇數字」之神經元的神經生理研究，也支持大腦是以非線式方式來呈現數字的這個論點（Nieder and Merten, 2007）。

14. Kim and Zauberman, 2009; Zauberman et al., 2009.

## 時間的主觀性

　　人類對於時間的直覺受到高度的質疑。我們知道夏季奧運會每4年舉辦一次，也知道小孩出生後12年左右就進入青春期，但這些都是描述性或事實性知識，就像海王星是太陽系的最後一顆行星一樣。我們並不像感受得到熱那樣，真正瞭解4年或12年的時間**感受**。你最後一次看到老朋友瑪麗是什麼時候？你也許覺得很久了，但是到底是6個月前還是9個月前的這種時間差異，真的感受得出來嗎？在愛因斯坦提出狹義相對論之前，人們就已經知道至少在我們的感受中，時間確實會因為相對感覺與主觀感受而失真。

　　當我們談到自己的時間感受時，通常指的是事件在秒、分、時順序上產生的感覺。紅燈什麼時候會變綠燈？我在這裡排隊排多久了？這場看不完的電影還要多久才會結束？雖然大多數人不大會去思考自己腦袋中裝著什麼樣的時鐘，但大家也都知道那絕不會是瑞士出品的精準時鐘。人們認同「心急水不沸」與「快樂時光易逝」這類格言諺語，因為我們都體驗過，當希望時間快點過去時它緩慢而行，而希望它停留下來時卻又匆匆而逝。人們對時間的主觀感受十分善變，而且與外在時間有著開放性的關係。這情況的真實程度有些讓人吃驚。某一研究請受測者觀看一段有關搶劫銀行的30秒偽造片段，2天後，請受測者估算一下搶劫的時間有多長。受測者的平均答案為

147秒，66個人中只有2個人估計出30秒左右的時間。若在看完影片馬上要求受測者估計時間的話，估算出來的時間接近些，但平均而言還是超過60秒（沒有人估出相近時間）。註15

　　時間的估算錯誤以及誤差的程度取決於許多因素，這些因素包括：注意力、興奮度與恐懼感。有一個簡單但經典的實驗證明了專注力的重要性，此一實驗請受測者根據情況，看是要把一副牌堆在一起，或照顏色分二堆，還是按花色分四堆；前述三項任務所需的專注程度會依順增加。無論進行哪一項任務，每位受測者在進行至42秒時都會被打斷，並請他估算自己大約進行了幾秒鐘。對於分成一組、二組及四組的平均估算時間各為52秒、42秒及32秒。註16 結果顯示，人們愈專注於所做之事上，時間似乎流逝得愈快。

　　另外一個影響人們對時間感受的重要因素則是，我們是在發生的過程中估算（預測）時間，還是事後才進行估算（回推）。換句話說，你到巴黎的觀光之旅也許在匆忙中就過去，但隔天你也許會對前一天的行程有滿滿一整天的回憶。就好像人們在回憶過往時，並非真的記起事件經過多久的時間，而是以儲存下多少值得留念的記憶為基礎進行推斷。在許多案例中，記憶與時光流逝的感受確實交雜在一起。賓州大學加爾·

---

15.Loftus et al., 1987.

16.在此例中，自願者在任務開始之前就知道自己必須估算經過的時間（Hicks et al., 1976）。

佐柏曼（Gal Zauberman）教授與同事，在一項研究中請受測者估計某些特定事件已經發生多久了。舉例來說，維吉尼亞理工大學32名學生被射殺事件是在多久之前發生的？這個研究的第一個發現是，學生將22個月前發生的事件，低估成3個月前發生。除此之外，還出現了「記憶標記」的效應：這是指受測者在某個期間經常想起的某些事情，會被自己錯認為是很久之前發生的事。註17 如果你在大約2年前同時參加了一場婚禮與一場葬禮，而且從此之後經常偶遇在婚禮所碰到的人，也聽到新人美好蜜月與閃電離婚的事情，你也許就會認為婚禮發生的時間要比葬禮早得多了。

記憶與時間感受結合的程度，在某些失憶症（amnesic）患者身上可是切身之痛。有個英國人克里夫·威爾林（Clive Wearing），罹患了嚴重的順行性失憶症（anterograde amnesia），他的舊記憶完好如初，卻無法形成新的長期記憶。在此案例中，造成失憶的原因非常特別，是由通常造成唇皰疹的皰疹病毒引發腦炎所致。在多數的早晨中，克里夫會在某個時間點看看錶並在日記中寫下「現在九點，我醒了。」而在九點三十分時，他可能會刪掉之前寫下的那行字，再寫下「我剛剛醒過來了。」他每天的生活都一直在這樣的情況中打轉，刪除過去的時間並增加新的時間。這個狀況顯示出，因為失去前幾分鐘發生過什麼的記憶痕跡，所以他的大腦覺得可信的情況

17.Zauberman et al., 2010.

就是自己剛剛才起床。他似乎感受不到時間的流逝，靜止於現在中。我們的時間感受與記憶交雜在一起，因為時間需要參考點，若是失去記下時間軸上參考點位置的能力，我們的時間感受就會一直出現問題。註18

## 時間假象

在幾十毫秒到幾秒鐘的這種超短時間範圍內，大腦必須有效地追蹤時間來聽懂演說、鑑賞音樂，或是進行接球或演奏小提琴等具有高度協調性的動作。雖然人們對於這種超短時間範圍內的時間感常常是自發性產生，但這對於我們與外界溝通以及在環境中探尋方向的能力相當重要。舉例來說，在說話時不同音素（sound elements）所產生的時間間隔差異，是我們分辨「吧（ba）」與「啪（pa）」二音的關鍵要點 註19：如果你將手放在聲帶上，可能就會發現當你說「吧」時，嘴唇分開與聲帶開始震動幾乎是同時發生，而當你說「啪」時，嘴唇與聲帶的動作則有時間差。此外，字與字之間的停頓處也是決定說話意思與節奏的主要關鍵。舉例來說，在大聲說出「拜託，不要有狗」與「拜託不要有狗」這類句子時，逗號後面的停

18.當一位失憶症患者H. M.被要求估算20秒鐘有多久時，他的表現近乎正常。相反的，要求他估算150秒鐘的時間長度時，他估出來的大約是50秒左右（Richards, 1973）。

19.Tallal, 1994.

頓會影響句子聽起來的意思。註20 而吉米‧亨德里克斯（Jimi Hendrix）演唱「excuse me while I kiss **the sky**（原諒我吻了天空）」時被誤聽為「excuse me while I kiss **this guy**（原諒我吻了那傢伙）」的情況， 也同樣地可以利用字與字之間的停頓來避免。我們之所以能夠在聽不出聲調的情況下進行溝通，就是大腦以聲音節奏特性來精準判斷語法之非凡能力的最好說明；摩斯密碼每分鐘可以傳出30個字，它所憑藉的就是單音的停頓與長度而已。

雖然精準掌握1秒之內的時間具有普遍重要性，但我們對於超短時間比例中的時間感會受到許多假象與錯覺所影響。註21 其中一個例子就是**時鐘停止**的假象。如果你有一個裝有秒針的時鐘（不是持續平順轉動的那一種，而是發出「滴答聲」的那種）。當你偶爾將視線停在秒針時，瞬間會覺得「混帳，時鐘怎麼停了」，但才想完就發現自己錯了。當我們剛看到秒針的當下，會覺得它停止的時間好像超過1秒。這種現象就好像是時間擴張了或停留在某個時刻上的感覺，也就是因為如此，所以這個現象有時被稱為**停表錯覺**（chronostasis）。這個錯覺與

---

20.Drullman, 1995; Shannon et al., 1995。所謂的詞句分界（phrasal boundaries），對於文句的理解極有助益。舉例來說：在「艾咪或安，會與比爾一起來參加宴會。」與「艾咪，或安與比爾會一起來參加宴會。」這二段話語中，「艾咪」與「安」之後的停頓有助於判定各別句子的意思。（Aasland and Baum, 2003）

21.時間錯亂的情況可能是由藥物引起（Meck, 1996; Rammsayer, 1999），也可能是因為刺激的特性與過程中的動作所引發，就像時鐘停止假象所顯現的狀況一樣。（Yarrow et al., 2001; Park et al., 2003）

注意力、動作的轉移以及內心的期待都有關係。除此之外，我們正在觀看之物的物理特性也會影響我們對時間的估算，通常愈能吸引我們注意的物件，我們感受到它的時間就愈長。舉例來說，請人估算人物臉孔特寫照在電腦螢幕上出現的時間時，比起微笑臉孔，生氣的臉孔會讓人覺得停佇的時間較長。註22

　　在1秒左右的短暫時間範圍中，大腦對時間採取了許多任意作為，不只讓它失真，還在時間軸上刪除及插入事件，並且重新安排事件確實發生的順序。我們都知道雷聲與閃電是同時產生的，但我們卻是先看到閃電再聽到電聲。光速比音速快了百萬倍這檔事，不只讓遠方發生之事有了時間差，也讓我們生活周遭之事產生時間差。如果你正在聆聽交響樂演奏，看到一位樂手將鈸碰擊在一起，此時你同時也會聽到鈸聲嗎？是的，即使你坐在距離100公尺遠的便宜座位區也是一樣。其實在這樣的距離中，從鈸發出的光子與聲波抵達座位的時間差距實際上有300毫秒左右，可別小看這些微的時間差距，這已足夠讓慢跑選手勝券在握了。不過大腦卻能自主地將我們的感知「調整」成同步發生，也就是大腦延後了視覺刺激抵達的時間，好讓聲音的傳遞能夠迎頭趕上。

　　我們的眼睛、耳朵與身體無時無刻都在接受訊息。但其中只有一小部分是有意識的，而這些有意識的感覺已經過高度處理了。有些事情被刪除，另一些則進行了小部分修改或全面性

22.Harris, 2004; van Wassenhove et al., 2008; Droit-Volet and Gil, 2009.

整修，我們有意識的感受本質上是來自行銷部門的整套產物。我們來探討一下幾篇研究的內容，這些研究請受測者判斷他們所聽到的聲響是出現在閃光之前還是之後。實驗中的聲響都是經由耳機放出（所以聲音的傳遞速度上沒有什麼差異）。實驗的光源擺在距離受測者一定範圍內的不同處。當光源擺放得較近時，若聲音是在閃光之後50毫秒送出，受測者可以正確說出閃光先出現。但若是光源擺在50公尺遠的地方（這會使光線到達視網膜的時間出現微小差異），即便閃光之後50毫秒才送出聲音，受測者還是會說先聽到聲音。換句話說，因為遠處事物的聲音傳遞會延遲，所以在大腦自行調整下，就造成了實驗中先聽到聲音才看到光的假象。註23 為了與過去經驗的知覺感受具一致性，大腦對視覺與聽覺刺激到達的相對時間「造假」，把聲音到達的事件剪貼到閃光出現之前。註24

要感謝大腦有這樣的編輯功能，讓我們對於世界上所發

23.文中所描述的研究請參考Sugita and Suzuki (2003)。關於感覺同步的相關研究請參考Fujisake et al. (2004)及Miyazaki et al. (2006).

24.要決定二個事件是否同步，大腦要面對二個各異的難題。以物理層面來看，光傳遞的速度快過聲音，所以鈸的影像會在聲音傳入耳朵之前到達眼睛。然而，眼睛與耳朵需要多少時間才能在大腦相關區域中將這份資訊聯結起來，是個相當複雜的情況。事實證明耳朵的反應實際上比眼睛快多了。看到閃光就按下按鈕的反應時間也許超過200毫秒，但對聲音的反應時間只需160毫秒。這種現象大部分是因為視網膜的生理特質所致，視網膜仰賴較慢的生化反應來將光線轉成電生理訊號，而聲音則依靠特定纖毛相對之下較快的物理運動來產生電訊號。因此嚴格來講，即便我們經歷近距離事件的時候，視覺影像與聽覺聲音同步作用，我們的同步感覺還是有點「造假」，因為聽覺訊號先到達大腦之中。我們判定二個事件是否同步的依據，不完全是二事件的實質訊號是否同步到達大腦之中，而是大腦依據固定法則與過往經驗後傾向給予同步發生的假象。

生的事物得以建構出完整連續的風貌。雖然相關事件的聲音與影像到達大腦的時間不同，但它們還是會被安排連結在一塊。不論聲音與影像是否同時到達，大腦都會盡最大努力提供擊鈸動作與所產生聲響同步發生的假象。電影中演員嘴唇的動作與說出的聲音也經過時間性的校準，好讓影像與聲音具有一致感——只有影像與聲音嚴重違反常態時，大腦才會提出警訊，像是觀看配音極差的影片時就有可能。

　　不過有些情況中，當我們無法正確測得事件真正發生的順序時，卻有可能帶來不幸的後果並對百萬人民的生活造成影響。我這裡指的當然就是裁判所做的判定。許多運動都需要裁判決斷二個事件發生的順序或是兩者是否同步發生。在籃球比賽中，裁判必須判斷球員是在終場哨聲響起之前還是之後出手投球。若是之前，分數就列入計算，若是之後就不能計入得分。不過可以確定的是，大腦臭蟲早就在世界性的比賽當中造成重大混亂。許多足球賽以及球隊的國家命運，就是在無法精準使用越位規則的裁判來判定得分與否的情況下決定。要執行這個規則，裁判必須確定最前面的進攻隊球員在同隊其他球員傳球給他時，其位置是否超越了對方最後一位防守球員。換句話說，這得判斷出傳球時二位球員間的動態相對位置。需注意的是，多數情況下此種狀況會發生在球場上距離遙遠的兩個點上，因此需要線審將目光隨之移動才能判定是否越位。研究顯示，有高達25%的越位判定都是誤判。二個造成錯誤的原因包

括：移動目光需時100毫秒，以及若二事件同步發生時，注意力投注愈多的事件常被我們認為較早發生。註25 此外，還有一個被稱為**閃光滯後作用**（flash-lag effect）的有趣假象，這個現象即是：在另一事件發生的當下，我們很容易把移動物體的位置錯放在實際位置的前面。註26 如果有一個小點從電腦螢幕的左邊移動到右邊，當它移到正中間時，在它上頭閃過另一個點，雖然這二個點都位於螢幕中央，但你感覺起來移動的點好像比在閃之點的位置前面一些。運用同樣的邏輯，進攻隊最前方球員常常在傳球的同時就開跑，也許就會讓裁判覺得他在實際位置的前面。人類並沒有演化出能在事件時序上做出精準判定的能力，所以裁判似乎本來就無法做到我們要求他們去執行的事。註27

在有些案例中，大腦就只是從感覺中編輯出一個架構。看著朋友的臉要他將眼睛向外移動再移回，你毫無困難地就可以看到他眼球的動作順暢不順暢。現在看著鏡中的自己做同樣的動作。你只會看到左右二側的邊緣處，卻看不到中間。中間的影像到哪裡去了？被刪除掉了。這個現象被稱為**掃視盲點**（saccade blindness）。視覺感受應該是個不中斷的連續事件。但我們的眼睛通常會從一個物件跳到另一個物件上。雖然掃視

25. McDonald et al., 2005.

26. Nijhawan, 1994; Eagleman and Sejnowski, 2000. 此假象的其中一個案例，請參考網站：www.brainbugs.org。

27. Maruenda, 2004; Gilis et al., 2008.

算是發生時間相對較短的事件，但它還是需要費時十分之一秒
（100毫秒）左右的時間。在掃視中接收到的視覺訊號消失無
蹤，這份空白是視覺意識的影像串流以天衣無縫的方式進行刪
除所產生的結果。

　　當你在閱讀句子時，不自覺地就能瞭解每個字的意義。人
們無須辛苦地把每個字串接在一起，就能知道句意的描述。因
為我們會在不自覺中將字詞與句子滙合，並有意識地運用句子
的關鍵處抓出其意義。下面二個句子凸顯了這個特點：

　　我發現那個滑鼠壞掉了。（The mouse that I found was
broken.）
　　我發現那隻老鼠死掉了。（The mouse that I found was
dead.）

　　在二個句子中，「mouse（老鼠或滑鼠）」的適當意思取
決於句子的最後一個字。雖然在多數情況中，你不會發現自己
在讀到最後一個字時，改變了自己最初對「mouse」的解釋，
不過實際上，當你在讀到或聽到上述句子時，大腦就會回頭修
正「mouse」的意思以符合句中最後一字的意思。大腦要等到
最後才會將句子的意思送入我們的意識之中。很明顯地，我們
對每個字的體認不是同步連續地產生，在此無意識過程讓句子
有合理解釋之前，有知覺的體認都是處於「暫停」狀態。這種

觀察方式也被用來指出意識本身不切實際的程度，因為它不是一種與正在發生事件持續同步連線的方式，而是經過剪貼、調整時間差，再創造出對外部事件合宜解釋的後製方式。

## 大腦如何判定時間？

我們現在已經看到大腦判定時間的能力有多重要，也瞭解到人類的時間感受失真的程度有多少。但我們還未提到所有問題中最重要的那一個，那就是：一個以神經元及突觸建造的運算裝置如何判定時間？我們對於大腦分辨顏色所用的方式略知一二：不同長度的光波啟動了視網膜上不同的細胞群（每個細胞群中含有三種感光蛋白質中的一種），以將這個資訊傳遞至與彩色視覺有關的皮質區。但時間與顏色不同，人類沒有能夠察覺或測量時間的感覺受器或感覺器官。[註28] 不過人們還是能夠分辨時間的長短，也認為自己能夠感受到時間的流逝，這樣看來，人類必定有測量時間的能力。

我們居住在可以利用科技追蹤時間的世界中，能測得的時間數值大小可以橫跨16個數量級：從全球定位系統中之原子鐘可達到的奈秒（nanosecond）精確度，到以年為單位計算地球繞太陽一周的行徑都包括在內。在此二個極端之間，我們還會計算分鐘與小時以掌握日常生活行動。值得注意的是，橫跨

28.Ivry and Spencer, 2004.

如此大範圍的時間都可以用同一種技術來測得。原子鐘可以用來計算不同衛星訊號到達的奈秒差距、定出手機顯示的時間，並且進行微調以確保顯示出來的「絕對」時間符合曆法所制訂的時間。（因為地球自轉的速度持續地有些微變緩，因此以曆法為準的太陽時間〔solar time，也就是一般時鐘上的時間〕與原子鐘所測定的時間並非全然相同。）即使是數字錶也能用來量測百分之一秒至數個月長的時間，這大約橫跨了九個數量級的時間範圍，十足令人印象深刻。在自然界中，動物能夠感受到的時間也幾乎是落在同樣一個驚人的範圍中：從幾毫秒（百萬分之一秒）到年度季節的轉變皆包含在內。哺乳動物與鳥類很容易就可以定位出某個聲音是從左側還是右側傳來，這可能是因為大腦能夠偵出聲音傳到左耳與右耳的時間差（聲音從人類左耳到右耳的時間差大約是600微秒。）如同我們所知，追蹤幾十到幾百毫秒範圍內的時間，對於人與人之間的溝通極為重要，就算是在動物之間也一樣。而在以小時為單位的時間範圍中，神經系統會追蹤時間來掌控睡眠／清醒周期以及三餐時間。最後，在以月為單位的時間範圍中，許多動物可以感受與預測到那些掌控牠們繁衍與冬眠週期的季節變換。

　　現代科技與現存生物都面對著判定大範圍時間的需求。令人驚奇的是，科技與自然採行的是層級完全不同的解決方案。生物在判定時間上的解決辦法與人工做出的計時裝置完全不同，基本上會隨各別時間範圍而有所差異。大腦用來預測紅燈

轉換成綠燈的「時鐘」，與控制睡眠／清醒周期的「時鐘」或是判斷聲音到左右耳時間差的「時鐘」都不同。換句話說，你的生理時鐘沒有秒針，而你用來為歌曲打拍子的時鐘則沒有時針。註29

在大腦的多種計時裝置中，生理時鐘的內部運作可能是最容易瞭解的。人類、果蠅、甚至是單細胞生物都會依循光／暗的週期。註30 你也許會問為什麼單細胞生物要在意日夜的時間？驅動單細胞生物之生理時鐘演化的動力之一，就是太陽紫外線輻射所造成的傷害，紫外線可能會讓DNA在細胞分裂複製時產生突變。單細胞生物缺乏皮膚這類保護器官，所以特別容易因為光線而在複製過程中產生錯誤。因此，在夜晚進行細胞分裂就代表成功的機會較大，而且預測出夜晚來臨的時間，更能在天色變暗之前預先準備好需要使用的胞器（cellular machinery）。

數十年來的研究已經揭露，無論是單細胞生物、植物，還是動物，其生理時間都仰賴細胞中精密的生化迴饋路徑：DNA經由**轉錄**（transcription）的過程合成蛋白質，當有關生理時鐘的蛋白質到達一定濃度時，它們會抑制負責蛋白質合成的DNA轉錄過程。當蛋白質的數量減少時，此蛋白質之DNA轉錄與合成又會重新開啟。註31 此週期近乎24小時，這並不是巧合。生

29.Mauk and Buonomano, 2004; Buhusi and Meck, 2005; Buonomano, 2007.
30.Konopka and Benzer, 1971; Golden et al., 1998; King and Takahashi, 2000; McClung, 2001.

理時鐘的細部與涉及其中的蛋白質會因生物不同而有所差異，但無論是單細胞生物、植物還是動物的生理時間，其所採取的一般策略本質都是一樣的。

那在超短時間範圍內又是什麼樣的情形呢？我們如何預測電話下次響起的時間？人們又如何能分辨出摩斯密碼中的短音（點）與長音（劃）呢？讓動物與人類得以分辨毫秒及秒這種時間比例的神經機制目前仍是一團謎，但我們也提出了數種假設。過去數十年研究大腦如何判斷時間的主流模型認為大腦與人造時鐘相似度極高。此模型的整體概念認為，有些神經元會產生固定週期的動作電位，而其他神經元群則會計算這些神經元像節拍器般發出的「滴答」聲。因此如果這些有如節拍器的神經元每100毫秒「答」一聲，那麼經過1秒鐘的時間，計算神經元就會算到「10」個滴答聲。如同運算單位一般，有些神經元天生就是節拍器，這是相當幸運的事情，因為像呼吸及心跳這類功能就需仰賴神經元持續打拍子的能力。不過神經元本來就不是為了計數而設計的。時間的估算似乎更倚重大腦內部活動，而非大腦敲出滴答聲的能力。當我們想要弄個計時的裝置時，就會想到鐘擺振動這類的週期性事件，其實許多隨著時間改變或演化的系統（動態的系統）也可以用來判定時間。在池塘中丟入個小石頭會造成以小石頭入水點為中心向外擴散的漣漪。假設你手上有2張不同時間拍攝下來的漣漪照片，根據漣

31.King and Takahashi, 2000; Panda et al., 2002.

漪的直徑，你可以毫無困難地指出照片的先後順序。此外，根據一些實驗與計算，就可以得出小石頭入水時與2張照片拍攝時的相對時間。所以就算沒有時鐘，動態的池塘也可用來判定時間。

神經網絡也是個可以判定時間的複雜動態系統。有個假設的論點如下：藉由追蹤正在活動的是哪一群神經元，也許就能解譯出每個時間點，這也就是說，某一特定神經活動模式會在「時間零點」開始啟動，然後經由有順序性的重複模式進行演變。我們可以把它想成是一種**群體分布時鐘**（population clock）註32。想像一下，夜晚盯著某棟摩天大樓看時，可以從窗戶知道房間內的燈是開著還是關著。現在讓我們假設因為某種原因，也許每個房間內的人各自有獨特的工作時間表，所以每天都會重複著相同的亮燈模式。有扇窗在日落後就馬上亮燈、另1扇則在日落後1個小時亮燈、還有1扇窗在日落後燈光仍持續亮1個小時才熄燈，然後在3個小時後又亮起。如果共有100扇窗，我們可以用一串二進位數字來代表建築物每扇窗戶的即時「狀態」，日落時為1-0-1……日落後1個小時為1-1-0……如此這般，每一個數字代表特定窗戶的燈光是開啟（1）還是關閉（0）。即使這棟建築不是專門設計來做為時鐘，但是藉由窗內燈亮或暗的模式，就可以用來判定時間。

在這個比喻中，每扇窗戶就代表著一個可以「開」（激發

32.Buonomano and Mauk, 1994; Medina et al., 2000; Buonomano and Karmarkar,2002.

動作電位）或「關」（靜止不動）的神經元。這個系統運作的關鍵之處在於這個模式必須要可以重複出現。為什麼某一神經元網絡要不斷地重複出現相同的活化模式？因為這就是神經元網絡的拿手絕活！一個神經元的行為主要掌握在與它連線之神經元在片刻前的作用，而這些神經元則又受到其他神經元在二個片刻前的作用所影響。註33 以這樣的方式（也就是給予同樣的初始神經活動模式），整個模式就會一次又一次地依序產生出來。數篇研究已記錄下動物執行特定任務時，各別神經元或神經元群的活化情況，結果顯示，原則上這些神經元可以用來判定幾秒鐘左右的時間。註34

此處應用的相關概念就是，一個活動情況會隨時間變化的神經元網絡，是傳入刺激與網絡**內部狀態**之間交互作用的結果。讓我們再來看一次池塘的比喻。如果我們在平靜的池塘中一次又一次地丟入相同的小石頭，每次都會看到類似的漣漪變化模式。但若將第二顆小石頭在不久後丟入池塘中的同一地點，就會出現不同的漣漪形狀。第二顆小石頭所產生的漣漪形狀，就是與石頭丟入時之池塘狀態（波紋的振幅、數量與間隔）交互作用的結果。藉由觀看第二顆石頭丟入後的數張漣漪照片，我們就可以判定照片拍攝時間與小石頭丟入的時間間隔

---

33.Goldman, 2009; Liu and Buonomano, 2009; Fiete et al., 2010.

34.Lebedev et al., 2008; Pastalkova et al., 2008; Jin et al., 2009; Long et al., 2010. 此外，已經證實即使在隔離的皮質神經網絡中，神經元的活化模式也可能建立出時間的群體分布時鐘。（Buonomano, 2003）。

多久。這個情況的關鍵之處在於時間是以「非線性」的方式來解讀，因此一般時鐘法則不適用於此。這裡沒有那種可以對時間進行持續線性測量的滴答聲；在時間呈線性的情況下，四次滴答聲代表的就是產生二次滴答聲所需時間的二倍。然而，就像交互作用下產生的池塘漣漪般，大腦則是將時間編進複雜的神經活動模式中。不過我們仍需等待未來進一步的研究，才能瞭解大腦如何能在毫秒與秒的時間範圍中判定時間。

　　為了讓簡單生物能夠偵測到食物資源並往該處移動，也為了偵測出潛在傷害以及避免接近有害之處，神經元開始進行演化。這些即時發生的動作，並無須生物體來判定時間。所以原始形態的神經元並不是為了判定時間而設計。但隨著演化裝備競賽的進程，擁有適時採取行動的能力才能提供無價的天擇優勢，這些能力包括預測**什麼時候**其他生物會在**什麼地方**、推估接下來會發生的事情，以及運用即時改變的訊號來進行遛通等等。於是各種不同的適應能力與策略就漸漸成形，讓神經網絡計算時間的能力擴展到1毫秒至數小時不等的範圍中。然而，就像所有演化產生的設計一樣，判定時間能力的演化也是以隨意的方式來進行；生物許多特質的消失或出現只是亂槍打鳥下的產物。以生理時鐘為例，某類生物居住在地球的時間超過30億年，在20世紀之前，他們之中似乎沒有任何一個曾在以小時為單位的時間中跨過半個地球。在過去從來就沒有存在任何的演化壓力，需要生物建立那類可以快速重設的生理時鐘。這個情況導致時差的產生。任何跨

洲旅行的搭機者都知道,從美國飛到日本後,睡眠與一般心理狀態不佳的情況會持續幾天,因為我們體內的生理時鐘不像手錶那樣,可以輸入指令馬上重設。

在亂無章法的演化過程下,我們成了不同生物計時器的綜合體,每一個生物計時器都在特定的時間範圍內各司其職。大腦用來判定時間的多樣化策略,讓人類與動物能完成許多事情,包括有能力去瞭解談話內容與摩斯密碼、判定紅燈變綠燈的時間是不是過久,或是預測一個無聊的課程是不是快要結束。大腦用以判定時間的策略,也引領出數個大腦臭蟲,其中包括:對時間主觀性的縮短與膨脹、產生感覺刺激實際發生順序不同於實際情況的假象、藉由因果關係會有適當時間差的內建假設產生心理盲點,以及難以適當權衡個人行動長期與短期後果的利弊得失。截至目前為止,對人類生活造成最大衝擊的,就是上述最後一個大腦臭蟲。

有人認為2008年開始的金融危機也與同一個大腦臭蟲脫不了關係。在某種程度上,金融崩潰是由於某些購房者無力支付貸款所引發。其中有些貸款項目利用人們短視近利的傾向,故意設計成只還利息的貸款,將需要大量付款的部分延後。這種短期即坐擁房屋的利益,對許多人來說的確十分具有誘惑力,但代價就是會出現逐漸增加的付款金額,最終產生負擔不起的情況。

以政府層級而言，短視近利的經濟決策會危害到國家民族。為了避免短期預算緊縮的情況發生，眼光短淺的政府常未深思熟慮就向外借款，但同時又拒絕提高稅金。這種政策造成的長期後果，好一點的情況就是債留子孫，最壞的情況就變成了經濟崩盤。

在現代世界中，訂定涵蓋數十年範圍的長期計畫，才是長期維持安康生活的最好方法。現代人計畫未來的能力，就是能讓自己與所愛之人擁有教育、住所與福祉的最佳保證。這份技巧仰賴演化對我們的神經系統做出最後的更新。具體來說，就是逐漸擴增大腦額葉的區域並強化它的能力，讓大腦額葉不僅能建構出過去與未來的抽象概念，並在某些情況中，抑制主要著重在短期獲利之較原始大腦組織的擴張。但計畫未來原就不是種與生俱來的特性。它需要的不只是適當的硬體設備，還得倚靠語言、文化、教育與練習。雖然早期人類也有神經系統，但他們似乎沒有可將長期時間概念化的語言、也沒有測量與量化年月的工具，或是進行長期計畫的傾向。註35

部分科學家相信能夠壓抑短視近利的能力，就是數個正向人格特質的指標之一。心理學家華特・米契爾（Walter Mischel）與同事在60年代進行了知名的原始「棉花糖實驗」，他們在4歲幼兒前擺了個放有一顆棉花糖（或其他的糖果餅

---

35.當代的某些狩獵採集族群可能就是這樣（Everett, 2008）。

乾）的盤子，然後告訴幼兒：研究人員會離開房間一會兒，不過很快就回來，如果小朋友能等研究人員回來才吃棉花糖（或是忍住不要按鈴找研究人員），就可以吃到2顆棉花糖。棉花糖保留在盤子上的時間平均為3分鐘，有的小孩馬上就拿起來吃，但有的小孩卻可以等整整15分鐘，直到研究人員回來。研究人員在80年代決定去追蹤當初參與實驗的幼童，來看看他們當前的生活情形。結果顯示4歲時的等待時間與10年之後的學科評量成績（SAT scores）有相關性（雖然程度不大）。後續研究則揭露了延遲滿足（delay gratification）與其他認知表現間的相關性[36]。反之，也有一些研究發現性格衝動與吸毒或過胖之間具有相關性。[37]

在一個生命短暫，並受到各種未知疾病、食物來源與天氣左右的過去世界中，想要去解決長期計畫所產生的高度複雜性並沒有什麼好處。但在現代世界中，事實正好相反，人類的最大威脅往往來自於缺乏長期規畫。然而，人類因演化而生的偏見，讓我們易於做出短視近利的決定，受到影響的不只是健康與財務上的決斷，也促使我們選出其「解決方案」能滿足我們短期利益的官員，而不是把選票投給真正能解決問題的賢者。學習去思考與接受有遠見的策略（也就是等待多1顆棉花糖），確實是人類從幼兒到成人發展整個過程中的一部分。不

36.Mischel et al., 1989; Eigsti et al., 2006.

37.Wittmann and Paulus, 2007; Seeyave et al., 2009.

過多數情況下，這是必須從練習與教育中獲取的一項技巧，即使在成人身上也一樣；同時，人們也必須能完全理解，短視近利這項特質如何不成比例地影響我們自認理性的決策一事，如此一來，我們才會有最佳表現。

# 第5章 恐懼

恐懼是多數政治體制的根基，它是種如此骯髒殘酷的激情，讓臣服於其中的人類顯得既愚蠢又可憐，因此美國人不會認可任何以恐懼為基礎的政治機構。

——美國第二任總統約翰‧亞當斯（John Adams），1776年

美國不可能再回到911（2001年）之前那個時代，讓自己活在危險世界的安逸假象裡。

——美國前總統喬治‧布希，2003年

恐懼以其多種的偽裝面貌，大力左右著我們的個人生活與整體社會。對於飛行的恐懼，不只影響了人們是否出外旅行的意願，也讓有些人放棄了需要搭飛機的工作。對於犯罪活動的恐懼，也會左右我們選擇居住地點以及是否買把槍的決定，甚至在某些地方連紅燈時要不要停車都還要考慮。害怕鯊魚讓一

些人對海洋敬而遠之；害怕看牙醫或做健康檢查，讓人對於重大疾病避不處理；而對於非我族類的恐懼感，往往更是讓歧視萌芽的種籽，有時候還會成為戰爭爆發的幫兇。但是我們恐懼的事物，真是那些會讓我們受到實際傷害的事物嗎？

在1995年至2005年的10年間，美國大約有400人遭到閃電劈打死亡。同一段時間內，約有3200人死在恐怖行動下，還有7000人因天災（包括龍捲風、洪水、颶風與閃電）死亡。註1這些人數都遠低於被謀殺身亡的近18萬人，而被謀殺身亡的人數又比30萬自殺成功者或45萬車禍死亡者要來得少。而前述所有的死亡人數與抽煙死亡的近100萬人或是心臟病發死亡的600萬比較起來，卻又微不足道。註2

上述這些數目字讓人不禁懷疑，我們所恐懼的事物與真正讓人致死的事物間，也不過是隨機關係而已。可以肯定的是，許多美國人對於謀殺與恐怖行動的害怕更勝於車禍及心臟病。註3 但就死亡率而論，謀殺與恐怖行動所佔的比例卻微不足

1. 2001年的911恐怖活動，造成了美國紐約及華盛頓地區將近3000人的死亡。而美國奧克拉荷馬市（Oklahoma City）在1995年發生的爆炸事件中，造成了168條人命的喪生。有關天災致死人數的總整理，請參考：www.weather.gov/os/hazstats.shtml。

2. 關於2002年至2006年間車禍致死的相關資料請參考http://www-nrd.nhtsa.dot.gov/Pubs/810820.pdf。至於2005年死亡率與成因請參考http://www.cdc.gov/nchs/data/dvs/LCWK9_2005.pdf或 http://www.cdc.gov/nchs/data/hus/hus05.pdf的完整報告。

3. 根據蓋洛普2006年所進行的一項調查顯示，對於「你覺得接下來幾週內，美國會不會發生恐怖事件？」此一問題，有將近50%的受訪者回答：非常有可能或有可能發生。到了2009年時，還是有39%的受訪者抱持一樣的看法。（http://www.gallup.com/poll/124547/Majority-Americans-Think-Near-Term-Terrorism-Unlikely.aspx）

道。那為什麼比起因心臟病或車禍致死，謀殺或恐怖事件造成的死亡更能引發恐懼感、地方新聞也會用更多的時間報導呢？其中一個原因可能是，因為像恐怖行動這樣的事件，不但無法預期、不能掌握，而且受害者還不分年紀。相較之下，我們都知道與心臟病相關的危險因子，也明瞭70歲的老人比20歲的年輕人更容易因罹患心臟病而死亡。不過，車禍也算是無法預期且受害者不分年紀的致死原因，所以這個說法似乎不能成立。另一個讓人們對謀殺與恐怖事件出現不成比例恐懼感的可能原因，則與控制權有關。刻意運作下的恐怖行動，讓受害者完全無法掌控情況；而我們對於是否會發生車禍，卻還有些掌控權。這個說法確實有幾分道理，因為喪失控制權確實是引發壓力與不安的重要因素。註4 雖然如此，與飛機因機械故障失事比較起來，客機被恐怖分子劫持而墜毀，仍會引發較大的恐懼與憤怒，即使機械故障是乘客更無法掌控的情況。儘管謀殺與恐怖行動比車禍與心臟病更能引發恐懼的原因可能很多，但我猜測最主要的原因應該是，比起多數其他現代生活中所會遇到的危險，我們對於他人激進的犯罪行為，天生就具有恐懼感。

　　恐懼是確保動物面對生命威脅（包括掠食者、有毒動物或敵人等等在內的威脅）時，能先一步反應的一種演化方式。恐懼的應用價值相當明顯：這是種延續物種的良好經驗法則，讓物種活得足夠長久，有機會延續繁衍。人類承襲自演化的知識

---

4.Breier et al., 1987; Sapolsky, 1994.

促使我們對某些事物感到恐懼，因為這是我們祖先數百萬年前受過傷害所留下的合理推斷。但我們基因中那種史前時代的呼喚，是否適用於現代摩登世界？其實並不適用。包括神經學家李寶（Joe LeDoux）在內的多位學者已經指出：「因為現代世界已經與古老人類所居住的環境大為不同，深植於我們基因當中對祖傳危險事物所產生的防備措施，可能會讓我們陷入麻煩當中，尤其是當它讓我們對現代世界中不是特別危險的事物感到害怕時。」註5

認知心理學家史迪芬·平克指出：「『恐懼』並非神經系統所出現的瑕疵，它是環境適應下的產物；最佳證據就是居住在無掠食者島嶼上的動物，經過演化後失去恐懼的感覺，對於任何入侵者都沒有防備。」註6 的確，設法在無其他物種居住的火山島上定居下來的物種（通常是鳥類及爬蟲類），會發現自己身處天堂當中，因為掠食者（通常是陸生哺乳類動物）無法遷徙至小島來。這些最先來到島上的物種，在掠食者幾乎完全絕跡的環境中經過數十萬年或幾百萬年的演化，就「喪失」了其大陸同類物種身上輕易就能觀察到恐懼感與警覺性。達爾文在加拉巴哥群島見到那些缺乏恐懼感的鳥兒與爬蟲類，也看到了牠們很容易被捕捉與獵殺的情況，他就曾不經意地表示過：「在這裡用槍簡直多此一舉。我用槍口就可以推下樹枝上的一

5.LeDoux, 1996.
6.Pinker, 1997.

頭鷹了。」註7 喪失恐懼感可能也是適應環境下的產物，因為在不受到周圍每個聲響的影響下，牠們就得以更專注的覓食及繁衍下一代。這樣的缺點就是，當齧齒動物、貓、狗與人類最終來到小島時，這些沒有恐懼感的物種就幾乎成為天然的速食餐點了。缺乏恐懼感是許多物種滅絕的主因，像17世紀時茅利塔尼亞的渡渡鳥（dodo birds）就是其中一例。

恐懼本身當然不是個錯誤，至少在「恐懼原來就設定在神經系統裡」這樣的說法中就不成立。但就像電腦會發生的情況一樣，在某一情況中是正確且有用的事物，到了不同情況中就可能成為問題。註8 神經運作系統中的恐懼模組明顯早已過時，以至於產生了不合時宜的恐懼焦慮與不明究裡的恐慌。而這些與恐懼有關的大腦瑕疵造成了影響深遠的後果，它們就是讓人類易於陷入恐慌的原因。

## 天生及習得恐懼

我們的時間只有一點點，但害怕的事物卻有那麼多。大腦又是如何決定我們應該害怕什麼，而什麼又是無須害怕的呢？

---

7.節錄自達爾文1839年文獻中的第288頁。達爾文來到加拉巴哥群島時，人類踏上此島已超過100年了，達爾文提到，根據之前的記載顯示，這些鳥類在過去甚至更為溫和。

8.早年的英代爾奔騰晶片（Intel Pentium chips）中有一個錯誤，但很少出現狀況，受到影響的使用者似乎也極少。不過，若是你執行(4195835×3145727)/3145727的計算，並預期會得到4195835這個答案，你就錯了。

從許多案例得到的答案是，我們所害怕的事物早已編碼記錄在基因之中。對於位在食物鏈底層的動物而言，先天恐懼也許是種特別有利的策略，因為就定義而言，學習需要經驗的累積，但被獵殺的經驗是無法以試誤的方式進行學習。

老鼠怕貓、瞪羚怕獅子、兔子怕狐狸。在前述例子以及其他諸多案例中，被捕食動物對掠食者的害怕至少有一部分來自先代遺留下來的基因中。註9 民族學家康瑞・勞倫茲與尼科・丁伯根（Niko Tinbergen）於1940年代首次證實了某些動物對他類物種的恐懼是天性。他們證實，即便幼鵝從未見過老鷹，但飛過幼鵝頭上的老鷹（實際上是隻木製老鷹）側影，就足以引發牠們縮頭快跑的防禦行為了。這些幼鵝不只對任何飛過頭上的物體都有反應，還能分辨飛過物體的形狀。相較於長頸短尾與鵝極相似的剪影，一個小頭長尾極像老鷹的剪影更能引發幼鵝的恐懼反應。註10 這些結果相當驚人，不單只是因為這意味著幼鵝對於飛過頭頂物體的恐懼是天性，還因為這也表示空中物體的形狀也以某種方式編碼在基因之中，然後轉譯至神經網絡裡。從本質上來看，基因密碼裡已寫下：「當有雙翼且『頭』短『尾』長的移動物體出現時，就要快速逃跑」。雖然內建記憶（或說**演化產生的系統化**〔phylogenetic〕記憶）已編碼在

9.Pongracz and Altbacker, 2000; McGregor et al., 2004.
10.Tinbergen, 1948.重做丁伯根與勞倫茲最初研究的數篇嘗試性研究已被混用。肯迪（Canty）與古爾德（Gould）於1995年的論文中討論到混用的原因，也再次進行了丁伯根與勞倫茲最主要的觀察實驗。

DNA之中，但DNA本身並無法偵測到物體是否飛過頭上，或是直接驅使動物奔跑。執行視覺與逃跑行為需仰賴的是神經元。程式設計師必須以電腦「看得懂」的指令來編寫程式，同樣的，基因編撰的資訊也必須能以某種方式進入到神經實體中。就算當前的神經學家對於視覺系統的神經網絡如何分辨形狀已有些許瞭解，但引發恐懼的刺激如何編碼在基因中並在神經網絡中執行，目前仍是個謎團。

事實上，動物在演化下會對某種刺激（如掠食者的味道或外形）感到恐懼，這一點也不讓人感到驚訝。真正讓人吃驚的是，某些生物竟然演化出能夠控制其他動物恐懼神經迴路的能力。尤其是某些寄生生物有著改變宿主行為的可怕能力，好讓它們更能恣意妄為，狂犬病就是其中一例。患有狂犬病的狗會大量分泌出帶有病毒的唾液，以感染下一個宿主。如果罹患狂犬病的狗只是整天躺在角落中，感染其他狗兒的機率就不高。但如果牠們變得十分激進以至於到處亂咬其他動物，那病毒進入其他可能宿主血流中的機率就會增加。低等的狂犬病毒像是綁架了宿主的身體一樣，控制著狗的行為以滿足自身所需。還有一種**神經寄生疾病**（neuroparasitism）是由**弓漿蟲**（*Toxoplasma gondii*）這種單細胞生物所造成。這種原生生物只能在貓（這是弓漿蟲的**絕對宿主**）體內繁殖，但弓漿蟲生命周期中的某個時期需要一個**中介宿主**（definitive hosts），這個中間宿主包括了老鼠。在老鼠體內的**弓漿蟲**一旦形成囊胞，就必

須設法進入貓體內。當然貓捉老鼠是眾所皆知的天性行為,但寄生蟲也似乎在其中扮演著惡毒的媒合角色,藉由混亂老鼠負責恐懼的神經迴路,來增加囊胞從老鼠進到貓體內的機會。註11

將動物應恐懼的事物編寫至基因中,是種無價的演化適應能力。卻也是個非常沒有彈性的策略,因為它只能在緩慢的演化時程中重新設計;當一個新掠食者出現時(像是有新動物來到島上就可能出現這種情況),也許需要經過數千個世代才能更新負責恐懼的神經迴路。所以讓動物終身都有能力去學習牠們應當要害怕的事物,才是提供了更有力的方式來避免受到掠食者迫害的全新策略:牠們可以學到在掠食者現身之前就能聽其聲辨其味,或是瞭解掠食者較常在哪些地區出沒。

就像多數被狗咬過的人都知道,人們很容易就能學到該害怕什麼。實際上,所有的哺乳動物似乎都有這種能力,簡單來說這就是**恐懼制約**(fear conditioning)。在一個經過設計的實驗中,人類的恐懼制約可用下列方式來研究探討:實驗人員在預選的影像出現(正向制約刺激或古典制約中的正向強化〔CS+〕)後,對自願受測者的前臂發送短暫電擊。這個實驗的概念在於人們學會「恐懼」預告電擊即將出現的刺激。這些令人害怕的刺激引發一種稱為自發性的反應,也就是我們在不

---

11.關於弓漿蟲感染對老鼠恐懼作用的研究,請參考Berdoy et al. (2000); Gonzalez et al. (2007); Vyas et al. (2007)。至於神經寄生病與行為控制的一般討論,請參考Thomas et al. (2005)。

自覺的情況下會自動產生的生理性變化，包括：心跳加速、瞳孔放大、毛髮豎起（雞皮疙瘩）與發汗等等。最後一項可用**皮膚導電率**（skin conductance）來量化，此種方式即是對皮膚上二點間的電阻力進行測量來加以量化（這跟測謊器的量測方式相同）。當制約刺激與電擊搭配出現後，的確可以觀察到皮膚導電率增加的反應，此刺激的作用就有如黃色三角警告標誌那般，預先提出警示。註12

　　鼠類也會對無害刺激產生恐懼制約。對於貓之類的可怕刺激，齧齒動物會產生一動也不動的情況，這種行為稱為**僵住**（freezing），這是人類在恐懼狀態中也會產生的一種反應。如果最常以你族群為食的動物，擁有對動作反應極為敏銳的視覺系統，那麼一動也不動的反應是完全合理的策略。正常的情況下，老鼠不會對無害的聲音產生僵住的反應；但若是此聲音持續與電擊之類的討厭刺激連在一塊，老鼠對於聲音就會感到害怕。下次當牠聽見聲音時，即使沒有出現電擊，牠還是會出現「僵住」的情況。

　　對許多動物而言，恐懼制約是最健全的學習方式之一。人類與齧齒動物一樣，都會受到特定聲音、影像、氣味或地方的制約而感到害怕。對某些人而言，這些學習來的經驗可能會持續終身，成為怕狗或畏懼開車的恐懼症（phobias）。註13

12.Katkin et al., 2001.
13.Craske and Waters, 2005; Mineka and Zinbarg, 2006.

## 恐懼的神經基礎

　　對神經學家而言，情緒是相當讓人傷腦筋的東西。情緒
不但難以定義與測量，也無可避免地與所有事物中的最大謎團
「意識」交織在一塊。雖然如此，比起其他情緒，我們對恐懼
的神經科學還略知一二。也許這是因為恐懼是如此原始的情緒
反應，可能還是最早出現的情緒反應所致。恐懼的情緒反應似
乎極度仰賴演化上較為老舊的大腦結構，而且相較於愛與恨之
類模糊不清的情緒感受，動物有著一套與恐懼相關且定義明確
的行為與自主反應。將上述二個因素結合在一起，對解開恐懼
神經基礎的這項挑戰有著極大的助益。

　　杏仁核（amygdala）是大腦演化上較古老的結構之一，主
要功能在於情緒處理，它是恐懼感呈現與學習的極重要部位。
註14 1930年代的實驗揭露了包括杏仁核在內的大腦顳葉損傷，
會讓猴子變得非常溫和、無所畏懼且毫無情緒起伏。而在人類
身上，杏仁核的電位活動可以誘發恐懼感，而且想像實驗也證
實了可怕臉孔或蛇之類會引發恐懼的刺激，會增加杏仁核的電
位活動。此外，左腦及右腦的杏仁核都損傷的病人，就難以辨
識出他人臉上的恐懼感。註15（雖然杏仁核在恐懼感受上佔有重

14.關於杏仁核在處理恐懼上所扮演角色的文獻回顧，請參考LeDoux (1996); Fendt and
　　Fanselow (1999); Kandel et al. (2000).

15.Adolphs et al., 1994; Adolphs, 2008; Kandel et al., 2000; Sabatinelli et al., 2005.

要地位，但千萬記住，它對於其他情緒的感受也極為重要，也會因性愛影像或暴力行為等等在內的一般情緒刺激而活化。）

超過一個世紀以來，科學家們均透過對動物整體行為的觀察來研究學習行為，不過現在科學家已經窺見重要的黑盒子，也定位出負責學習的神經元群，至少已經發現負責像恐懼制約這類簡單學習形式的神經元群。當研究學者對老鼠杏仁核（更精確一點地說，是杏仁核各類神經核中的一個：外側杏仁核〔lateral amygdala〕）中的神經活動進行記錄時，發現到這些神經元通常對聲音沒什麼反應；不過經過恐懼制約後，這些神經元就會對同樣的聲音產生反應。（請參考圖5.1）註16 這個轉變過程掌握了學習與記憶的祕密。在恐懼制約未發生之前，那個聲音不會誘發無法動作的反應，因為這時因聲音活化的神經元群（聽覺神經元群）與杏仁核神經元群間的突觸，還十分微弱，也就是聽覺神經元群叫得還不夠大聲，吵不醒杏仁核中的神經元群。但當聲音與電擊連在一塊後，這些突觸會變得強大，就有能力讓杏仁核的神經元群活化了。聽覺神經元群與杏仁核神經元群間的突觸強度，目前仍無法在活體動物上測量。不過醫生可以將病人的器官移出體外，讓器官在病人死後仍可短暫存活一段時間，所以神經學家也可以運用同樣的方法將老鼠的杏仁核取出，在老鼠犧牲後還能進行杏仁核的研究；這個技術讓研究學者得以去比較「正常」老鼠與經恐懼制約老鼠的

16.Fendt and Faneslow, 1999; Blair et al., 2001; Sah et al., 2008.

突觸強度。這些研究顯示，被制約老鼠的突觸會變得強大；換句話說，被制約老鼠之突觸前聽覺神經元群的動作電位，能更有效地引發突觸後杏仁核神經元群的活化，因而產生恐懼的感受。註17

　　恐懼制約提供了大腦如何藉由改變突觸強度來寫下資訊的再一例。而這個過程也再一次受到海伯可塑性所影響。註18 你也許記得，我們在第一章中談到的海伯定律宣稱，若突觸前與

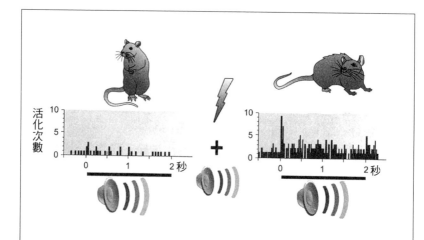

**圖5.1** 杏仁核神經元中的恐懼「記憶」：在一隻正常老鼠身上，某聲響並不會引發牠的恐懼反應，也無法在其杏仁核神經元中記錄到太多的電位活動。在恐懼制約塑成的過程中，此聲響出現後將伴隨一次短暫電擊。經過這段學習過程，此聲響會誘發出老鼠的恐懼反應，也讓神經元活化多次。我們可以將此一新形成的神經性反應視為一種「神經記憶」，或者當成與恐懼相關的神經性學習。（本圖與圖解出自瑪仁與夸克〔Maren and Quirk〕2004年的論文；經麥克米倫出版公司〔Macmillan Publishers LTD〕同意後適度更動。）

突觸後神經元同時活化，兩者間的突觸就會增強，這也是在聽覺恐懼制約形成的過程中所發生的情況。做為非制約刺激的電擊引發疼痛，形成傳入訊息傳至杏仁核神經元，而負責傳送電擊訊息的突觸也隨之強力啟動，想必是因為這樣的疼痛刺激本來就能啟動防禦行為。因此當一個聲響與電擊連在一塊時，某些杏仁核神經元就會因電擊的作用而強力活化。當同一批神經元也接收到因聲響活化的突觸前神經元所傳入的訊息時，這些突觸會因為其突觸前與突觸後的部分均同時活化而更為強大。如同我們之前所見，海伯或相關的突觸可塑性深植在NMDA受體中，讓這些由蛋白質構成的智慧型受體可以測得突觸前與突觸後活動的相關性。的確，在恐懼制約形成的過程裡，阻斷NMDA受體就可以阻止學習，不過若是在恐懼制約形成後才阻斷同一群受體，老鼠還是會出現無法動作的情況，此種情況說明了NMDA受體對於初始學習（儲存）有其必要性，但對於回憶（讀取）就無關緊要了。註19

如果外側杏仁核神經元群上的突觸就是形成神經性記憶

17.這些實驗請參考McKernan and Shinnick-Gallagher (1997)。至於其他相關實驗的配置，請參考Tsvetkov et al. (2002) 與 Zhou et al. (2009).

18.在此例中，突觸前神經元的活動對應到聲響的出現，而突觸後神經元的活動則能對應到恐懼制約過程中電擊引發的活化情況。要注意的是，電擊是種深植於內心的疼痛與恐懼所誘發的經驗，所以無須經由學習，就能自然而然地驅動神經元活化。

19.在某些案例中，阻斷NMDA受體也會改變恐懼反應，這可能是因為NMDA受體在主導神經活動上也佔有一席之地。但至少有二篇研究顯示，阻斷NMDA受體主要影響到的是學習，而不是已經習得的恐懼制約反應。（Rodrigues et al., 2001; Goosens and Maren, 2004.）

的地方，那麼接續會讓人想到的就是，這些細胞若是出現損傷可能就會抹去恐懼記憶。多倫多大學的神經學家雪娜·喬瑟林（Sheena Josselyn）與同事所進行的實驗顯示，在選擇性破壞那些變強突觸中負責收訊的神經元群後，老鼠不會再因那個聲響出現僵住的情況。[20] 重要的是，毀壞這些神經元並不會減損老鼠學習害怕新刺激的能力，這代表著記憶的喪失不單純只是杏仁核上的一般性功能障礙所造成。這些研究認為，要消除被制約的恐懼記憶確實可行。

確認出形成恐懼制約的大腦區域、神經元、甚至是突觸，已經為我們開啟了一扇去瞭解一些由恐懼所造成的心理問題的大門，也有機會對這些問題進行治療。包括憂鬱症、恐懼症與創傷後壓力症候群（posttraumatic stress disorder，PTSD）等等在內的數種疾病，幾乎都是由大腦恐懼迴路所引發的問題。恐懼症的特徵在於對特定刺激（如蛇、蜘蛛與社交場合）產生過大且不適當的恐懼感。創傷後壓力症候群這種病症，則是因為個人想法或外在因素引發出無所不在的恐懼與焦慮。舉例來說，一名患有創傷後壓力症候群的士兵，也許會在聽到鞭炮聲後，再次感受到戰爭的壓迫。這些病症似乎都是因某種刺激過度引發大腦恐懼迴路的活動而造成。因此我們不禁懷疑，這些刺激活化恐懼迴路的作用是否也有可能被抑制。

古典制約造成的情況可在**消除**（extinction）作用下復原。

20.Han et al., 2009.

當帕夫洛夫的狗在經歷多次鈴響但沒有食物的情況後，牠們最後在聽到鈴聲時就不會流口水了。消除作用是古典制約中相當重要的一部分，因為我們所處環境中的相關事物隨時在改變。當鈴聲不再代表食物出現時，狗就不會再因鈴聲流口水，這跟牠一開始學習到鈴聲與食物間的相關性一樣重要。所以經過多次聽到聲響但不再伴隨電擊的情況後，恐懼制約的情況也可能消失，而此研究過程也讓我們對「抹去舊習」的情況有了極佳的見解。與我們想像不同的是，消除作用似乎並非將最初經驗的記憶完全抹去。如果我在白板上寫下一條備忘錄：「順便去一趟乾洗店」，在任務完成後，我可以擦掉這條備忘記事（完全消除這件事的資訊），或也可以在下面寫著「已完成，不用處理」。在恐懼制約的情況中，大腦採行的似乎是後者。「消除」靠的不是降低外側杏仁核中已被增大的突觸強度，而是仰賴能夠否決或抑制舊記憶的新記憶形成。註21 這個方式的明顯優點就是，如果必要的話，似乎比較容易在「不消去」記憶的情況下，「重新學習」初始記憶。

　　恐懼症與創傷後壓力症候群之所以會產生的原因，就是因為正常的消除過程中出現相當的阻力所造成。但在一些病例中，特別是那些前不久才有傷痛經驗的人身上，就有可能完全消除引起恐懼症與創傷後壓力症候群的記憶。我們在第二章中談到記憶再固化的過程：在某些情況下，記憶每被叫出一次就

21.Quirk et al., 2006; Herry et al., 2008.

變得更容易被抹去，然後就可以藉由藥物抑制蛋白質的合成或者透過儲存新資訊的方式，來達成「消除」的效果；這可能是因為在突觸強化的過程中，突觸本身再次變得不穩定或具可變性。註22 這種再固化的過程被認為極有價值，因為它讓我們的記憶可以隨著外界變動來更新，像是隨著身旁的人們年紀增長，我們對他們臉孔的記憶也會隨著時間不斷地再次調整，而不是重新儲存一張新的臉孔。

　　某些神經學家認為，或許可以藉由一套應用記憶再固化的二步驟程序，來消除傷痛記憶。首先，喚起傷痛記憶也許可以讓已形成的突觸變化再次變得不穩定；然後，再利用某些藥物、或持續給予喚起恐懼的刺激，或許真能逆轉突觸可塑性，進而抹去原始記憶。換句話說，曾經代表某些危險事物的記憶，將會「更新」成為代表一般無害事物的記憶。雖然部分恐懼制約研究顯示，這個策略也許能消除原始記憶註23，但對於造成恐懼症或創傷後壓力症候群的根深柢固記憶，這個方式的有效性還有待後續研究確認。

## 預備恐懼

　　對於大腦如何決定害怕與否的這個問題，我們到目前為止探討了二個答案。在部分案例中，恐懼是種天性，就像鵝會

22.Milekic and Alberini, 2002; Dudai, 2006.
23.Monfils et al., 2009; Schiller et al., 2010.

怕鷹一樣。不過,在其他例子中,動物得經由學習才會對具威脅性的東西感到恐懼,像是老鼠會對伴隨電擊的聲響產生恐懼感那樣。我曾經認為這兩種答案就足以解釋所有可能情況的基礎。但事實並非如此。以恐蛇症(ophidiophobia)為例來思考一下:與人類一樣,許多猴種都非常怕蛇,這是個合理的反應,因為若對蛇掉以輕心,可能導致重傷或死亡。但猴子怎麼會知道要怕蛇呢?怕蛇這件事是已設定在基因中還是經由學習獲得的呢?曾為經驗主義者的達爾文,在《人類起源》(*The Descent of Man*)這本書中,講述了自己對於此問題棘手本質的有趣實驗:

> 我把一隻蜷曲的填充假蛇放進動物園的猴屋中,此舉引發的騷動是我見過最有趣的事情之一。其中有三類長尾猴(Cercophithecus,一種非洲猴)最為驚恐,牠們衝進籠子中,驚聲尖叫提醒其他猴子出現危險情況。但一些年幼的猴子與一隻年老的東非狒狒卻沒有注意到蛇的存在。註24

大家曾普遍認為,就像鵝天生就會怕鷹一樣,猴子對蛇的恐懼早已被設定在基因之中。然而這個故事卻更為有趣。許多猴子對蛇的恐懼不完全是天性,也不完全是從學習中得到;倒是「學習去害怕蛇的傾向」才是與生俱來的。野生猴子在假

24.Darwin, 1871, p. 73.

蛇出現時常會有驚慌失措的行為，而在籠中出生的猴子看到假蛇卻常常冷淡以對，此種表現讓人認為這項恐懼是經由學習形成。但猴子似乎已準備好去相信「蛇具有危險性」的結論。事實上，要教導猴子怕蛇是件十分簡單的事，但要教牠們害怕某些像花之類的無害事物則十分困難。由心理學家蘇珊・米奈卡（Susan Mineka）與同事進行的研究顯示，飼養於籠中的恒河猴，對於真假蛇的害怕程度並無異於彩色積木之類的「無害」刺激。此研究對於恐懼程度是採用特定行為來測量，例如猴子是否會遠離目標物體，以及猴子會花費多久時間（若已遠離）重新接觸此目標物以得到報酬等等。同一批猴子在稍後的實驗過程會看到某隻猴子對蛇表現出恐懼反應的影片，看完這個具暗示性的影片後，這批猴子在面對真蛇與假蛇時，都清楚表現出既猶豫又明顯的恐懼感。

有人可能會因為這些實驗就斷定猴子對蛇的恐懼百分之百來自學習，因此米奈卡與同事接續做了猴子在學習害怕其他的事物上是否也會有同樣表現的研究。他們在某項實驗中，讓受測猴群觀看某隻猴子對蛇有恐懼反應的影片，而在其他實驗中，讓受測猴群觀看某隻猴子對新事物（如一朵花）有恐懼反應的影片。跟前一個研究一樣，猴子對蛇產生了恐懼感，但牠們並沒有對花感到害怕。不斷重複這些實驗所得的結論為：雖然猴子並非生性怕蛇，但牠們天生就預備好要學習對蛇產生恐懼反應了。註25

這項假設也適用於人類身上。孩童也會藉由觀察他人來學習害怕；當孩子觀察父母面對各類情況的反應時，他們也會感受到父母的焦慮與害怕。註26 雖然這個主題尚未被研究（研究幼兒恐懼會有明顯的道德問題），不過我們可以預期到，當孩童觀察父母對於各類生物的恐懼反應時，比起害怕烏龜之類的生物，孩童更容易學會對蛇產生恐懼感。

## 恐外症

就跟我們的近親靈長類一樣，人類天性容易害怕的事物不只局限於有毒動物、可能的掠食者、高處或暴風雨而已，還包括對同物種成員的天生恐懼感。這個說法在另一類的人類恐懼制約實驗中受到證實。研究已經顯示，人們會受到制約而對某些潛意識中的圖像（這些圖像以極快的速度閃過，以至於無法在意識狀態下進行辨認）感到害怕。比起某些影像，人們更容易受到制約而去害怕某類影像（像是比起快樂的臉孔，人們更容易去害怕生氣的臉孔），這一點也不會讓人感到驚訝。有篇研究讓受測者在幾個百分一秒間看張快樂或生氣的臉孔照片，並同時搭配電擊，接著再馬上給予受測者一張「正常情緒」的臉孔照片。雖然在這種情況下受測者無法說出他們最先看到的

25.Cook and Mineka, 1990; Ohman and Mineka, 2001; Nelson et al., 2003.
26.Askew and Field, 2007; Dubi et al., 2008.

是張快樂還是生氣的臉孔，但比起快樂臉孔搭配電擊的情況，當生氣臉孔伴隨電擊一同出現時，受測者的皮膚會出現較大的導電率。再綜合為數不少的其他研究來看，這些結果顯示人類天生就預備去恐懼生氣的人了。註27 對於生氣者與陌生人的天性恐懼，或是容易學會害怕他們的傾向，都是多數靈長類演化來增加存活時間的可能方式。黑猩猩會對陌生人非常不友善，像是目前已知公黑猩猩會出拳擊斃出現在自己領域中的外來者。這些攻擊方式有可能會令人難以置信的可怕，其中也許還會包括咬下遇難者的睪丸等等。註28 靈長動物學家法蘭斯・德瓦爾（Frans de Waal）指出：「黑猩猩無庸置疑具有恐外症（Xenophobia）。」註29 即使在人工設置的動物園中，要讓一隻外來成年黑猩猩進入一個既存的黑猩猩社群中，也是極為困難。靈長類和其他群聚動物攻擊外來者的原因諸多，對食物與雌性動物的競爭都包括在其中。在黑猩猩群中，對於陌生者的恐懼也許是因學習所造成，但就像其他群聚動物一樣，這可能是因為牠們天生就已經預備好去恐懼外來者了。人類似乎也沒有什麼不同。註30 面對外來者時的不自在與懷疑天性，是合理的演化成果，也是生存之道的一部分。我們相信，相鄰部族間

27.Esteves et al., 1994; Katkin et al., 2001.

28.Williams et al., 2004; Watts et al., 2006.

29.De Waal, 2005, p. 139.

30.關於動物與人類幼兒對陌生人感到恐懼的簡要討論，請參考Menzies and Clark (1995).

的爭戰與侵略會在人類演化過程中不斷上演，即便今日，無論是在原始部落還是現代國家之間的互動上也明顯可見此類情況。註31 德瓦爾針對此觀點還提到了一個故事：

　　一位人類學家曾經告訴我關於二位新幾內亞伊波巴布亞村（Eipo-Papuan village）的頭目首次搭乘小飛機的事情。他們不怕上飛機，但提出了一個奇怪的要求：希望飛機不要關上側門。不過因為他們身上除了傳統下體護襠之外什麼都沒穿，所以他們可能會凍壞。但這兩個男人毫不在意。他們還想帶些極重的石頭，因為若是駕駛能夠好心地在鄰近村莊上盤旋，他們就可以從機門丟下石頭，重擊敵人。註32

　　矛盾的是，許多人類學家相信兩個競爭族群間的持續衝突，也是形成互助合作與利他主義的演化要素。註33 像為村落或國家而戰這類的利他行為，代表著一項演化上的難題。如果某一基因會產生利他行為，而且所有族人都帶有此一基因時，那麼整個族群會因為這種大公無私的精神而蓬勃發展；舉例來說，大公無私的部落戰士們在戰爭中將更加無所畏懼、更具有戰鬥力，這樣一來就會讓其部族增加優勢且更為茁壯。然而，

31.Manson et al., 1991.

32.De Waal, 2005.

33.Darwin, 1871; Bowles, 2009.

此部族中任何缺乏此基因的成員也可以在不用付出任何代價的情況下（如戰死沙場），從族群整體的利他主義中獲利。這些沒有利他基因的「逃兵」也許會留下更多後代，最終讓整個利他主義的宏偉架構轟然倒塌。戰爭能夠控制前述問題的論點在於：不勞而獲者所佔比例較高的族群，隨時可能會被全數皆為利他主義者的優勢部群所殲滅。

無論族群間的鬥爭是否在強化利他主義上扮演著重要角色，整部靈長類與人類演化史不斷上演著族群間之戰爭卻是無庸置疑的事實。因此，恐懼外來者的這分習性，似乎仍然深植在我們的基因編碼之中。可是社群動物如何知道誰是外來者，誰又不是呢？在由數十隻黑猩猩所組成的社群中，每隻黑猩猩似乎都認識其他的黑猩猩。當然，這在農業出現之後的人類大型社群裡是無法做到的事，更不用說現代社會了。我們可以藉由天性與文化的表現差異來判斷某人是否來自同一族群，例如：膚色、衣著的樣式、是否使用相同的語言，或有同樣的口音等等。不幸的是，為了知道要怕誰，再加上只以簡單的特性來分辨自己族群與非我族類的此種方式，卻為種族、宗教與地域等時至今日仍深植人類行為中的歧視更加奠定了基礎。

## 影片恐懼

人類對事物的恐懼是三種演化策略進行的結果：天性恐懼（先天）、學習恐懼（後天），以及混合方式（我們先天就預

備好要學習害怕某些事物）。在這三項策略中至少出現了二項
與恐懼有關的大腦臭蟲。首先，設定讓人類感到恐懼的事物已
完全過時，進而產生了適應不良的問題。其次則是，人類只需
經由觀察，就會不由自主地學會害怕各種似乎無害的事物。

　　無論我看過某人的雜耍表演多少次，如果沒有親身體驗的
話，我永遠也學不會那些伎倆。有些事物就是無法僅從觀察中
學習。不過恐懼可不是其中的一種。我們不只可以單用觀察就
學會害怕，而且經由觀察學習到的恐懼（替代學習〔vicarious
learning〕）還跟自己親身體驗一樣有效。美國紐約大學伊麗莎
白・菲爾普斯教授（Elizabeth Phelps）與安德烈亞斯・歐森博
士（Andreas Ollson）在一項研究中，讓第一組自願受測者坐在
電腦螢幕前面觀看二張不同的生氣臉孔影像，其中一個總會伴
隨電擊一起出現。第二組自願受測者進行的是觀察學習：當他
們看到其中一張生氣臉孔出現時，前述實驗中的第一組受測者
會受到電擊。（第二組受測者觀察到的其實是演員的表演，這
些演員假裝手臂震了一下，好讓觀察者以為他們受到電擊。）
第三組受測者就只是被告知，當他們看到其中一張生氣臉孔會
遭受電擊。結果非常令人吃驚，三組受測者對於那張生氣臉孔
所產生的皮膚導電率量幾乎相同。註34 看到別人受到電擊（替

34.Olsson and Phelps, 2004; Olsson and Phelps, 2007.即使是老鼠都可以藉由觀察其他老鼠
　在實驗過程中受到電擊的前因後果，學會害怕某些特定地點。甚至還有更令人驚
　奇的情況，如果受電擊的老鼠與進行觀察的老鼠有些關係或互為伙伴，那學習效
　果更佳。（Jeon et al., 2010.）

代經驗〔vicarious experiences〕）與實際受到電擊的經驗功效相同，而會有這樣的功效似乎主要是因為我們生性就會害怕生氣臉孔的這類刺激所致。

我們現在已經有了猴子與人類只憑觀察就學會害怕的數個例子。然而在這些例子中，無論是猴子或人類都完全受到愚弄。他們（或牠們）並非親眼見到任何可怕的事情發生，只是看了影片而已。觀察學習是如此地有用，讓我們經由觀看影片就可以學習事物。然而，拍攝這些事物的地點也許在時間及空間上都與我們相隔甚遠，或根本就是虛構的內容。大多數人一輩子都不會親眼看到一隻活生生的鯊魚，更不用說看到鯊魚攻擊別人的情況了。不過，鯊魚在海岸邊巡遊的景象，總在某些人的腦海中揮之不去。為什麼？因為史蒂芬・史匹柏導演出色的導戲手法，隻手就創造出恐鯊症（selacophobics）的世代。就像某隻猴子觀看了別隻猴子因假蛇驚慌失措的影片後，也會產生出對蛇的恐懼一樣，《大白鯊》這部電影不但誘發我們害怕牙齒巨大鋒利之大型掠食者的天性，還更為強化。這種天生容易學會害怕某些事物的特質被稱做**防備**（preparedness）或**選擇性連結**（selective association），這也能用於解釋：為何比起槍或插座，人們更容易對蛇與蜘蛛產生恐懼感的原因。註35

科技讓我們有機會以替代方式體驗到強大的危險情境，例如：致命的龍捲風、戰爭、飛機失事、可怕的掠食者與恐怖行

35.Seligman, 1971; Mineka and Zinbarg, 2006.

動等等。無論這些影像是真是假,大腦中的一部分似乎將這些影像都當作親眼所見的第一手資料。即使影像出現的速度快到我們的意識來不及反應,人們還是能學到對生氣臉孔或蜘蛛圖像感到畏懼。所以即使我們知道鯊魚的攻擊並非真實存在,我們的大腦還是在某種程度上會產生下意識連結,波及到我們對於下海冒險的看法,這樣的情況一點也不會讓人感到驚訝。

## 杏仁核政治

　　對於有毒動物與掠食者的過度恐懼,會對個人的生活品質造成重大影響,但以大局來看,恐懼症還不是人類大腦與恐懼相關的錯誤中最具殺傷力的一項。我們反而應該多留心自己的恐懼迴路是多麼容易受到別人的操縱。義大利政治哲學家馬基維利(Machiavelli)曾經勸告過君主們:「備受敬畏比備受愛戴來得安全。」註36而從遠古至今,真實或虛假的恐懼感就是控制大眾想法、確保忠誠度與合理化戰爭的有力工具。在人類民主的歷史中,幾乎所有的選舉裡都有候選人會以喚起大眾對犯罪、外來者、恐怖分子、移民、歹徒、性侵者或毒品的恐懼感,來左右選民的意向。利用恐懼來影響輿論或製造恐慌,被美國前副總統高爾視為是「杏仁核政治」。註37 就人類容易產生恐慌的情況來看,高爾認為:

36.Machiavelli, 1532/1910.
37.Gore, 2007.

191

　　如果（人民的）領導者操縱人民的恐懼感，迫使人民走向他們無意前進的方向，那麼恐懼本身可能會快速地轉變成為驅之不散且無法控制的力量，侵蝕著國家意志、削弱國家特性，讓那些需要正視並適當擔憂的真正威脅得不到關注，也讓每個國家面對未來必須不斷做出的重大抉擇變得一團混亂。註38

　　問題是：為什麼恐懼能引發如此強大的動盪？答案就在於，恐懼具有壓制理性的力量。我們的恐懼迴路系統多半是從前額部分較小的動物中遺傳下來，也就是說這些動物幾乎沒有或甚至完全沒有前額葉皮質。組成前額葉皮質的多數區域都與我們所說的**執行功能**（executive functions）有關，這包括：做出決定、保持專注、掌握行動與目的，以及控管某些情緒與思維。註39 我們的行動似乎在根本上就是種群體計畫；它們是像杏仁核之類的老舊大腦區域與較新的前額區域共同協調下的產物。這些區域可以一起達到某種程度的共識，讓理性與感性之間得到適當的妥協。但這個平衡會受到情境所左右，有時候還會受到情緒的影響而產生嚴重偏差。以杏仁核為起點到皮質的軸突連線個數，遠勝於從皮質到杏仁核的連線個數。神經學家李寶說：「如同目前所見，杏仁核對皮質的影響力大過皮質對杏仁核的影響力，這讓情緒可以支配與控制思想。」註40

38.Gore, 2004.
39.Wise, 2008.

　　恐懼壓制理性的力量都寫在人類歷史之中。舉例來說，1941年12月日本空襲珍珠港後的數個月間，上萬日裔美國人就被抓進加州的集中營裡。這個舉動不但因為極不正當而顯得不合理，也因為認定只要把美國西岸的日裔人士集中關起來就可以消除可能存在的日本間諜而更顯得荒謬。（西元1988年，美國政府為此道歉，並且為這樣不當的作為付出10億美金的賠償。）

　　這世上有諸多危險之事，為了與這些危險搏鬥，就得付出行動與犧牲。然而無疑地在某些案例中，我們的恐懼感會被放大，扭曲至完全不合理的觀點上。無數愚蠢錯誤的政治決策，也是人類大腦中與恐懼相關的臭蟲衍生而出的附加後果。註41 以2001年的事件為例：有5位人士因接觸內含孢子的信件而感染炭疽熱（anthrax）死亡。（炭疽熱據信是來自美軍傳染病醫學研究所〔U.S. Army Medical Research Institute for Infectious Disease〕裡生物防禦專家布魯士・艾文斯〔Bruce Ivins〕的實驗室中。）註42 據估計，美國政府為了處理受炭疽熱污染的信件，花費了50億美金進行防禦措施。註43 恐怖分子利用郵政系統散布可怕致命疾病的說法，在理性分析下不太可能成立：因

40.LeDoux, 1996, p. 303.

41.Slovic, 1987; Glassner, 1999.

42.Enserink, 2008. See also S. Shane,「美國聯邦調查局展示了證據，關閉了炭疽熱信檔案」《The New York Times》, February 20, 2010。主要嫌疑犯布魯士・艾文斯，在聯邦調查局正式起訴他不久前自殺身亡。

43.F. Zakaria,「美軍需要一位戰時總統」《Newsweek》, July 21, 2008.

為我們早就已經知道，致命的炭疽熱並非一種「好用」的生化武器，除了難以有效大量繁殖以及經由陽光直接照射就能殺死此種病毒之外，還必須將其霧化成極小粉末才能成為有效的武器。註44 而且最後證明這個事件與恐怖活動無關，只有一個心緒不正常的公務人員涉及其中。回想起來，要防止5人死亡事件發生最有效實際且花費較低的方式，就是關閉製造出炭疽熱的美軍實驗室。

過去100年間，將近1萬人因軍事襲擊與恐怖攻擊死在美國本土（大部分都在珍珠港事件或911事件中死亡），比一年中因車禍、自殺或心臟病死亡的人數還少。然而在2007年，美國在軍備上就花掉了超過7000億美元，註45 而用來研究與治療心臟疾病的聯邦基金卻只有20億。註46 花費250倍的金錢在致死率為另一項數千分之一的事件上，是對成本效益的理性分析嗎？或者只反映出人類因畏懼外來者與恐怖活動的基本天性所造成的非理性判斷呢？註47

44.Preston, 1998; Gladwell, 2001.
45.根據美國政府責任辦公室（GAO）的報告顯示，2008年國防部門的總預算為7600億美金、國土安全部門的預算為600億美金。（http://www.gao.gov/financial/fy2008/08stmt.pdf）。其他請參考T. Shanker and C. Drew，「五角大廈面臨削減預算的強大壓力」《The New York Times》, July 22, 2010, 以及http://www.independent.org/
46.http://report.nih.gov/rcdc/categories.
47.當然，最有力的反對論點為美軍的戰力對敵人具有遏阻作用，還有在美國本土發生的攻擊事件之所以這麼少的原因可能就是美軍的戰力所致。不過此論點似乎不怎麼有力，因為身為美國鄰邦的墨西哥與加拿大雖然在軍備預算上遠不及美國，但在過去100年間因國際戰爭或恐怖行動所造成的本土傷亡也同樣極低。

　　當然，恐懼不只能左右安全與軍事政策，恐懼還是項推銷的利器。如同社會學家巴里‧葛來斯納（Barry Glassner）所言：「藉由製造恐慌，政客將自己推銷給投票者、電視與書報雜誌也將自己推銷給觀眾與讀者，還有利益團體推銷其會員資格、江湖術士推銷治療方法、律師推銷集體訴訟，以及企業推銷消耗性產品等等。」[註48] 從瓶裝水到抗菌肥皂等多種產品的行銷手段，都擊中了我們對病菌的先天恐懼感。

　　與恐懼相關的大腦瑕疵主要是由二個因素所造成。首先，決定人類注定懼怕什麼的遺傳程式，編撰的時空背景不僅與現代世界完全不同，而且多數的程式都是為了當時的所有物種組合（與現代的物種組合不同）所撰寫。我們古老的神經操作系統，從未接收到掠食者與陌生人已不像過去那樣危險的訊息，也從未收到現在應對更重要事物感到畏懼的資訊。我們應該降低對掠食者、有毒生物與不同族群的恐懼感；並且更關注於消除貧窮、治療疾病、制定合理的國防政策與保護我們的環境等議題上才是。

　　第二個造成此類大腦瑕疵的因素則是，我們已經完全預備好要經由觀察來學習害怕。在語言、文字、電視與好萊塢出現之前，觀察學習就已形成，也就是在我們能夠學習另一時間與空間中的事物前，或經由影片看到根本不會發生在真實世界的事件前，觀察學習就已經存在。因為這種替代學習有部分是

48.Glassner, 2004.

於下意識中形成，因此我們在進行理性分析及區分真實與虛構時，似乎對此有些抗拒也準備不足。再加上現代科技能讓人們不斷地重複看到同一恐怖事件，也造成我們的神經迴路對此事件會產生過度強化的反應。

　　猴子在天性使然的情況下，立即預備認定蛇具有危險性，而演化帶給人類的後果之一與猴子相同，在沒有實證的情況下，就認定不會對族群國家造成危險的事物有危險性。悲哀的是，此種傾向會自動循環：彼此間的恐懼造成二者互相傷害，結果又更強化了彼此間的恐懼。不過，當我們更進一步瞭解恐懼與其錯誤神經機制時，對於基因中的史前呼喚與真正會傷害我們福祉的威脅之間，我們也將學會做出更好的區分。

# 第6章 非理性推斷

1840年代，歐美部分醫院有20%的產婦於分娩後死亡。死因幾乎千篇一律地都是產褥熱（puerperal fever, childbed fever），這是一種會造成發燒、發膿皮疹以及呼吸道與泌尿道感染的疾病。此病的主要成因雖是個謎團，不過仍有少數歐美的外科醫師命中了答案。其中一位就是匈牙利醫師伊格那斯‧塞梅爾威斯（Ignaz Semmelweis）。西元1846年，在維也納醫院服務的塞梅爾威斯注意到，由醫師與醫學生接生的第一婦產科部門，有13%的產婦在生產隔天死亡。（在他小心保存的紀錄中，顯示部分月份的死亡比例甚至高達30%。）然而在同一家醫院由助產士負責接生的第二婦產科部門，產婦的死亡率卻只有2%左右。

哈爾‧赫爾曼（Hal Hellman）在《醫學大爭端》（*Great Feuds in Medicine*）一書中提到：「塞梅爾威斯開始懷疑是不是學生與同仁的手不乾淨所造成。據他瞭解，病原可能就是經由

學生與同仁的手，從感染屍體體內直接帶入婦女子宮內部。」註1 於是塞梅爾威斯施行嚴格的衛生政策來驗證自己的假設，這也讓產褥熱的發生率直線下降。在今日，他的發現仍被視為一項重大醫療發現，但在他開始進行這項研究的2年後，他所任職的醫院依然沒有落實他的策略。沒有獲得續聘的塞梅爾威斯被迫離開醫院開始私人執業生涯。雖然少數醫師馬上接受了塞梅爾威斯的想法，然而在後來的數十年間，塞梅爾威斯與這些人士的作法依舊被嚴重忽略，而且根據某些估計顯示，1860年代在巴黎的醫院中，產後死亡的婦女將近20%。一直到了1879年，造成產褥熱的原因才由路易斯‧巴斯德（Louis Pasteur）大致確定。

　　塞梅爾威斯的想法為什麼會被忽視數十年？註2 這仍然是個備受爭論的問題。其中一個明確因素即是：對人們而言，一個看不見的微小邪惡生命體就能對人體造成如此重大破壞，是非常荒謬可笑且難以接受的事情。也有人認為，塞梅爾威斯的理論承擔了認定外科醫師判斷有偏差的情緒包袱：因為這需要醫生承認自己是造成年輕產婦受到致命疾病感染並死亡的媒介。在今日所謂的微生物理論出現當時，據報導至少有一位醫師因此自殺身亡。無疑的，有諸多原因讓微生物理論不易為人所接受，這些原因多是無意識與非理性想法結合所促成的結果，卻

1.Hellman, 2001, p. 37.

2.對於產褥熱歷史的精采討論，請參考下列資料：Weissmann, 1997; Hellman, 2001。

會影響我們進行理性判斷。

## 認知偏見

在科學、醫學、政治與貿易的歷史中，充斥著老舊習俗、非理性信念、不周延政策與駭人決斷等等的各種頑固案例。而在我們私人與職業生活中的日常決定上，也可以看到同樣的情況。造成我們做出錯誤決定的原因多樣且複雜，但有部分原因則來自於人類認知深受心理盲點、先入為主的假設、情緒影響與天生偏見之害。

人們常認為自己的決定是理性下的產物。然而，就像公關公司會極力為客戶的駭人行為進行強詞奪理的解釋一樣，我們的心智意識也常把不明原因所做出的決定合理化。要完全掌握促使我們做出決定的這些力量是不可能的事情，「人們的意識性感知」與「人們感覺假象所塑成的實境」完全無關，就是潛意識力量的最佳說明。

圖6.1有2張幾乎一模一樣的比薩斜塔照片，不過右邊那一張顯然傾斜的幅度較大。這個假象似乎沒有商量的餘地；雖然這2張照片我已經看了不下數十次了，但還是很難相信這是一模一樣的2張照片。（我第一次看圖時，還把右邊的照片剪下來貼到左邊來求證。）這是視覺系統進行透視時所依據的假想設定造成的一種假象。當鐵軌之類的平行線投射到人類視網膜時，它們會在遠端會合（因為2條鐵軌間的角度會逐漸減

少）。這是因為人類大腦已經學會利用這樣的方式來推測距離，所以只要在紙上簡單畫上2條會合的線條，人們就可以創造出透視感。前述造成假象的2張照片是從建築物底部拍攝而成，而且因為斜塔的二邊線條沒有在遠處會合（這個例子指的是塔高），於是大腦認為此2斜塔不平行，造成了2張照片不同的假象。註3

　　另一個著名的視覺假象則在人們凝視瀑布後發生，當人們專心凝視瀑布30秒鐘左右後，再把目光轉到靜止的岩石上，會感覺岩石在上升。這是因為各種方向的移動是由大腦內不同的神經元群進行偵測所致，「向下」神經元會因向下的移動而活化，「向上」神經元群則會因向上的運動而活化。我們對於某物向上或向下運動的知覺，是這些相對神經元群不同活動情況所造成的結果，也就是向上與向下神經元之間角力的結果。即使移動已經消失，這二群神經元在某種程度上還會進行自發性活動，兩者間的角力處在一種平衡狀態。觀看瀑布30秒所接受到的連續性刺激，讓向下的神經元群最終變得「疲乏」。所以當你的目光移至靜止的石頭上時，原有的平衡力量會有所移動，讓偵測向上運動的神經元有了暫時性的優勢，於是造成了石頭向上移動的假象。

　　視覺感受是經驗與建構大腦之運算單位共同的產物。斜塔假象是由經驗所造成，也就是在角度、直線、距離與二維影像

3.Kingdom et al., 2007.

**圖6.1** 比薩斜塔假象：上面2張是完全相同的比薩斜塔照片，不過右邊那一張感覺起來較為傾斜。（節錄自奇登〔Kingdom〕等人於2007年發表的論文中。）

上，人們下意識運用了所學推測方式而產生的結果。而瀑布的假象卻是神經元與神經迴路內建特性造成的產物。人們的意識性思考大多仍無法在視覺程序中發揮作用：無論我的意識如何堅定地認為這2座塔為平行，其中1座塔感覺起來還是較另1座傾斜。意識性思考，加上過去留在潛意識中的經驗印象，以及大腦系統的本質，都會影響我們做決定。多數時候，這數種因素會通力合作產生滿足我們需求的決定；不過就像視覺感知的情況一樣，「假象」或偏見還是偶爾會發生。

接下來我們將以你是否喜歡一幅畫、一個標誌或一件珠

寶這類主觀判斷為例，來思考這個主題。讓你決定某幅畫是否比另一幅畫更討人喜歡的原因是什麼？對於任何一個從小聽某首歌曲長大就愛上這首歌的人來說，人們較為喜歡自己熟悉事物的現象一點也不讓人意外。已有數十篇的研究證明人們若常常接收到某些事物的資訊，無論這是臉孔、影像、字詞還是聲音，將來就愈容易對這些東西感到興趣。註4對我們瞭解事物較為喜愛的這種熟悉性偏好已被大量運用於行銷當中；例如藉由重複地發送廣告，讓大眾對於某公司產品變得熟悉即是一例。人們的想法似乎也會受到熟悉性偏好的影響。人們用於做決定的另一個經驗法則就是「不做沒有把握的事」，有時這也被視為是種現況偏見（status quo bias）。我們可以想見，在前述案例中「熟悉性偏好」與「現況偏見」都是造成醫師們拒絕接受塞梅爾威斯想法的因素。醫師拒絕微生物理論的部分原因就在於，這不但是一種他們不熟悉的想法，而且也與現況相違背。

　　認知心理學家與行為經濟學家在過去數十年間，已經條列出大量的認知偏見，像是框架現象（framing）、規避損失（loss aversion）、錨定現象（anchoring）、過度自信、可得性偏見（availability bias）與其他諸多原因。註5 接來下，我們要來探索已被完善研究的其中幾個，以瞭解這些認知偏見的成因與後果。

4.Bornstein, 1989.
5.有數本科普書籍回顧了認知偏見這個現象（Piattelli-Palmarini, 1994; Ariely, 2008; Brafman and Brafman, 2008; Thaler and Sunstein, 2008），還有部分偏重技術說明（Johnson-Laird, 1983; Gilovich et al., 2002; Gigerenzer, 2008）。

## 框架現象與錨定現象

人類進行決策時會有缺失與弱點，而認知心理學家丹尼爾‧卡尼曼（Daniel Kahneman）與埃姆斯‧特沃斯基（Amos Tversky），就是揭開此缺失與弱點最強而有力的其中二位代表。他們兩人的研究已為現在所熟知的行為經濟學奠定了基礎。為了表彰他們的成就，卡尼曼於2002年獲頒諾貝爾經濟學紀念獎（特沃斯基於1996年時已逝）。他們所提出的首批認知偏見中的一項，證實了提問的方式（也就是問題被「框架」的方式）會影響問題的答案。

卡尼曼與特沃斯基在他們其中一個經典框架研究中，讓受測者觀看一段特殊疾病爆發的影片，這場疾病預估會造成600人死亡。[註6] 他們給受測者2個對抗疾病爆發的方案，請受測者從中選一：

1. 如果採用計畫A，可保全200人的性命。

2. 如果採用計畫B，有三分之一的機率可以救活所有人，但有三分之二的機率會造成全部人死亡。

換句話說，就是要在「200人被拯救這個確定結果」與「全部人死亡還是活命這個不確定結果」間進行選擇。（這裡

6.Tversky and Kahneman, 1981.

要注意，如果一次又一次地進行計畫B，平均下來能救活的人數也是200人）。這個問題的答案沒有對錯，只是面對可怕情況採行不同方式罷了。

他們發現在此研究中，有72%的受測者選擇保證救活200人的選項（計畫A），而有28%的人選項賭一把，希望能拯救所有人。在研究的第二部分中，卡尼曼與特沃斯基讓另一群受測者觀看相同的選項，只是以不同的文字來描述選項。

1. 如果採用計畫A，會造成400人死亡。
2. 如果採用計畫B，有三分之一的機率可以救活所有人，但有三分之二的機率會造成全部600人的死亡。

第二部分研究中的選項A與B都同於第一部分研究，唯一不同處就是用字上的差異。可是，卡尼曼與特沃斯基卻發現在第二部分研究中，人們的決定全然相反，大部分受測者（78%）選擇B，這與第一部分中只有28%的人選擇B的情況截然不同。換句話說，以「600人中會有400人死亡」框架起的選項，比起「600人中會有200人存活」的框架選擇，更容易促使人們去採納那個像是場賭博的選項；「一定可以拯救33%的人」是人們可接受的情況，但「必定會造成67%的人死亡」，則是我們所不能承擔的後果。

框架效應已經被重複實驗了許多次，其中還包括在實驗進

行時同時對受測者進行大腦掃描的研究。有篇框架研究包含了多回合的投機判斷，每一次實驗開始時都會先讓受測者拿到一筆錢。[7] 舉例來說，在第一回合中，受測者會拿到50美金，並被要求在下二個選項中做出選擇：

1. 保有30美金。
2. 賭一把，有一半的機率可以保住全部50美金，但也有一半的機率失去全部的錢。

受測者並沒有真的拿到這筆錢，所以事實上也非真的持有或失去，不過他們有強烈動機想要表現出色，因為領到的車馬費是以贏錢的比例做為依據。給予受測者上述二個選項後，在43%的情況下，他們會選擇賭一把（選項一）。接著再把選項一的用字修改，並給同一批受測者進行選擇。新的選項如下：

1. 失去20美金。
2. 賭一把，有一半的機率可以保住全部50美金，但也有一半的機率失去全部的錢。

當選項一框上了「失去」這個框架時，人們選擇賭一把的

---

7.De Martino et al., 2006。值得注意的是，這個框架效應的例子同時也是規避損失的例子。

情況增為62%。雖然保有50元中的30元與失去其中的20元是一模一樣的意思，但用「失去」來框定問題讓可能失去整整50元的風險更容易被人所接受。在20位實驗受測者中，當選項是以「失去」來陳述時，每一位都曾決定要多賭點。明顯地，任何一位宣稱自己的決定是立基於理性分析的受測者，可是大錯特錯了。

雖然與「保有」框架選項相比，所有受測者在「失去」框架的選項中都有多賭點的情況出現，但這其中還是存在著相當大的個別差異：有些人在選項一以「失去」為框架時，賭賭看的情況只會多一些，但有些人卻是大賭特賭。我們可以說，在「失去」框架中只多賭一點的人較具理性，因為問題的用字對於他們的決定只有輕微影響。有趣的是，受測者「理性」的程度與他們前額皮質區（也就是眼眶額葉皮質）的活動量具有相關性。這與一般認為大腦前額區域在進行理性決斷上扮演重要角色的想法一致。

卡尼曼與特沃斯基的另一篇研究顯示，在二種治療方式中，醫生該建議病人採用哪一個治療方式，會因此位醫生是否已被告知其中某種方式僅有10%的存活率或90%的死亡率，而影響其判斷。註8

在卡尼曼與特沃斯基進行研究之前，多數商人就已深知框架的重要性。所有廠商一直都知道，必須以本公司產品價格比

8.Tversky and Kahneman, 1981.

其他公司產品便宜10%，而非僅為其他公司產品90%的方式來打廣告。同樣地，某個廠商也許會宣稱自家產品為「少了50%卡路里的低脂巧克力糖霜球」，但他們絕不會以「仍有50%卡路里的低脂巧克力糖霜球」的說法來行銷。在某些國家，顧客若以信用卡消費，會比以現金付費多付一些手續費（因為信用卡公司通常會抽走1%~3%的購物金額）。但信用卡與現金的金額差異，總是被框架成付現有打折的模樣，而不是信用卡外加手續費的實際情況。註9

卡尼曼與特沃斯基在另一個經典的實驗中，描述了另一種認知偏見：錨定現象。他們在這篇研究中請受測者想一想，非洲國家在聯合國中所佔百分比是否高於或低於某一特定值：其中一個受測組所給定的值為10%，另一組則為65%。（實驗者讓受測者相信這些數字是隨機取樣得出）。接下來請受測者預估非洲國家在聯合國中所佔百分比為多少。10%與65%這二個數字的作用就是「錨定」，實驗結果顯示這會影響受測者的估計值。在錨定數值低（10%）的那一組中，平均估計值為25%，而錨定數值高（65%）的那一組所估算出來的平均值竟高達45%。註10 錨定偏見呈現出「人們對數字的估算會受到無關

---

9.Kahneman et al., 1991。雖然還沒有足夠的研究可以判斷人們以信用卡付費時是否花費的比使用現金時多（Prelec and Simester, 2000; Hafalir and Loewenstein, 2010），不過任何認為以信用卡付費會造成花費變多的心態，很有可能是規避損失所產生的效應。當我們付現時，必須把我們現有價值之物掏出去給別人，而使用信用卡時，卡片本身還是會回到我們手上。

數字影響」的情況。

　　坦白說，一直以來我總是有些懷疑，像錨定作用這樣的認知偏見到底有多強大，所以我自己進行了一個非正式的實驗。我對遇到的每一個人都問了2個問題：（一）你覺得副總統拜登（Joseph Biden）的年紀多大？（二）你覺得演員布萊德彼特現在幾歲？每次詢問時我都會對調問題的次序。所以我就有了順序不同的二組：一組是先問總統拜登的年紀，再問布萊德彼特（拜登／布萊德彼特組）；另一組則是先問布萊德彼特的歲數，然後再問總統拜登（布萊德彼特／拜登組）。我最先感受到的驚人發現是，自己認識的人竟然有50個之多。後續進行統計後我有了第二個發現，布萊德彼特／拜登組的年紀平均預估值為布萊得彼特42.9歲、拜登61.1歲；而在拜登／布萊德彼特組中，則是布萊德彼特44.2歲、拜登64.7歲（布萊德彼特於實驗當時的年紀為45歲，而拜登為66歲。）先以布萊德彼特的年紀「錨定」後，對於拜登年紀的估算明顯較低。註11 而以拜登的歲數錨定後，對布萊德彼特年紀的估算則較高；不過這個差異在統計上並沒有意義。當人們需要進行猜測估算時，錨定作用才會出現，若是詢問美國人美國共有幾州這種答案確定的問題，無論用什麼來錨定，都不會有效果。看起來布萊德彼特對

10.Tversky and Kahneman, 1974。就算是以相等的實際數值來錨定，仍會產生錨定偏見。舉例來說，在另一個研究中，有一組受測者被問到，他們覺得飛機跑道的長度比7.3公里要長還是短，而另一組則被問道，飛機跑道的長度比7300公尺要長還是短。接下來兩組都被問到他們認為一輛有空調的巴士要價多少。第一組的估價明顯低於第二組。

於拜登歲數估計的影響，比起拜登對於布萊德彼特年紀的影響可能要來得大，因為人們對布萊德彼的年紀估計較接近實際情況（取樣的區域是我自己的居住地洛杉磯）。

估算拜登年紀時因布萊德彼特歲數所產生的誤導，對現實生活似乎沒什麼影響。不過在其他情況中，錨定作用則是一個非常容易被利用的方式。我們都聽過有些人士對大公司提告所求償的天文數字──最近一個案例是陪審團認定一家香煙公司要賠償一位人士3億美元的案件。註12 這些天文數字不單單是因為陪審團對數字0的模糊認識所造成，也代表著一種藉由訴訟產生錨定效應的合理策略，也就是在審理過程中將大筆數值深植陪審團心中。同樣地，在進行薪資協商時，錨定效應似乎也扮演著重要的角色，特別是當雙方都不清楚此職位的薪資價值時。一旦其中一方開始提出一個薪資價碼時，它就可能成為雙方所有後續討價還價的錨定了。註13

框架偏見與錨定偏見的特點都是「先前事件會影響後續決定」，所謂的先前事件像是一個問題的用字或是某個給定的數字等等。從演化的觀點來看，因為語言與數字本身都是新產物，這些特定偏見顯然是最近才現身的。但框架與錨定現象不

11.在實驗當時，布萊德彼特的實際年齡為45歲，而拜登為66歲。拜登年紀經非配對 t 檢定（Unpaired t-test）所得出的數值為t24 = 2.71, p = .009（經過多重比較後依然為有效值）。布萊德彼特的年齡在非配對t檢定統計後為t24 = 1.06, p = .29。

12.D. Wilson, "Ex-smoker wins against Philip Morris," The New York Times, November 20, 2009 (http://www.law.com/jsp/article.jsp?id=1202435734408).

13.Chapman and Bornstein, 1996; Kristensen and Garling, 1996.

過就是極其一般的現象，也就是事件的脈絡會對後續發展造成影響而已。如果人類不是「以事件脈絡為依據」的生物，那麼就什麼都不是了，而語言則是我們取得事件脈絡的眾多資源之一。一個音節的「意思」部分是根據出現在它前面的音節是什麼來決定（如today／yesterday；belay／delay）。一個字的意思也常由出現在它前面的字眼來決定（如床蝨臭蟲／電腦臭蟲；大狗／熱狗）。而一段話的意思會因說話者與場所的不同而受到影響（「He fell off the wagon」這句話的意思會因你所在地點而所有不同，若在遊樂場聽到則是「他從車上掉下來」的意思，但在酒吧中，就成了「舊癮重發」之意了）。如果不小心割傷手，你的反應會因獨自在家或是在商務會議中而有所不同。如果有人說你是怪人，你的反應也會因這人是你最好的朋友、是上司還是陌生人而有所不同。所以事件的脈絡才是關鍵。

我們會因為一個選項被框架為「有三分之一的人能存活」或「有三分之二人會死亡」而受到影響，這是件非常不理性的事情。但這種可互換的說詞代表的卻是不同的意見。在多數情況下，人們的用字遣詞並非恣意獨斷，而是刻意用來表達事情的脈絡以及提供額外的溝通管道。如果兩個選項分別為「三分之一的人能存活」以及「三分之二的人會死亡」，也許發問者正在給我們第一個選項比較好的暗示。的確，我們都在不自覺地情況下自主地使用了框架效應。我們之中的任何一個人，在面對十分震驚的兄弟姐妹時，會以「爸爸有50%的機率會死」

而非「爸爸有50%的機率會存活」來轉述緊急手術的預期結果
嗎？雖然多數人不會刻意思考要如何框架問題與自己的說法，
但我們直覺地就會抓到框架的要點。就連小孩也知道，在爸爸
問他們是否吃完自己那份蔬菜時，最好以「我幾乎把蔬菜吃光
光了」而非「我還留了一些蔬菜在碗中」這樣的框架來回答。

　　框架與錨定偏見不過就是，我們對事情的來龍去脈最好不
要那麼敏感的例子罷了。

## 規避損失

　　如果你跟我是一樣的人，那麼丟失100元鈔票的難過程度
就會比發現100元鈔票的高興程度要來得高些。同樣地，如果
你以1000美金進場投資股票，一個星期後漲到1200美金，再過
一個星期又跌回1000美金，下跌讓人痛苦程度可是勝過上漲時
的高興程度。這種「失去」造成的情緒波動比等量「獲得」時
來得高的情況，稱做規避損失。

　　在一個樣本實驗中，實驗者給予教室中半數的學生印有
校徽的咖啡杯。接下來請手上有咖啡杯的學生為自己的杯子定
個價錢，也請沒有咖啡杯的學生想一想自己願意出多少錢買下
咖啡杯。結果顯示，有咖啡杯的學生提出的平均售價為5.25美
金，而沒有咖啡杯的學生願意付出的價格平均則為2.5美金。註14

14.Kahneman et al., 1991.

這樣的情況顯示，至少比起教室內其他學生認為的價錢，擁有咖啡杯的學生高估了杯子的價值。規避損失（與另一個稱為稟賦效應〔endowment effect〕的認知偏見有關）讓我們會高估自己所有物的價值，也就是因為自己所有，故價值較高，也難以捨棄。註15

　　規避損失是現實世界中非理性決定的來源。投資者對於最初投資物的價值降低時所產生的典型反應就是：「價格一回升，我馬上就賣掉。」這就是所謂的「追逐損失（chasing a loss）」。在某些情況下，這個行為可能還會導致更嚴重的損失；若是投資者可以接受相對來說少一點的損失，在危機乍現時就售出股票，也許還可以免於損失慘重。註16 有人還猜測，規避損失是造成我們厭惡繳稅的原因。對美國人而言，即使知道若無賦稅系統就難以維持一個國家的運作，也明白美國的稅率已經低於已開發國家的平均稅率，但是要美國人放棄自己的血汗錢卻不免讓他們感到心痛。

　　多數人不會接受失去100元與獲得150元機率各半的選項，即使是在比公平對自己更有利的前提下也一樣。註17 標準經濟理論認為，如果我們的目標是要最大化自身可能淨資產，那麼賭一把是合理的選擇。然而投資與財富累積的想法是現代化產

15.Knutson et al., 2008.

16.Brafman and Brafman, 2008.

17.Tom et al., 2007.

物；抱持此種想法者只限於那些無須費心下一頓飯在哪裡的人而已。

金錢是近代文化下的產物，提供我們一種便於對價值進行量化及線性計算的評量方式。人類神經操作系統並未演化出涉及數值或是紙鈔交易的判斷能力；紙鈔的價值立基於大家認為它們是有價之物的共同信念上。

要在一個現實的生態環境中生存，人類會思索的先決條件是關乎食物這類較為實質的資源。當食物缺乏時，規避損失就開始多了幾分道理。假設我們居住在非洲熱帶大草原的祖先原始人醜先生（Ug，美國卡通中的原始人角色）有幾天的存糧，這時有位來自火星的考古學家突然現身，想要以二比一的賠率請醜先生以自己的食物來下注。醜先生寧願守著自己現有的食物，也不願進行這個利多的賭局，這似乎是相當合理的決定。首先，若是醜先生正處於饑餓且食物不足的狀態下，輸了賭局可能就會賠上一條命。而且食物與金錢不同的地方在於，食物不屬於「線性」資源。擁有二倍的食物不等同有二倍的價值；因為食物會腐敗，而且每人一天能吃下的分量有限。註18 最後，進行這樣的一個賭局的先決條件是雙方彼此間存有高度的信任感，也就是我們買樂透或於賭場中會有的那種理所當然心態，但在人類演化初期，這似乎並不存在。大腦內建的規避損

---

18.錢讓人感受到的價值或效用，也比線性關係要來得少：10元與20元間的差別，感覺起來似乎要比1010元及1020元的差異大。但是在錢的實際價值（它可獲取的服務與物品）上，它是呈線性關係。

失偏見可能是我們靈長類祖先那時所留下來的特性，他們進行決定所涉及的資源並非依照著金錢財富的線性關係走，也不適用「愈多愈好」這句簡單格言。

## 機率盲點

試想我有一顆常見的六面骰子，其中有二面是紅色（R），其他四面則是綠色（G），然後我將骰子投擲了20次。以下我列出3種可能出現的部分順序（如下所示），其中有一個確實成真。你的任務則是選出一個你認為最可能真實存在的順序。

（一）R-G-R-R-R

（二）G-R-G-R-R-R

（三）G-R-R-R-R-R

你會選哪一個呢？當卡尼曼與特沃斯基進行這個實驗時，65%的受測大學生選擇（二），只有33%選擇正確答案（一）。註19 我們知道在每次投擲時，綠色（G）出現的機率較高（出現綠色的機率為三分之二，紅色則為三分之一），所以我們會預期擲出紅色的情況較少。多數人會選擇（二）的原因是因為它至少出現了2個G，不過序列（一）個數較少的這項

19.Tversky and Kahneman, 1983.

重要事實經常被人忽略：投擲五次的任何序列，出現的機率都要比投擲六次的任何序列來得高。序列（二）即是序列（一）前面再加個G。所以若我們對此二組序列進行機率計算，序列（一）的機率會是：$P(1) = \frac{1}{3} \times \frac{2}{3} \times \frac{1}{3} \times \frac{1}{3} \times \frac{1}{3}$，而序列（二）出現機率就是：$\frac{2}{3} \times P(1)$，所以序列（二）的出現機率會比序列（一）來得少一點。

這帶領我們來到聯集謬誤（conjunction fallacy）的情況中。任何A事件與任何B事件共同發生的機率，一定比只出現A的機率來得少（或是一樣）。所以儘管中樂透的機會微乎其微，不過在隔天開獎時贏得樂透的機率仍比贏得樂透且太陽同時升起的機率要高。我們常會被聯集謬誤所欺騙。下面有二則關於我朋友羅伯特的描述，請你想一下哪一個感覺起來像是真的：（一）他是美國職籃選手，還是（二）他是個身長過6呎的美國職籃選手。即使（二）的機率絕不會大於（一）的機率，還是有某些理由讓（二）看起來似乎較為有理。[20] 說到籃球，就要提到在體壇極為盛行的聯集謬誤。比賽時況轉播員常會說出一連串似真似假的描述[21]，像是：「他是過去33年來，首位在單一球季擊出3支三壘安打與獲得2次故意保送的青少年。」或是「在星期一月圓之夜的比賽中，他是首位3次達陣成功的選手，同一天道瓊指數下跌了100多點。」好吧，我承

20.Tversky and Kahneman, 1983.

21.http://www.npr.org/templates/story/story.php?storyId=98016313.

認後面那一則是我捏造的。但我要說明的重點在於，一個陳述中附加的條件愈多（聯集愈多），任何一組事件發生的機率就會變小。聯集謬誤讓播報員給了我們一幅假象，好似我們正在見證某件獨一無二的大事發生，其實這件大事附帶了大量無關的條件。運用這種作法，觀眾可能就會比較關注此事。

在違反人類天性直覺的機率理論中，最著名案例可能就是蒙提霍爾問題（Monty Hall problem）。在90年代初期，蒙提霍爾問題幾乎造成了全國性的爭論，就算沒有，至少也有出現類似「腦筋急轉彎」當年的爭議盛況。1990年時有位讀者向《大觀雜誌》（Parade magazine）的專欄作家瑪麗蓮·沃斯·莎凡特（Marilyn vos Savan）提出了一個問題。這個問題以蒙提·霍爾（Monty Hall）主持的電視益智節目《我們來交易》（Let's Make a Deal）為背景。節目的參賽者要從三道門中選一道：其中一道後面是大獎，另外二道後面各有隻山羊。（我不清楚參賽者能否帶走山羊。）在此例中，蒙提·霍爾會在打開參賽者選定的門以前，先打另二扇門中的一扇（一定是內有山羊的門），並問道：「你要更改選項嗎？」若你是參賽者，你要換嗎？

在遊戲剛開始的情況下，你選錯門的機率有三分之二。讓我們假設大獎在三號門後，而你選了一號門。如果主持人打開二號門後出現一隻羊，問你要不要換門，強烈建議你這樣做，因為唯一剩下的那個選項是正確的（三號門）。同樣的邏輯也適用於，初始選擇為二號門而主持人打開一號門的情況

下。由此可知，換門有三分之二的機率可以拿獎。而剩下三分之一的情況就是你一開始選到的門為正確，換門反而得到一隻羊。但很明顯的，換門拿獎的機率有66.7％，見到羊的機率則為33.3％。這個問題違反直覺的原因在於，因為我們是隨機選擇，所以換不換應該都沒關係；如果蒙提‧霍爾沒有介入，在剩下二扇門的情況下，無論我們換不換，能否拿獎的機率應該都是五五波。但問題就在於蒙提霍爾打開一扇門這件事打破了機率的主要假設，因為他並非採取隨機選擇。雖然參賽者都是隨機選擇一扇門，但蒙提‧霍爾可不是，他打開的門後絕不會是大獎，一定是羊。運用這樣手法，能在參賽者堅信遊戲規則仍然一樣的情況下，為遊戲注入了新條件。

　　雖然瑪麗蓮‧沃斯‧莎凡特在專欄中提供了正確答案，她還是收到排山倒海而來的信件，其中有千封是來自博士的投書（多為數學與統計博士），斥責她散佈了不正確的說法。這個爭論引發了驚人的全國關注程度，《紐約時報》還寫了一篇頭條新聞來報導。註22

　　當機率遇上心理盲點與認知偏見時，它似乎就自成一格了。我們的直覺顯然是與機率理論的內容垂直交錯。部分原因可能在於機率理論立基的假設並不符合自然情境。註23 以賭博

22.J. Tierney, "Behind Monty Hall's doors: Puzzle, debate, and answer?"《The New York Times》, July 21, 1991.

23.Cosmides and Tooby, 1996; Pinker, 1997; Gigerenzer, 2000.

者會犯的錯誤為例：人們的直覺告訴自己，由於之前連續五次
轉盤都停在紅色上，所以接下來投注在黑色上應是「合理」的
判斷。但人類還未演化出能在賭場中完美投注的能力。史迪
芬・平克指出：「在賭場以外的任何地方，賭博的謬誤很難算
得上是種謬誤。的確，若因人類直覺在預測賭博機具上碰了釘
子就把它說成是謬誤，這可是種倒退的思考方式。就定義而
言，賭博機具就是一部設計用來對付人們直覺預測的機器。這
就好比因為我們的手很難掙脫手銬，就說手是不良設計品一
樣。」註24

　　要測定轉盤停在黑色處還是紅色處的機率，需要轉動轉
盤許多次。同樣地，要計算硬幣落下後人頭朝上的機率，也需
要投擲硬幣許多次。不過這還得附加一個隱含的假設：轉盤或
硬幣的性質不會隨時間產生改變。硬幣不會出現適應或學習的
行為，因為它們的狀態固定不變。我們可以安心假設硬幣明天
的「行為」與今天一模一樣。但是自然界中的事物總是變化不
斷。如果我的敵人向我射了十箭，沒有一箭射中，我就以為接
下的十箭也射不中，這是相當不明智的想法。自然界會改變，
而人們與動物也會學習；適用於今天的假設，不一定就適用於
明天的情況。此外，在許多現實的生態環境中，我們有興趣的
不是某事發生的機率，而是當下**這一次**會不會發生。我能不能
活著游過這條鱷魚大量出沒的河流？剛剛穿過路徑上的蛇若是

24.Pinker, 1997.

咬我一口，我能活命嗎？人類在面對諸多事情時，不會只為了確實估計它發生的機率而一試再試。

機率偏見最著名的例子之一，也許就是那些以其他已知機率為基礎，讓人們計算或估計一項未知機率的研究。在這類版本諸多的研究中，德國認知心理學家葛德‧蓋格瑞澤（Gird Gigerenzer）主導的研究，以160位婦產科醫師為受測者，並讓他們觀看下列資訊：註25

1. 一位女性罹患乳癌的機率為1%。

2. 如果一位女性罹患乳癌，她的乳房X光攝影檢查有90%會是陽性。

3. 若一位女性沒有罹患乳癌，她的乳房X光攝影檢查有9%會是陽性。（偽陽性比率）

接下來實驗人員問醫師：如果一位女性的檢查結果為陽性，那麼她確實罹患乳癌的機率是多少？這可不是課堂上出現的情境，任何人都能輕易瞭解，這個問題的答案對醫師與病人雙方的重要性。蓋格瑞澤讓醫師們在四個可能選項做選擇：

（A）81%、（B）90%、（C）10%、（D）1%

25.檢驗醫師對這類問題的反應報告，出自於卡塞爾斯（Casscells）等人於1978年進行的研究；問題所用字眼（機率或是頻率）的效果則是在科斯米德（Cosmides）與托比（Tooby）1996年所進行的研究中驗證。我所提到的案例，則出自於蓋格瑞澤2008年的研究中。

只有20%的醫師選到了正確答案（C）10%；14%的醫師選擇了（A）、47%選擇了（B），還有19%選了（D）。所以超過一半的醫師認為病人患有乳癌的機率超過80%。蓋格瑞澤指出，這樣會讓病人誤以為自己患有乳癌的機會非常高，進而造成不必要的焦慮。

這個正確答案是怎麼計算出來的呢？以1000位女性為例，大多數的女性（990位）都沒有乳癌，但因為這990位中有9%的偽陽性比例，所以有89%位無乳癌的女性卻有陽性的檢查結果，造成檢測出陽性反應的人數大增。另外，因為預計中只有10位女性（1000位中的1%）會有乳癌，而這10位中有9位的乳房X光檢查結果是陽性，所以在總共98位檢測陽性的女性中，只有9位真正患有乳癌，這大約是10%的比率。蓋格瑞澤接著表示，當他用比較自然的方式來進行同樣的過程，正確率有驚人的改善。舉例來說，若是以發生頻率的方式來闡述這些情況（前面的第一個陳述改成：「1000個女性中預期會有10個罹患乳癌」），高達87%的絕大多數醫師就能選出正確答案。換句話說，用來闡述問題的方式極為重要。蓋格瑞澤認為，人們對於機率理論使用起來極不上手的原因，其實並非推理能力不佳所造成，而是因為在實際生態環境中適用機率的情況少有，因此對大腦來說，這就不是種自然的傳入訊號格式了。不過無論如何，「人類不擅於進行機率判定」仍是個不爭的事實。

# 關於「偏見」的神經科學分析

　　既然我們已經觀看過一系列認知偏見的例子，現在應該也夠格提出心理學家與經濟學家已經問了好幾十年、哲學家也思索了數個世紀的那項問題：「人類究竟是種理性還是非理性生物呢？」如此過度簡化的問句，就與「人類究竟是種暴力還是和平的生物？」這個問題一樣毫無意義。人類是種既暴力又和平並兼具理性及非理性的生物。但為何會如此呢？我們如何一方面能夠往返月球、粉碎原子與解開自身生命之謎，但另一方面，卻讓任意且非理性的因素影響我們的決定，即使只是一個節目遊戲中的換門抉擇，也能凸顯出人類天生所缺乏的判斷能力。這個矛盾的答案之一就是，大腦執行的許多任務都不是由特定的單一系統來統籌，而是由多個系統相互作用所產生的結果，所以我們的決定既是大腦內部委員會決議下的受益者，但也是犧牲者。

　　請在圖6.2的二組圖中，以最快速度找出與其他圖案不一樣的那一個。

　　多數人尋找出左邊圖組中相異圖樣的速度要比右邊快得多。為什麼會這樣呢？右邊的圖組不過就是左邊圖組旋轉90度罷了呀。這是因為左邊的圖樣與數字2與5的形狀相似，我們擁有一輩子使用這些圖樣的經驗，而且主要是以直立的角度使

用。這份經驗讓視覺系統中的神經專精於偵測出「2」與「5」的存在，所以形成能夠快速辨認出其外形的自發性能力。至於右邊的圖組，就得在較不熟悉的圖案中集中注意力尋找，才能完成任務。[註26]

在視覺場景中要找尋物件可以運用二個策略或系統：一是被稱為平行式搜尋（parallel search）的自發性策略，另一則被稱為串列式搜尋（serial search）的意識性策略。大略說來，影響人類做決定的還有二個獨立但又相互作用的系統。這兩個系統叫做自主系統（automatic system）與反思系統（reflective system）；自主系統又名關聯系統（associative system），而反思系統亦稱法則系統（rule-based system）。[註27] 自主系統與我們直覺所想的事物有相關，它是種快速的關聯系統，無須刻意專注就能產生下意識作用。它對於事物的脈絡與我們個人的情緒非常敏感，急於產生結論，本身帶有數種偏見與先入之主的假定。但自主系絕對是我們去瞭解周遭人士話語與意圖的重要關鍵。它讓我們在經過黃燈亮起的路口時可以快速判定需小心停車還是快速通過。馬爾科姆·葛拉威爾（Malcolm Gladwell）在著作《決斷2秒間》（Blink）中，就自主系統的智慧與愚昧，以及自主系統經由訓練而成為專業決定準則的狀況，進行檢驗。[註28] 經由大量經驗的累積，藝品商、教練、軍人與醫師學

26.Gilbert et al., 2001

27.Kahneman, 2002; Sloman, 2002; Morewedge and Kahneman, 2010.

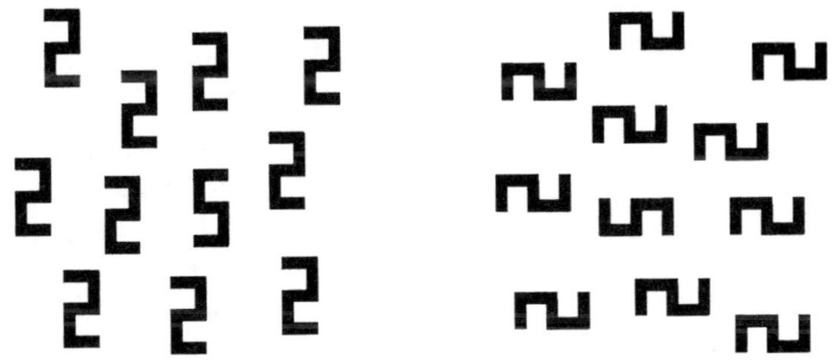

**圖6.2** 串列式搜尋與平行式搜尋

會快速瀏覽資訊來進行評估,並達到效率極佳的評估結果。

反思系統不同於自主系統,是種緩慢且需耗費力心的意識性思考系統。它可以快速適應錯誤,也具有彈性與轉寰空間。當我們需要決定哪一個是最佳貸款計畫之類問題的時候,這是我們會想要運用的系統。這也是塞梅爾威斯用來瞭解為何第一婦產部會出現那麼多死亡案例的系統。對於「當霍爾給予機會換門時,我們應該要換門」此情況,最終亦是由反思系統掌控了為何要這麼做的原因。

母牛喝什麼?我們馬上脫口而出「牛奶」,是因為自主

---

28.Gladwell, 2005.

系統的關係，它將母牛與牛奶做了連結。不過若是你擋下了這個馬上浮現在腦中的答案，反思系統就會告訴你答案應該是「水」。這裡還有另一個例子：一根塑膠球棒與一顆球共要價1.10美金。球棒比球貴了1美金。那麼球棒是多少錢？註29 幾乎大多數人都會反射性的脫口說出1美金，我們的自主系統想必擷取了1美金加上0.1美金等於1.10美金的事實，卻完全忽略了球棒**比球貴**1美金的先決條件。反思系統必須前去救援，並指出0.05美金加上1.05美金也是1.10美金，**而且**也符合球棒比球貴1美金的條件。

我們不該認為自主系統與反思系統像電腦的二個晶片那樣，是大腦中二個完全沒有重疊的部位。不過大腦中屬於演化上較為老舊的部位是自主系統的主要運作者，而近期才大量蓬勃發展出的皮質部位似乎則是思考系統的總舵手。自主系統是我們許多認知偏見的來源。這難道表示了自主系統天生就是個演化設計上失敗的不良產品嗎？不是的。首先，人類自主系統中的臭蟲並不代表大腦就是個設計不良的產品；我要再重複一次，大腦是為了與我們現居世界不同的時間與空間所設計出的作品。以此而論，人類具有「生態環境中的理性」，我們常在現實生態環境中做出良好且幾近於完美的決定。註30 第二，一個強大的特質有時也會變成問題。舉例來說，電腦文書處理軟

29.Kahneman, 2002.
30.Gigerenzer, 2008.

體有「自動校正」與「自動補全」的功能，這可以校正拼字錯誤或是補全常見字眼中的一些字母。但無可避免地，常常會有不正確的字眼被插進文章中，而且若是我們沒有注意到，文句的意思就被混亂了。由此比喻可知，部分認知偏見其實就是大腦某些極重要功能的另一面罷了。

認知偏見此主題已被密集地研究，其涵意亦引發熱烈爭論，然而對於認知偏見在人類神經系統層級的確實成因目前依然知之甚少。大腦影像研究已經在探尋框架或規避損失效用產生時，會優先活化的是哪些大腦部位。註31 然而，這些研究頂多揭開了可能涉及認知偏見的大腦部位，並沒有找到真正的成因。要瞭解大腦做出正確或錯誤決定的方式與原因，依然還有很長的一段路要走，不過我們對於大腦基本結構已知的一小部分，還是可以提供一些線索。舉例來說：從整體而言，部分認知偏見與促發作用間的相似性，顯示它們就是大腦關聯結構（特別是自主系統）所造成的直接結果。註32

我們已經討論過大腦如何將這個世界所有資訊編輯歸類的二個原則。首先，知識被儲存成代表相關概念之節點（神經元群）間的連線。其次，一旦節點活化，就會「擴及」到它所連接的節點上，增加相連節點被活化的機率。所以先問問某人是否喜歡壽司，再請她說出任一國家的名稱時，就會增加她想到

31.De Martino et al., 2006; Tom et al., 2007; Knutson et al., 2008.
32.Sloman, 2002.

日本的機率。因為「壽司」節點一旦活化，就會增加「日本」節點的活動量。我們也看到，即使只讓人們大量聽到某些字眼，他們的行為也會受到影響。以猜字遊戲為例，與玩過包含「粗魯」用字的遊戲者相比，玩過包含大量「禮貌」用語的猜字遊戲者，較不會打斷別人的電話交談。代表「耐心」或「粗野」概念的字詞以某種神不知鬼不覺的方式，經由我們的語意網絡，進到我們大腦真正控制禮貌或粗魯的區域中（造成行為促發）。另有一研究請受測者聯想與生氣有關的字眼（這些字眼也許會跟「暴燥」有關），結果造成了受測者高估了國外幾個城市的氣溫註33。想要瞭解行為促發與框架效應間的關聯性，讓我們以一個假設性的框架實驗為例來思考。假設我們給予每個人50美金，然後請他們在下列二個選項中抉擇：

1. 你可以保有49%的錢。
2. 你會喪失49%的錢。

你當然會選2，不過為了便於討論，讓我們假設自主系統馬上讓你腦海中浮現「保有49%的錢」這選項，直到反思系統參與並否決選項1。在我們的語意網絡中，「**保有**」這個字已經與**儲存、持有、擁有**等相關概念建立連線，這些大都是種正向情緒，意味著「好事」。相反地，「喪失」此字常與負面

33.Wilkowski et al., 2009.

情緒相關的概念（**失去、挫折、失敗**）連接，因此意味著「壞事」。在我們語意網絡中代表「保有」與「失去」的神經連線，必會以直接或間接的方式將語意網絡延伸到大腦中心負責控制情緒與行為的區域。因為選項1中有著**保有**一詞，它會觸動代表「好事」的神經迴路，最後的結果就是人類的語意系統會偏向選項1。

數項研究藉由在電腦螢幕上閃過帶有正向或負面涵意的字詞（每個字閃過的時間約為17毫秒，這個速度快到意識無法辨識），已經證實語意網絡與負責情緒及行為神經迴路之間的關聯性。閃過字詞1秒後，研究人員會給自願受測者觀看一幅畫，並請他們評估自己喜歡這幅畫的程度。先前接受到正向字眼（偉大、重要、活潑）的人給予畫的評價要比接受負面字眼（野蠻、殘忍、生氣）者來得高。註34 這裡再次證實，字詞的涵意會影響到大腦其他部位正在進行的運作。

讓我們更進一步細看錨定偏見。你也許已經注意到，那個因布萊德彼特而低估拜登年紀的非正式實驗與促發研究極為相似，除了引起促發現象的原因是一個數字之外。部分案例中的錨定效應可能也是種數字促發的形式。註35 其概念就跟想到「壽司」就容易聯想到「日本」一樣，估計拜登年紀之前先想

34.Gibbons, 2009. 關於在潛意識中呈現的快樂或悲傷面孔會改變人們對圖像觀感的例子，請參考Winkielman et al., 1997.
35.關於數字促發現象是否會造成錨定效應的討論，請參考Wong and Kwong (2000); Chapman and Johnson (2002); Carroll et al. (2009).

到「45」這組數字，猜測其為「60」歲的情況就會比「70」歲多。

如同我們所已知，有些研究已經顯示部分神經元會選擇性地對珍妮佛・安妮斯頓或比爾・柯林頓產生反應，所以我們可以把這些神經元想成「珍妮佛・安妮斯頓」與「比爾・柯林頓」節點中的成員。但數字是以何種方式呈現在大腦之中呢？科學家進行實驗記錄下對特定數字，或更正確地說是特定數量（出現物品的個數）有反應的神經元。令人驚奇的是，這些實驗是以猴子為實驗對象。神經學家安德烈斯・奈德（Andreas Nieder）與厄爾・米勒（Earl Miller）訓練猴子觀看上有特定數量小點的顯示版，小點的數量從1至30不等。猴子觀看第一圖像的1秒鐘後，就會出現另一幅圖像，圖中的小點個數可能與之前一樣或是不同註36，猴子對2張圖中的小點個數進行判定就可以拿到獎賞（以給予其果汁的形式進行獎賞）。猴子手上握有1根桿子，如果2張圖中的小點個數一樣，牠們就必須鬆開手；如果數量不同就要繼續把桿子握在手中。經過大量訓練後，猴子執行任務時已有一定的準確度了。如同圖6.3所示，當顯示版上先出現8點後再出現4點時，猴子認為這二個數量是一樣的情況只有10%；而在8點之後再出現8點時，猴子認為這二個數量是一樣的比率高達90%。沒有人會認為猴子真能算出小點的個數（影像出現的時間只有半秒鐘）；牠們比較像是在進行數量估算而已（對於物品數量進行自發性的

36.Nieder et al., 2002; Nieder and Merten, 2007.

估算,而不是真正數數)。當實驗人員記錄前額皮質個別神經元活化的情況時,發現部分神經元的活化情況與小點出現的數量「一致」。舉例來說,當猴子看到4個小點時,某個神經元也許會產生劇烈反應,但在出現1個或5個小點時,反應明顯減少(如圖6.3所示)。大體而言,這個具一致性的曲線範圍是相當「廣闊」的,這表示在8個小點出現時有最大的活動量的神經元,也可能因12個小點產生活化,反之亦然,一個對於12個小點有最大反應的神經元,對8個小點可能也會有反應,只是小些罷了。因此,數字8與12可由兩群不同但有交集的神經元群來代表,就好像32,768 與32,704這二個數值中也有些共同的數字一樣。

在數字促發的情況下,由一個數字引發的活動會「擴及」到其他數字上。我們在第一章中已經知道,這種擴散的情況究竟對應到神經元上的什麼目前仍是未知數。有項假設認為這是一種漸弱式的回音,一個神經元在刺激消失後的活動量會逐漸減弱。此外,還有一個並行不悖的假設認為,促發可能是代表相關概念的神經元間重疊所造成的結果。這裡並不是說代表「壽司」的神經元,其活動擴及到代表「日本」的神經元上,而是有一些神經元同時出現在代表二者的神經元群之中,在猴子實驗中出現的情況也是一樣,有些神經元同時代表8與12二個數字。假設你想要非法更改一份檔案中的某些數字,以數值9990代替9900會比代替10207容易,因為9900與9990重疊的部分較多。同樣地在錨定偏見中,因為用來代表相似數值的神

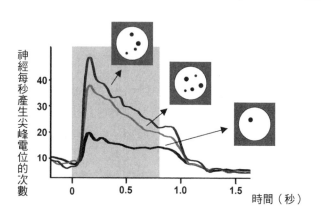

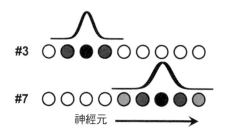

圖6.3　神經元代表數值的方式：經過訓練，猴子可以分辨電腦螢幕上出現的
　　　　小點個數。（如上方圖所示，分別有1點、4點及5點）。在辨認的過程
　　　　中，實驗人員記錄下猴子前額葉皮質的活動情況，結果顯示某些神經元
　　　　的活動與小點個數具一致性。圖中的線條顯示三種點數造成神經反應的
　　　　尖峰電位次數（尖峰電位頻率）。陰影區域則代表刺激出現的時間範
　　　　圍。注意一下，因為此神經元對四點的活化反應大過1點或5點（如下
　　　　排圖所示），所以其可「定位」為數值4的神經元。大腦也許是以一般
　　　　編碼來解讀數量：個別神經元對特定數值有不同程度的活化反應。如下
　　　　方面所示，點中的灰階程度代表對於數值3或7產生反應的尖峰電位次
　　　　數。（節錄自奈德〔Nieder〕）於2005年發表的論文中，經其同意做
　　　　了適度更動。）

經編碼會重疊，所以某些數值出現時就可能會促發出與其相似的數值。代表數值45的神經元中，有許多也是數值60與66的代表，但45與60間的重疊程度會大於45與66間的重疊性。根據「近期曾活化的神經元較容易再度活化」這項假設我們可以知道，雖然拜登的真實年紀是66歲，但由於受測者先被問到布萊德彼特的年紀，造成因45而活化的神經元活動量增加，產生了對拜登年紀的估算值被「下拉」的結果。

促發現象、框架效應與錨定作用也許是互有關聯的心理現象，這全都拜相同神經機制之所賜，也就是「代表相關概念、情緒與動作的神經元群之間活動的擴散」。如同我們已經知道的，促發現象就是種對事物脈絡敏感度的執行方式。仰賴事物脈絡的不只是我們的決定與行為，不令人意外地，在個別神經元的層級中也可發現倚靠事物脈絡的情況。包括聽覺皮質與視覺皮質的大腦感覺區域中，神經元常為了「特定喜好刺激」產生動作電位，像是特定音節或方向線等等。許多神經的反應會因偏愛刺激所呈現出的事物脈絡而進行調整；所謂的事物脈絡，包括事件發生之前出現的刺激以及同時出現的其他刺激。舉例來說，在鳥的聽覺系統中，有部分神經元只在鳥先唱音節A後再唱到某特定音節B時會活化。哺乳動物視覺皮質中的神經元，一向會對視野特定區域中的特定方位線產生反應。這些會因特定方位同步活化的神經元，對於事物脈絡也極為敏感。舉例來說，當你的視野正中央的空白銀幕上出現了一條線，根據定義，代表「垂直」的神經元對

於垂直線產生的活化程度應該要高於「前斜」線；然而，當整個銀幕都佈滿「後斜線」的情況下，同樣一個神經元也許對於前斜線的活化程度就會多一點。註37

最終讓我們得以運用脈絡快速瞭解大量感官資訊的重要功臣，就是神經層級對事物脈絡的敏感程度。但是我們對於事物脈絡的敏感度，卻無可避免地驅使我們偏愛「三分之一的人能活著」的選項（而非「三分之二的人會死亡」的選項），因為「活著」比起「死亡」提供了較受人歡迎的情境。塑成我們人生的決定有部分是二組極為互補神經系統作用下的產物。自主神經系統反應快速且意識不到，大量仰賴大腦的關聯結構。這個系統較為情緒化；它會注意到事情聽起來是好是壞、公平與否、合理或危險等等。註38第二個系統也就是反思系統，其具有意識並需耗費心力，而且能從多年的教育與練習中受惠並發揮最大功效。自主系統可以學習重新評估既定假設，但這常常需要反思系統的督導。我們在幼兒時期就知道「細高杯中的牛奶要比矮胖杯中來得多」，這即是種自發性的假設。雖然在正常認知發展的過程中，有些部分涉及到對自主系統無數誤解的校正，不過此系統依然存在著一些問題。

37.Gilbert and Wiesel, 1990; Lewicki and Arthur, 1996; Gilbert et al., 2001; Sadagopan and Wang, 2009.
38.Slovic et al., 2002.

　　雖然人類之所以有些非理性的偏見，是因為人類大腦原本所設定運作的環境與我們現處世界有著極大差異所造成。但也許我們會有某些認知偏見（例如框架作用與錨定效應）的關鍵因素，則是因為這是人類自主系統執行主要工作時無可避免的結果，也就是為了讓我們的大腦能在無須費心的情況下，快速取得做決定需要的事情脈絡所造成的情況。事物的脈絡在多數時候都是重要資訊的來源。人類對事情脈絡的敏感度，就是人類大腦之所以成為如此靈巧有彈性且具適應性之運算工具的原因之一。（現代電腦科技最惡名昭彰的缺點之一就是它對事物脈絡無感的程度。我的拼字檢查程式不懂上下文，將「I will **alot** half of my time to this project」改成「I will **a lot** half my time to this project.」）大腦對於事物脈絡的超級敏感度，是神經硬體直接產生的結果。由大量內部連結所定義而成的裝置中，某一神經元群的活動必會影響到其他神經元的活動。對事物脈絡的敏感度是人類神經硬體中樞不自覺而生，它是種難以（就算不是不可能）關閉的特質，即使當我們最好是忽略關聯線索的情況下也一樣。但是這無法阻止我們去學習「何時要使用反思系統來確認本身認知偏見不會損害自己利益」一事，我們將在下一章的一些行銷案例中看到這類常見的情況。

# 第7章 廣告相關大腦臭蟲

　　大眾的接收能力非常有限，他們沒有太大的智慧，但遺忘的本事卻無遠弗屆。這些情況導致後果就是，任何有用的宣傳都只能使用極少數要點，而且必須不斷重複這些口號，直到群眾中的每一個人都瞭解，藉由口號，你想讓他瞭解的是什麼。

——希特勒

　　與許多孩童一樣，我年幼時就已經學到資本主義的基本原則了——生活中的多數好物（如糖果、滑板、電影、電玩與腳踏車）都需要用小張方型且難以取得的綠色紙片才能換取。但是，最讓我百思不解的則是電視，它是項娛樂，提供我們數小時的樂趣，而且就我所知，它完全免費。為什麼電視台好心到排除萬難製作節目，還將節目放在電視中供我們觀賞呢？我請教爸爸，他耐心地跟我解釋，電視節目可不是完全免費：廠商付費給電視台來播放他們的廣告，然後誘使觀眾去購買那些

產品。我腦中浮現的第一個想法就是：我真是呆瓜呀！從那時起，我再也沒買過任何在電視上看到的產品，也不想落入商人邪惡的心理控制手法中。當然，無論是那時或是今天，我的品味與欲望卻都早已被行銷廣告所左右了。

與許多男人一樣，我也是拿出一只鑽戒來向老婆求婚。在我內心深處，認定自己正以行動實踐一項百年傳統，也理所當然地認為，這是中世紀某位深情求婚者基於某些理由希望以漂亮礦石打動愛人而流傳下來的一項傳統。但事實卻不是這麼一回事。雖然以訂婚戒做為結婚信物已是行之有年的一項古老傳統，但今天我們熟知以鑽戒作為訂婚戒指的習慣，主要卻是由史上最成功的行銷活動之一所造成。註1

20世紀初期，鑽石的銷售量急速滑落。因為鑽石本身沒什麼實際功用，只能仰賴人們堅信其數量稀少並引發人們想要擁有的欲望來維持身價。於是在當時幾乎完全掌控鑽石市場的戴比爾斯公司（De Beers）陷入嚴重的危機當中。西元1938年，戴比爾斯公司雇用了愛爾（N.W. Ayer）廣告代理公司來處理這個問題。愛爾公司提議，也許可以藉由重塑社會對鑽石的觀感來增加銷售量。將鑽石與愛的連結深植大眾心中，並促使年輕男女將鑽戒視為浪漫求婚過程中重要的一環，就可以達到重塑大眾對鑽石觀感的目的。愛爾公司除了在雜誌中大量展示電

---

1. E. J. Epstein，「你曾試著販售鑽石嗎？」《The Atlantic Monthly》, February 1982.

影明星戴上鑽戒的形象,還與好萊塢合作,讓求婚鑽戒融入電影情節中(置入性行銷在好萊塢也不是頭一遭了)。以多種方式進行的促銷活動,在愛爾公司廣告文編最後創造出的那句不朽口號中達到高潮,這句話就是:「鑽石恒久遠,一顆永流傳」。(愛爾公司也為美軍神奇地造創出了「成就自我」那句口號。)

在當時,這是種相當獨一無二的手法。他們推銷的並不是單一品牌或甚至是一項產品;其目的在於讓鑽石成為愛情永誌不渝的象徵,並讓這個概念深植大眾心中。就某種意義而言,此目的就是在利用大腦的關聯結構:讓因「愛」與「婚姻」思維活化的神經元,與代表「鑽石」概念的神經元形成直接連線。大約在1941年左右,鑽石的銷售量成長了55%,而20年後,愛爾代理公司下了一項結論:「對當前這個新世代而言,幾乎每個人都認為鑽石是求婚中不可或缺的物品。」註2 經過數十年的歲月,戴比爾斯根據新環境情勢調整了行銷活動內容。最初的行銷內容著重在鑽石的大小,也就是愈大愈好。但是在60年代時,西伯利亞發現了新的鑽石礦區,這些礦區大量出產相對尺寸較小的鑽石。戴比爾斯的解決辦法就是以「永恒之戒」來行銷這些鑽石,讓嵌入小鑽石的戒指成為愛情歷久彌新的象徵。戴比爾斯二項行銷策略的結合,效果真是非同凡響。

2.出處同註1。

藉由讓永恒愛情與鑽石劃上等號，廠商不只能夠增加鑽石的銷售量，還能急速降低鑽石的二手交易。一項永久保值商品的缺點就是它永遠存在。任何人都能在將來的任何時間點賣出自己手上近乎新品的鑽石。但放在珠寶盒中的鑽石數十年來已經成為愛情的象徵。有什麼人會賣掉愛情的象徵物呢？而又有誰會想要買別人用過的愛情呢？

　　廣告與其理念上同源的兄弟「宣傳」，都有著多種形式與風情：從絢麗顯眼閃爍不停的霓紅燈、電影場景或情節中微妙置入的產品、到專為推舉某位候選人或某項理念而進行的政治活動等等都包括在內。前述每種行銷手法的目標都在於改變我們的習慣、欲望或想法。所以生活在現代城市中的一般居民，總會永無止境地接收到各種感官行銷上的轟炸。人類視覺系統接收到排山倒海而來的大量資訊，量大到足以在我們祖先的單純大腦中引發癲癇──電影院、網路、街頭看板、公車與地鐵中都有廣告、甚至是電梯裡或加油站上的跑馬燈也不例外。我們的聽覺系統也同樣得忍受電視廣告、廣播宣傳與電話行銷等等。更不為人所知的是，我們的嗅覺系統也是廣告的目標，精心調配過的各類香草與柑橘芬香，主要目的就是要設法讓我們多買些衣服或是在賭場中流連忘返。人們對於像電視廣告、街頭看板與廣告郵件這類直接性的廣告已有大致的認知，瞭解這是廠商持續鼓吹民眾購買、品嘗與穿戴任何行銷產品的方式。但人們對於長期性的行銷活動卻往往沒有充分的認識；

有些行銷的目標不在於幾星期或幾個月內要回收，而是放長線至數年或甚至是數十年。就如同被某些人奉為現代廣告之父的愛德華‧伯內斯（Edward Bernays）在其1928年著作《宣傳》（*Propaganda*）中的解釋：

舉例來說，銷售鋼琴時僅以全國性廣告直接訴求：「莫札特鋼琴目前價格便宜，是購買的好時機。優秀的音樂家都彈奏莫札特鋼琴，而且保用數年。」這種方式可不是什麼有用的方法。現代的行銷人員首先會致力創造出能改變大眾習性的環境。他的訴求也許會著重在家庭應有的基本配備上。他會先努力讓大眾接受家中應有音樂空間的想法。舉例來說，宣傳者也許就會主辦一場展覽，請一些對購買者本身具有影響力的室內裝潢名家，來設計現代家庭中的音樂空間……在舊式的行銷規則中，是廠商向潛在客戶請求：「請買一架鋼琴吧。」而新式行銷手法則完全逆轉了這個過程，反而讓潛在客戶自己對廠商說：「請賣我一架鋼琴吧。」註3

伯內斯是佛洛依德的姪子，他應用了佛洛依德的一項觀點：潛藏在所有人心中的潛意識欲望，會成為他人行銷與操縱群眾的工具。他的重要見解就是，人們無須瞭解自己想要什

3.Bernays, 1928.

麼。人們的口味與意見都可經由外界塑成，外界可以左右人們對於服飾、香煙、廚具、鋼琴等等的需求與欲望。伯內斯的準則強烈地影響了行銷界與政治界的運作。其實，據說德國納粹大眾啟蒙暨宣傳部門首相約瑟夫・戈培爾（Joseph Goebbels）就受到伯內斯的強烈影響。註4

　　光是美國本土的公司，每年投注於廣告的總額就超過1000億美金，這也促使民眾花費幾兆美金購買他們的產品。要評量這些行銷活動的效果十分困難，但就像鑽石恒久遠那個行銷案例一樣，某幾個行銷活動也成功改變了人類文化的結構。20世紀初期的香煙廣告與20世紀末期的瓶裝水行銷，也是十分成功的行銷案例。前者向大眾推銷的產品不只沒什麼功能或益處，還被證實在長期吸食下會導致死亡；後者則讓大眾掏錢購買一項原本可以免費取得的產品。多數人都嘗不出瓶裝水與自來水有什麼不同，更不用說不同品牌間的味道差異了，這也是為什麼很少聽過生產瓶裝水的公司會提議進行矇眼品嘗試測的原因了。註5

　　現代世界中無孔不入的行銷伎倆，是行銷成功誘導人們所產生的直接結果。而且因為對銷售者而言最好的情況，對個

4.英國BBC電台製作了一部關於伯內斯的極佳紀錄片《探求自我的世紀》（The Century of the Self，http://www.bbc.co.uk/bbcfour/documentaries/features/century_ of_the_ self.shtml）。
5.Gleick, 2010. 關於瓶裝水與自來水的品嘗測試，請參考班尼與泰勒一份非正式研究中的一段影片。（http://www.youtube.com/ watch?v=XfPAjUvvnIc）

人而言常不是好事（從20世紀中有1億人的死因與香煙有關就可證明註6），所以會有人想問問行銷為何在控制心智上如此有效，也極為合理。此問題的答案多樣且複雜，不過在本章中，我們將會探索人類神經操作系統中，被行銷人員利用的二個特性。第一個特性與模仿有關，第二個特性則帶領我們回到大腦關聯結構上。

## 動物廣告

哲學家與科學家早已列出一長串眾多且持續修正的心智能力項目，來證明人類與動物的不同，例如：理性、語言、道德、同情、信仰、棒球嗜好等等。的確，心理學家丹尼爾·吉爾伯特（Daniel Gilbert）就曾打趣說，每一位心理學家都曾信誓旦旦地提出一項人類之所以獨一無二的理論。註7他自己的理論是，會思考、計畫與憂慮未來的這份能力，即是人類所特有的權力（或禍害）。我自己認為人類之所以與眾不同的原因在於，人類是地球上唯一一種笨到會以自身有限資源去交換有害產品的物種，幾個國家（例如葡萄牙）還會在產品包裝上以顯眼的大型字體標出「抽煙致死」的警告字眼。註8

我們可以訓練實驗室中的老鼠利用槓桿取得食物，或甚至

6.Proctor, 2001.

7.Gilbert, 2007.

8.Lindstrom, 2008.

更努力一點以取得比一般水更具滋味的果汁。但與紐約的自來水比較起來，我猜牠們應該不會為了斐濟牌瓶裝水而更努力。然而將多數人類行為放在動物王國中檢視，多少都呈現了一些退化的跡象。因此值得探討的是，其他動物是否也有一些類似人類易受廣告影響的行為呢。

假設我們將2碗不同品牌的早餐玉米穀片（例如：可可泡芙牌〔Cocoa Puffs〕與船長脆片牌〔Cap'n Crunch〕）提供給實驗室老鼠時，2碗穀片的平均消耗掉量相差無幾。在這樣的情況下，你認為有什麼行銷技巧可以讓這些齧齒動物偏好其中一種玉米穀片嗎？結果顯示，若是將實驗老鼠與另一隻老鼠關在一起，而另一隻老鼠之前只吃過可可泡芙牌玉米穀片（不給牠吃船長脆片牌玉米穀片），那麼當實驗老鼠在一開始面對選擇時，牠會偏好取食可可泡芙牌玉米穀片。你可以說這是同儕壓力、抄襲之作或是模仿行為，不過心理學者稱其為**社會傳播性食物偏好**（socially transmitted food preference）。註9 這種學習適應的價值十分明顯。當我們某位祖先來到二棵灌木旁，其中一株上面有著紅莓果，另一株則長有黑莓果，他因為不知道哪一株是可以安全食用而陷入二難。這時若他回憶起剛剛順河走下時看到健康且臉上沾了紅色莓果的醜先生，就跟著醜先生一樣

---

9.這類實驗實際上給老鼠的常是口味不同的同種飼料，通常是巧克力或肉桂（Galef and Wigmore, 1983）。這是以其他個體氣息中帶有的食物味道為媒介所進行的學習。

取食紅莓則非常合理。

　　觀察學習與模仿可說是大腦價值非凡的特性。藉由模仿我們可以學習溝通、展現動作技能、獲取食物、與他人互動、完成生存所需的其他任務，還可以解決每天所需面對的許多小問題。當我發現自己被東京地鐵站中的售票系統搞得暈頭轉向時，我退後一步看看並學習身旁的人怎麼做，這些細節包括：得按下售票機上的哪個鍵、可不可以使用信用卡，以及當我走過票閘後要不要取回車票等（因為我曾在巴黎地鐵站因為沒有票就試著要出車站而發生了被暫時拘留事件，此後我學到去注意這些「細節」）。

　　人類與其他靈長類有許多觀察他人的學習方式，包括了**模仿學習**（imitative learning）、**社會學習**（social learning）或**文化傳承**（cultural transmission）。被許多人視為首批記載靈長類文化學習的紀錄，始於一份有關日本幸島（Koshima）猴群中某隻聰明猴子的生活紀錄。這隻猴子靈光乍現地拿了髒兮兮的番薯到河邊洗一洗再食用。看到牠這樣的行為，其他少數較願意嘗試的猴子就把這個方式學下來。（至少以猴子的標準來說）洗番薯最終演變成全體行為，所以幾年後大多數猴子吃的都是乾淨的番薯。雖然對於幸島猴群洗番薯的習性是否真是文化傳承的案例還有些爭論，不過這清楚顯示了人類不是唯一會模仿與進行社會學習的動物。註10

　　觀看一群外面貌姣好人士享用某品牌啤酒的廣告後，我們

會模仿這些「示範者」，這就是廠商滿心希望的情況。就行銷所訴求的模仿行為上，其他動物可說是也具有被「行銷」操弄的潛力。在前述實驗老鼠的案例中，這到底算是「示範老鼠對模仿老鼠進行可可泡芙牌玉米穀片行銷」，還是「模仿老鼠是經由社會傳承學到此項食物偏好」的差別就在於：想要將可可泡芙牌玉米穀片販售給老鼠的廠商會付給示範老鼠酬勞。

　　一個廣告的關鍵要素，憑藉的就是商人正中大腦模仿與社會學習之自然特性的能力。但是與單純希望「看到什麼就做什麼」相比，行銷要來得錯綜複雜許多。任何只看電視一眼的人都知道，廣告中總是不成比例地大量出現具吸引力且明顯成功的快樂人士。如果我們要模仿某人，模仿那些成功、受歡迎且自己渴望成為的人士是很合理的一件事（無家可歸者很少出現在廣告中或是帶動出新潮流）。舉例來說，在香煙廣告中出現的向來都是年輕迷人且認真的成功人士，他們還擁有極具代表性的聲望與令人信賴的專業。事實上，直到1950年為止，醫生還是香煙廣告中的常客。在保證抽煙無害上，有誰能比醫生更具說服力呢？

　　人類生性真的會對社會地位較高者關注較多並出現加以模仿的傾向嗎？其他動物也有模仿本身族群「成功者」的傾向

10. 關於日本猴群與番薯的報告，請參考Kawamura(1959) and Matsuzawa and McGrew (2008)。其他有關靈長類模仿學習的描述紀錄，請參考Tomasello et al. (1993); Whiten et al. (1996); Ferrari et al. (2006); Whiten et al. (2007)。有關幸島猴群的某些爭議討論，請參考Boesch and Tomasello (1998)與De Waal (2001)。

嗎？許多物種都已發展出某些成員位階高於其他成員的社會階級制度。對老鼠而言，高階地位代表擁有食物及配偶的優先選擇權。在黑猩猩中，高階地位代表更多的食物、性伴侶與梳洗優先權（以及常得注意自己身後的需要）。雖然這個論點尚未完全確立，不過為數不少的研究指出，某些動物的確偏好觀察與模仿群體中的高階分子。以社會傳承的食物偏好性為例，一隻老鼠（被觀察的老鼠）較喜歡的食物氣味，可不是來自低階成員口中的食物氣味，而是與牠們從高階成員呼吸中所聞到的氣味相同。註11 換句話說，老鼠跟人一樣，似乎較喜歡高階成員取食的那些食物。

　　靈長動物學家法蘭斯・德瓦爾就提出了黑猩猩群中出現的一件優先模仿趣事，有隻高階猩猩受傷了，所以走起來一跛一跛的。很快地，族裡那些易受影響的年輕猩猩就開始模仿牠跛腳的樣子，如果受傷的是一隻沒什麼身分地位的猩猩，這樣奉承的行為就不太可能發生了。註12 如果靈長類具有優先模仿社群高階分子的傾向，這顯示了牠們可能也具有追求名利生活的傾向。

　　的確，在一項以恒河猴為對象所進行的巧妙實驗中，證明了上述論點似乎成立。就跟其他多數靈長類一樣，經過訓練後，恒河猴可根據自己的喜好在2個選項（像是葡萄汁或柳橙

11.Coussi-Korbel and Fragaszy, 1995; Kavaliers et al., 2005; Clipperton et al., 2008.
12.De Waal, 2005.

汁）中做出選擇。經過訓練，猴子可以注視電腦螢幕中央，並在螢幕出現閃光時將目光向左或右移動。若是猴子的眼神向左移動，就會噴出一道葡萄汁，若是向右移動則可喝到一道柳橙汁。在多次實驗後，若目光向右的次數明顯較多時，我們就可以斷定這隻猴子喜歡柳橙汁更勝於葡萄汁。

　　研究學者以這種**強迫二選一**（two-alternative forced choice）的變化版，來瞭解猴子是否會觀察他們的同類。首先，研究學者在猴子目光往某方向移動時給予較多的果汁，而往另一邊移動時則給予較少的果汁。一點也不意外地，他們對於有較大回報的那一邊產生明顯偏好。接下來，研究學者則在果汁量少的那個選項再配上一張其他猴子的照片，也就是猴子看向左邊時會得到大量的果汁，看向右邊時雖然獲得的果汁較少，但**同時**還會看到一張照片。照片可能只是其他猴子的臉孔或猴子的情色圖片（像是雌猴的屁股）。當研究人員讓猴子選擇是要「大量的果汁」，還是「少許果汁加上看某些照片一眼」，牠們則比較喜歡後者。猴子會為了看一眼高階成員的臉部特寫照片而放棄一些果汁，但若照片上出現的是低階成員就沒有這種現象發生。註13 我們不由得會將上述情況比擬在人類身上，人類亦會願意用果汁來換取機會，以從雜誌或八卦報刊中取得富豪名流的照片及聽到他們的消息。要向社會階級較高者學習的先決條件就是必須進行觀察。猴子願意放棄一些果汁來換取多看族群

13.Deaner et al., 2005; Klein et al., 2008.

中高階成員的行為，想必已為社會學習與優先模仿打造了一個舞台。

為數不少的各類物種都有觀察自己夥伴以學習事物的能力。一隻老鼠的進食習慣會受到族群其他成員的影響，歌聲優美的鳥兒也會傾聽父執輩的歌聲來讓自己的歌聲更完美。然而在上述二個例子裡，這並非是學習一項全新的行為，反倒比較像是將已經存在的行為經由觀察來進行調整改良。沒有看過其他同類吃東西的老鼠還是會進食，沒聽過其他鳥兒歌唱的小鳥還是會唱歌，只是方式不一樣罷了。但靈長類（尤其是人類）則有著獨豎一格的模仿學習特性，因為若沒有經由大量的觀察與模仿，多數猴子不可能自己就會洗番薯，也沒有幼兒自己能成功地在澳洲內陸覓食或開口說話。

除了某些例外情況之外，也只有靈長類真能經由社會學習產生全新的行為。如同義大利神經學家賈科莫・里佐拉蒂（Giacomo Rizzolatti）與其他學者的研究所顯示，靈長類大腦可能已有專責模仿與社會學習的固定神經迴路了。在里佐拉蒂與同事所進行的其中一組實驗裡，他們記錄下意識清醒的猴子，其額葉部分神經元的活動情況。就那些探索大腦的研究而言（尤其在那些功能尚未釐清的皮質領域），會遇到的其中一項挑戰即是，找出被記錄到活動的神經元其主要任務為何，也就是找出造成此神經元活化的原因。里佐拉蒂進行實驗時發生了一個特別的情況，他們注意到從某一天起，當實驗猴子去抓

握某物時，某個神經元就會開始活化。這個最初觀察到的現象，最終演變成當猴子看到其他同類進行某個動作時（例如將杯子湊到嘴邊），某一類神經元群就會活化的情況。令人驚奇的是，當猴子本身進行同樣的動作時，同一群神經元也會活化。因為上述原因，所以這些神經元被命名為**鏡像神經元**（mirror neurons）。註14 靈長類大腦中有著鏡像神經系統的此項發現，對於模仿能力與模仿學習在人類演化上佔有一席之地的說法，提供了強而有力的支持，也更加鞏固了人類天生就會模仿他人的說法。註15

我們往往低估了模仿深植在人類大腦中的程度，倒不是因為它沒什麼重要性，而是因為這種能力就跟呼吸一樣太過重要，所以下識意就會自動發生。無論父母剛好正在擦地板還是用手機講電話，嬰兒無須誘導就會試圖模仿父母的這些動作。人們看到其他人打哈欠時也會隨之仿效，這也是為什麼我們會說打哈欠具傳染性。我們也會模仿彼此的口音；當人們從美國的某岸搬遷至另一岸時，他們原先的口音就會逐漸消失。人們甚至會在對談中，下意識地互相模仿起對方的姿勢。註16 對於與我們擁有相同文化血統及興趣的人們，我們也會更注意他們的一舉一動。廣告代理商小心翼翼地針對他們的目標觀眾選擇

14.Rizzolatti and Craighero, 2004; Iacoboni, 2008.

15.Henrich and McElreath, 2003; Losin et al., 2009.

16.Provine, 1986; Chartrand and Bargh, 1999.

廣告中的角色,因此以黑人女性為目標的香煙廣告所選用的演員,就會與以男性白人為目標的香煙廣告很不一樣。

如果人類不是天生的模仿者,現代文化與社會甚至不會存在。所以模仿是一項無價的大腦特性,不過大腦的瑕疵也會讓我們未加選擇地任意模仿,造成未經深思熟慮的錯誤決定,並給了他人以自身利益為前提來操控我們行為的機會。那些從發明洗番薯的猴子身上學到這項技巧的猴子們,聰明到僅針對具重要性的行為來學習,因為牠們並沒有連發明者的尾巴姿勢與外型都完全模仿下來。當我在東京地鐵中模仿其他乘客時,也沒有因為看到每一位男性都穿著西裝,就先出地鐵站買套西裝再回頭買票。同樣地,當迪克・福斯布里(Dick Fosbury)於1968年以背越式跳高刷新了世界紀錄時,他的模仿者馬上跟進的是他跳高的姿勢,而非他運動鞋的品牌或是他的髮型。但是當麥可・喬丹(Michael Jordan)、羅納度(Ronaldinho)或老虎・伍茲(Tiger Woods)在推銷一項產品時,現代廣告卻讓我們購買這些據說是他們所使用的內衣、筆記型電腦或運動飲料。在理性思考下,我們知道喬丹的成功與他穿著什麼內衣無關——所以我們容易購買推銷產品的傾向,似乎與鼓勵我們向社會高階人士學習的神經運作方式更為有關。

## 編造關聯

我們在第四章中已經看到帕夫洛夫最初印證古典制約原則的方式，他是經由讓鈴聲與食物不斷地伴隨出現，而把彼此間的關聯性深植於狗的大腦之中。當這套方式運用到全球行銷上時，我們全都成了帕夫洛夫的狗了。

許多研究都強調古典制約在行銷上所扮演的重要角色。產品本身可以解釋成制約性刺激，而那些自然而然會引發出正向觀感的事物（如優美的場景、宜人的音樂或是性感的名人）就是非制約性刺激了。註17 然而，行銷涉及了一套由刺激、情緒、期待與原有知識所形成的複雜組合，因此就算是最簡單的行銷方式，其是否適合以傳統古典制約的架構來解析，仍具有爭議性。儘管如此，無論學習行銷活動中確實可用古典制約來解釋的模式為何，行銷大部分得仰賴大腦創造關聯的能力則是再清楚不過的一件事了。註18 要檢試出商人行銷成功的程度，可藉由再次自由聯想的方式來進行。例如當你聽到「just do it」時會想到什麼？倘若這句話讓你想到一間運動用品公司，那是因為耐吉公司（Nike）已經設法在你的大腦中塑成某些突觸了。

17.Stuart et al., 1987; Till and Priluck, 2000; Till et al., 2008.
18.行銷應用古典制約（部分屬於非陳述性記憶系統）的程度、或語意記憶（屬於陳述性記憶）中形成關聯的程度、還是這些系統部分結合的程度，目前仍爭論不休。所以我只著重在一般的關聯重要性上。

　　西元1929年，一位名為柏莎‧杭特（Bertha Hunt）的女性安排了一群迷人的年輕女郎在紐約市極受歡迎的復活節遊行中點燃香煙。抽煙在當時幾乎被視作男性專屬的舉動，少有女性會在公共場所抽煙。這個舉動受到報章雜誌的關注，隔天就上了《紐約時報》頭版。註19 杭特在一項訪談中表示，這個舉動是種女性主義的呈現，而香煙就代表著名的「自由火炬」。但我認為這並不是表現兩性平等的一項適當舉動，這種形象也不是真正受到兩性平等運動想法所啟發。杭特其實是愛德華‧伯內斯的祕書，伯內斯那時剛剛接受美國煙草公司（American Tobacco Corporation）總裁喬治‧希爾（George Hill）聘雇，他也提到抽煙的群族以男性為主，而女性抽煙則被視為是種社會禁忌。當然倘若這項禁忌可以被扭轉，美國煙草公司的潛在客群就馬上多了一倍。伯內斯的廣告噱頭大大地成功。當「抽煙與女性主義活動」以及「香煙與自由」在大眾心中產生連結後，香煙在女性客群的銷售量就急速上升。

　　因為大腦有將同時出現的概念連結在一起的傾向，所以我們總是在無意之間學習到許多事物。就像第一章中曾討論到：藉由對相關概念創造出連結的方式，大腦能夠組織其對所處世界的語意知識，而二個概念是否相關的重要線索之一，往往在於這二者是否能被大腦同時感受到。行銷善用了大腦建立這些關聯的傾向，但這些廠商無法讓自家產品與正向概念間的關聯

---

19.《The New York Times》, April 1, 1929, p. 1.

自然而然的發生，因此他們必須以人為手段確保人們會體驗到這些關聯性，而這個手段就是廣告。我「知道」香甜玉米脆片（Frosted Flakes）「很棒」以及百威啤酒（Budweiser）是「啤酒之王」，也知道「鑽石恒久遠，一顆久流傳」。但這些「知識」無一來自第一手經驗，而是讓人們不斷重複地聽到行銷口號，漸漸在心中留下印象。

已有數篇研究顯示，將虛構的產品與愉悅的刺激一同搭配，會強化獲得這項產品的意願。有項研究請受測學生判斷，他們聽到的某段音樂是否適合在一個鋼筆廣告活動中使用。在實驗中，有半數的學生聽到的是他們應該會喜歡的音樂（流行音樂），而另一半聽到的則是他們應當不喜愛的音樂（印度古典音樂）。當他們聽到音樂時，會看到一枝（藍色或米色）鋼筆的圖像。在音樂評估結束時，每位學生都可領到一枝鋼筆做為參加實驗的贈品，而且可以自己選擇想要的顏色（藍色或米色）。換句話說，每位學生都可以在與音樂搭配的顏色或另一款「新」顏色中做選擇。下表中的每一行顯示了兩組學生所做出的選擇。

|  | 配對顏色 | 新顏色 |
|---|---|---|
| 流行音樂 | 78% | 22% |
| 印度古典音樂 | 30% | 70% |

在聆聽流行音樂的學生中，有78%的人選擇了他們聆聽音

樂時見過的鋼筆（依照組別的不同可能是藍色或米色鋼筆）。相較之下，聆聽印度古典音樂的學生中，只有30%選擇了他們在實驗時所看到的鋼筆。註20

　　你是否曾發現，在聽到某段廣告詞或看到喜愛點心的品牌時，自己會走向冰箱、商店或餐廳，或甚至會流口水呢？無須科學研究佐證，我們就知道廠商所用的口號、包裝與廣告詞能有效左右人們的購買習慣。雖然如此，多瞭解一些關聯如何塑造我們胃口與觀念的研究，還是對我們有極大用處。有項研究讓受測者先品嘗五種不同口味的液體，再請他們依照自己喜愛的程度進行排序。受測者排序時頭上戴著腦部掃瞄儀，讓研究學者能夠量測其大腦活動的變化。如同實驗者所預期的，當受測者品嘗到喜歡的味道時，大腦中跟覺醒有關的部位（腹側中腦〔ventral midbrain〕）出現較高的活動量。註21在後續實驗中，受測者進行了一個典型的古典制約過程。實驗者將不同顏色的幾何視覺影像（後稱「標誌」）與不同口味的液體配對。每一個標誌出現5秒鐘，當標誌消失後，受測者就可以品嘗到某種口味的液體。舉例來說，一個綠色星形標誌可能會與胡蘿蔔汁配對，而藍色圓形可能就與葡萄柚汁一同搭配。如同你所預期，受測者學會每個配對標誌與口味之間的相關性。不過事

---

20. 這個以音樂來左右鋼筆顏色的選擇偏好是由哥倫（Gorn）於1982年所進行的。關於音樂如何形成品牌喜愛的其他研究，請參考Redker and Gibson, 2009。

21. O'Doherty et al., 2006.

實上,受測者不單單在有意識的情況下學到陳述性關聯(像是「綠色星星出現時,就會有胡蘿蔔汁」),那些標誌似乎還在下意識中掌握了一些個人對喜愛口味的渴望。舉例來說,當與自己最愛口味配對的標誌出現時,受測者按下按鈕的反應時間會變快,而此時腹側中腦的活動量(在給予液體之前所量測到的值)也較高。換句話說,與大腦關聯結構同步的任意感覺刺激,能夠產生與真正想要物品類似的神經訊號作用。我們可以說,實驗中的受測者對於與自己喜歡果汁搭配的標誌,已經建立出較為正向的觀點或感覺了。

上述實驗仰賴的是**初階**關聯學習(first-order associative learning):也就是由最初的神經刺激(標誌)與令人愉快的刺激(喜愛果汁)所形成的關聯性。但在許多案例中,包裝、品牌、商標、口號與人們欲望的關係卻是非常複雜;它們還涉及了一種被稱為二階的關聯性。在這些例子中,對於某一刺激的「正向」觀感經由某個媒介被傳遞至另一項刺激上。圖7.1概述了以5歲孩童為對象所進行的「傳遞」實驗。在這項實驗中,像是方形或是圓形的一般圖案會與具有某些意義的圖片(例如,1隻泰迪熊或1個正在哭泣的嬰兒)配對。泰迪熊的圖片代表正向刺激(在實驗中真正使用的是芝麻街人物厄尼〔Ernie〕的照片),而正在哭泣的嬰兒則代表負面刺激(不過因為孩童的喜好實在是難以預測,所以事後都會詢問他們較為喜歡哪張圖片)。舉例來說,實驗人員會教導孩童在看到方形時要在泰

迪熊與哭泣嬰兒的圖片中勾選出泰迪熊。而這些孩童還會學到將方形及圓形與另外二個一般圖樣連結在一起，同樣地這二個圖樣也可以想作二種標誌。綜合所有的學習項目，孩童會學到這樣的關聯性：方形→泰迪熊、圓形→哭泣嬰兒、標誌A→方形、 標誌B→圓形。最後請這些5歲孩童在2瓶一樣的檸檬汽水中選出1瓶，其中一瓶貼上標誌A，另一瓶貼上標誌B。有91%的小孩會選擇那瓶貼上標誌與他們較喜愛圖片（一般都是泰迪熊）配對的汽水。註22

我們可以從這些研究中得到相關答案，去理解人類大腦為何易受行銷所影響。在孩童大腦中的某些地方，神經迴路在「方形→泰迪熊」與「標誌A→方形」上形成連線，創造出二階的關聯性：標誌A→方形→泰迪熊。在這些關聯成形後，孩童在決定要選擇哪一瓶檸檬汽水時，這些關聯性成功讓他們偏好選擇貼有標誌A的汽水；這變成了他們喜歡的「品牌」。無論品牌與正向概念的相關性是經由行銷、第一手經驗還是無意中形成，它們都能影響人們的行為與決定。比如說當我在超市中，必須在二個品牌的檸檬紅茶中選出一個來購買。此兩品牌

22.Smeets and Barnes-Holmes, 2003. 在孩童喝過自己選出的檸檬汽水後，他們又試喝了「另一瓶」檸檬汽水。在喝過二種檸檬汽水後，90%的孩童都說自己比較喜歡第一瓶。泰迪熊與哭泣嬰兒的圖片應該是各自代表著正向與負面的刺激，不過在詢問孩童喜歡哪張圖片時，32位小朋友中有9位選擇了哭泣嬰兒的圖片，而這9位小朋友都選了與哭泣嬰兒具接關聯性的檸檬汽水。關於其他以老鼠為對象的傳遞實驗，請參考Colwill and Rescorla (1988)；至於跟人有關的傳遞實驗，請參考Bray et al. (2008)。

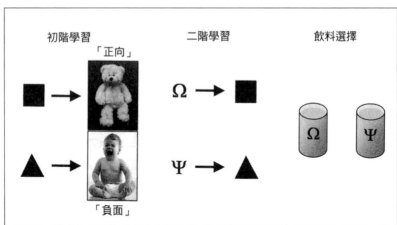

**圖7.1** 孩童的偏好傳遞實驗：先教導5歲孩童哪個形狀會跟哪張圖片配對，配對圖片中有一張為「正向」圖片（泰迪熊）而另一張為「負面」圖片（哭泣嬰兒）。接下來還會出現二個圖樣（以希臘字母來呈現出的「標誌」），孩童會學到各別圖樣與形狀的搭配關係。實驗最後要求孩童要從二瓶貼有不同標誌的檸檬汽水中選出一瓶。多數孩童所選汽水上的標誌都間接與「正向」圖片（泰迪熊）有關。

的價格與容量差不多相同，其中一個牌子叫裘蘇（Josu），另一個叫做蘇裘（Sujo）。我不加思索就決定要買裘蘇牌的檸檬紅茶。也許是因為下意識中，裘蘇感覺比較好。也或許是因為它聽起來比較乾淨，因為我知道「蘇裘（sujo）」這個詞在葡萄牙語中有「骯髒」的意思。雖然裘蘇與蘇裘二詞與檸檬紅茶的品質完全沒有關係，但每位不同的顧客對此卻有著先入為主的相關聯想。如果身處紐西蘭，你可能就不想要拿罐沙士（Sars），或在迦納你就不想喝小便可樂（Pee Cola）。在某種語言中極為正常的名稱，換種語言可能就會產生負面聯想，這

也是品牌名稱行銷成功與否的關鍵。所以許多公司在產品名稱上費盡心思，以確保產品名稱不會冒犯某一特定語言 。這裡要注意到的是，對於沙士或小便可樂的歧視是種非理性的行為，事實上如果有這樣的名稱卻還能售銷至今，我敢說它們都是水準之上的品牌。然而由於大腦的關聯結構，那些無謂的關聯還是無可避免地會影響到我們的想法與觀感。

## 雙向交流的關聯性

漂亮的標籤與引人注意的音調會誘使我們購買特定產品，但我們要注意關聯性具有雙向交流的特性。請回想之前提到過，麥格克錯覺證實了我們「聽」到什麼取決於眼睛是否張開；因為「吧（ba）」這個音常與人們先閉唇再張唇的模樣聯在一起，如果視覺系統沒有同時看到嘴唇的動作，大腦就會拒絕相信有聽到「吧」這個音。大腦不由自主地將彼此經常相關的事物交互引用；相關線索與無關事件間的干擾是無法避免的。這也是為什麼一篇又一篇的研究都顯示，食物的味道會受到外包裝所影響。

在一個典型的實驗中，研究學者在超市或購物中心內請受測者試吃一些食物，並同時請他們評估知名國際品牌與超市自創品牌的味道。當然，實驗學者在此不免俗地採用騙人的老套招數。結果顯示，同樣是知名國際品牌的食物，若裝在知名品牌包裝中，人們會覺得比裝在一般商標包裝中更為美味。而同

樣是不知名品牌的食物，當人們因外包裝而相信這些食物出自
國際品牌時，也覺得味道較佳。註23 從白蘭地到低脂美乃滋的
口感都受會到外包瓶裝的影響。除臭劑的外包裝也會改變人們
感受到的香味與持續時間。註24 外包裝為何會改變人們對產品
的評價有諸多原因，但其中必定有藉由經驗與行銷建立出的關
聯性。除此之外，包裝或瓶身顏色、漂亮或華麗程度，也都會
影響我們對產品的觀感。

　　人類大腦的關聯結構會預期，任何與特定產品有固定關係
的線索（包括商標、包裝的設計或顏色）都有潛力影響人們知
覺系統真正體驗產品時的感覺。其中一項極為普遍的關聯線索
就是一分錢一分貨。於是這就引發了一個問題：產品的價格是
否能影響它嘗起來的味道？針對上述問題進行實驗的其中一篇
研究，即要求受測者評判各類價格不同的紅酒味道。受測者面
前有著標價5塊美金、10塊美金、35塊美金、45塊美金與90塊

23.Richardson et al., 1994.

24.內文中有關外包裝對人們感受到之產品品質的影響，源自於以下三本書：Hine,
　1995; Gladwell, 2005; Lindstrom, 2008。不過要特別提到的是，在多數案例中，似乎
　都是廠商以口述方式讓各別作者知道這些故事。我沒有發現任何公開文件中有提
　到這研究的原始數據與統計分析。雖然我相信這些故事的核心完全正確，但我懷
　疑有部分誇大與偽造的嫌疑。可口可樂與百事可樂嘗測試的原始資料也十分難
　尋。多篇研究中引用討論的資料都來自百事可樂於1980年代所進行的矇眼測試，
　但最近二篇研究的參考資料也包括McClure et al. (2004) 與Koenigs and Tranel (2008)等
　對可口可樂與百事可樂所進行的矇眼測試。這些研究顯示，在矇眼測試中，受測
　者覺得百事可樂好喝一點，但在非矇眼測試中，則覺得可口可樂好喝一點。不過
　這些實驗的受測者都少於20人，對於檢試人類口味偏好的研究來說，樣本數實在
　太少了。

美金的紅酒，不過他們不知道，實際上這5杯中只有三種不同的紅酒而已。5元、35元與90元的紅酒上貼的都是紅酒真正的價錢，但10元及45元的紅酒則各別以90元及5元的紅酒充裝，並標上虛構的價格。[25] 受測者顯然覺得45元的紅酒嘗起來比標示5元的同瓶紅酒來得好。同樣地，他們也覺得90元的紅酒比10元的相同紅酒來得佳。除此之外，無論是對人類味覺的細緻程度或者對紅酒產業來說，有一項矇眼品嘗測試所得的結果都算不上是件好事，因為昂貴的酒並未讓人覺得味道較佳。事實上，結果顯示人們反而有些偏愛廉價的紅酒。

行為經濟學家丹・阿雷利（Dan Ariely）與同事的一篇研究，也證實了價格與品質間的聯想會影響人們的判斷。阿雷利研究團隊檢測價格對止痛藥療效的影響。實驗人員給予自願受測者一顆藥丸，並告訴他們這是新型的快速止痛藥，但事實上它只是個不具療效的安慰劑。藥丸的止痛效果是以受測者服藥前後所施與的電擊來進行測量。結果顯示安慰劑具有高度效果（這算是大腦本身迷人的特質或瑕疵吧），不過此研究的重點在於藥品價格是否會左右安慰劑的效用。半數的受測者被告知藥丸每顆2.5美金，另外一半則被告知每顆藥丸的單價是10美分。比起低價組別的受測者，高價組別的受測者在服下同樣的藥丸後，確實可以忍受較高壓的電擊。[26]

25.我所描述的研究是由Plassmann et al. (2008)所進行。關於假定價格與產地對紅酒排名影響的其他研究，請參考Veale and Quester (2009)。

26.Ariely, 2008.

　　一分錢一分貨（也就是品質與價格間的關聯性）的信念，似乎是種心理暗示。它強迫我們相信愈貴的東西，品質一定愈好（即使並非如此），而認定這些產品較佳的信念就真得會讓你感覺到它們比較好。當然在許多情況中，品質超群的產品的確較為昂貴，但我們往往過度認為且暗自假設價格是品質好壞的指標。提高產品價格的廠商能誘發出我們的大腦臭蟲，讓我們自己說服自己買到了更高品質的產品。

## 引誘

　　除了大腦模仿學習的傾向以及其在周遭環境物件與概念間建立關聯性的偏好外，似乎還有很多原因能造成我們容易被行銷所影響。舉例來說，因為人們在購買已知品牌的產品時較為安心，所以只要簡單增加一個品牌的曝光率與熟悉度就能使產品長久銷售。但其他數種極細微的心理漏洞也有助於行銷策略的進行。其中我最愛的一種心理漏洞就是**引誘**或**吸引效應**（decoy or attraction effect）。

　　設想你正想買部新車，而最後剩下二個選項。除了兩個不同處之外，這二個選項幾乎都一樣。A車較為省油，每加侖可跑50英里，而B車只有40英里。但A車的品質評價較低，其所得評分為75，B車則為85（我們假設有某個公正組織針對車子給予某些客觀且可接受的品質評量）。那你會選擇哪一部車呢？這個選擇沒有一定的對錯，答案全憑你個人如何在品質與省油

間權衡取捨。接下來想像一下你現在的選項不只二個而有三個
的情況：同樣有著A車與B車，不過還多了一台C車；C車的品
質評比為80，每加侖可以跑40英里。換句話說，C車明顯地比B
車要來得差，因為它們每加侖可跑的距離一樣，但C車品質比
評較差（請參考圖7.2）。你認為較差選項C的出現，會改變你
是否選擇A或B嗎？答案是篤定的。在一篇研究中顯示，當選項
只有A與B時，有39%的受測者選擇B。但在A、B、C三個選項
同時存在時，竟有62%的人選擇B。邏輯上，加入另一選項應
該不會增加原來任何一個選項被選擇的機率。這種情況就像是
當你看到有巧克力與香草二種口味的冰淇淋時，你選擇了巧克
力，但當服務生告訴你他們還有杏仁冰淇淋時，你就改選擇香
草冰淇淋。註27

假設你是餐廳老闆，自家餐廳菜單上有道昂貴的小蝦前
菜極有賺頭，但銷路不怎麼好。你要如何增加這道菜的銷售量
呢？當然你可以將價格壓低些。不過在菜單上再加一道價格
更為昂貴且你不打算大量準備的小蝦料理，可能才是較有賺
頭的方式。這道新增料理的目的，只是在於讓原來的小蝦前
菜在相比之下價格顯得合理多了。威廉斯－索諾瑪（Williams-
Sonoma）公司當初要提升自家第一台麵包機的銷售量時，就在
有意無意間用上了這引誘效應。他們第一台上市的麵包機定價
279美金，銷路不怎麼好。於是公司又推出了另一台較大的麵

---

27.Simonson, 1989. See also Hedgcock et al. (2009).

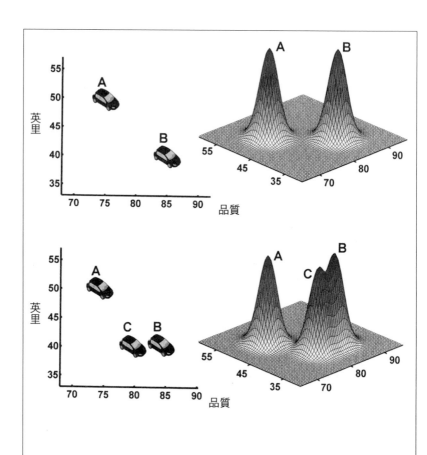

圖7.2 引誘效應：以二維座標圖來表現兩輛車的選項，其中一維是品質，另一維是里程（請參考左上角的圖）。我們可以將此兩個選項想像成二維神經網狀圖上的兩點。因為數值不同的這兩點應該會各自引發出以點為中心的一群神經元活化，所以我可以將兩個選項的神經元活動量以兩個在網狀圖上的「活動高峰」來具體呈現。因為這兩個選項的得失利弊差異不大，所以它們有著同等高度的高峰（請參考右上角的圖），沒有任何一個選項較佔優勢。當第三個明顯比B差的選項C加入時（請參考左下角的圖），因為B的神經活動與C重疊，在兩者加總下，「B」的活動高峰就上升了，所以強而有力地讓人傾向選擇B車。

包機，定價429美金，結果讓原來那台較便宜的麵包機銷售量增加了一倍。註28

　　為什麼當一項物品或產品旁邊有了另一個相似選項時，會比其單獨存在時更具吸引力呢？為什麼出現了引誘選項後我們的神經迴路會受到影響呢？針對為何會產生這種情況，目前出現了好幾種認知性假設。舉例來說，也許情況很簡單，另一個類似選項只是讓我們更易於確認自己原先的決定無誤罷了。為了「方便思考」，我們也許會盡可能地排除較難決定的選項（上述車輛的例子中，因為在B與C之間馬上就可以做出決定，所以我們就對A視而不見）。但本質上這是種心理學上的解釋，無法解釋產生引誘效應的神經機制，也沒有提到最後所有的選擇都是神經迴路經過運算產生的結果。

　　「大腦做出決定」到底是什麼意思呢？有個假設認為二選一的決定，取決於代表此二選項的神經群活化的程度。註29讓我們假設你在書桌前埋頭苦幹時，同時聽到了二個無預期的聲音，一個從左邊傳來，一個從右邊傳來。你會看向哪一邊？我們多少都會直覺地往聲音大的那個方向看去。為什麼？因為「做出決定」通常都涉及二組神經元間相互拉距的競賽，即使

28.這段埃姆斯‧特沃斯基（Amos Tversky）提出的趣事被Ariely (2008) and Poundstone (2010)所引用。

29.關於「行為」神經元與行為決定間之關聯性的不同模型很多。不過大多數在某種程度上都仰賴各別神經元組的相對活化率，或是哪一組神經元先達到做出決定的臨界值而定（old and Shadlen, 2007; Ratcliff and McKoon, 2008）。

是下意識自動發生的也一樣；在上述例子中，一組神經元可能要你把頭轉向左邊，另一組則要你轉向右邊。較大聲音所驅動的神經元群較能快速達到較高的活動量，所以其就成為勝利者了。當然，我們如何做出更複雜的決定還有更多的謎團待解，但在某個程度上，午餐到底要吃披薩、三明治還是沙拉，也許只是「披薩」、「三明治」與「沙拉」三組神經元間競爭的結果。無論是哪一組神經元因活動量最高而勝出，各組神經元的活化程度都是由眾多無形因素交雜決定，這些因素包括：你的同伴吃什麼、你昨天吃什麼、你是否在減肥、價格高低以及其他天知道還有些什麼的理由。

接著我們以前述買車情況為例來討論，這項例子中就涉及了去評估品質與哩程這兩個二維數值間的相關得失。這二個不同選項是如何呈現在大腦之中呢？就如我們已經知道的，數量似乎是由會對不同數值產生各別反應的神經元群來表現。不過這些神經元產生反應的範圍很廣，也就是說對85這個數值會活化到最高點的神經元，也會因80這個數值而活化，只不過程度低一點罷了。想像一下一幅有關神經元群的二維網狀圖：圖上的其中一維代表哩程，另一維則為品質。每個選項都可以想做是代表哩程與品質座標系統中的高峰中心點。高峰的高點（神經元群的活動量）與選項中哩程及品質併入計算出的絕對數值成正比。註30 當只有選項A與B出現在網狀圖時，因為彼此在哩程與品質上各有優劣，所以二者所引發的神經活動量差不多一

樣。因此不會出現明顯的選擇偏好。然而，當要考慮三個選項時，負責B與C哩程數的神經元就會重疊，因為它們的哩程數相同。正因為選項B與C彼此相似，所以它們會「共用」神經元群。這就造成B選項的神經元活動量較只有A與B存在時來得多。就某種意義上而言，「B」與「C」的高峰加總在一起，於是就增加了「B」的高度。因此我們若假定下決定的依據是以神經元群的活動量來取決（最高者勝出），那麼負責選項B的神經元群當然是贏家。

讓我們看看另一種可以幫助我們具體呈現這個過程的方式。假設你正視前方時出現二道光線，一道在左邊，一道在右邊。你會反射性地向左看或是向右看呢？因為二道光線的刺激強度一樣，所以向右或向左看的機率應該是五五波；因此，負責看左或看右的神經元群活化的情況應該相差無幾。但若是在右邊光線附近再加一道微弱的光線（「引誘」），那麼往右看的機會就會大些。因為右邊傳入的刺激量增多，你就會往較亮的右邊看過去。大略地說，較差選項C的出現會增加B與C共用區域的活動量，而且因為在B、C兩者比較下B明顯勝出，所以選擇時就會偏向B這個區域冠軍。若要以之前用來描述語意記憶的節點與連線方式來解釋這現象的話，我們可以說選項B與C彼此間的連線較為緊密，因此神經元活動在二者間「擴散」開

30.綜合選項之中的「價值」或「合適度」，是決定選項距離座標系統原點遠近的一項計算方式，相當於其向量長度。

來，所以比起獨自一個的選項A，選項B與C的活動量就相對增加了。

大腦對於不同選項的呈現與編碼方式，也許天生就會左右我們在選擇上的偏好。換句話說，像引誘效應這種奇怪的小小瑕疵，也許並不是負責推理與邏輯思考的精細皮質神經迴路所產生的瑕疵，而是相似物（如顏色、強度、數值與車子）是以共用神經元的方式來編碼所造成。而且因為「做出決定」可能需仰賴不同神經元群的相對活動量而定，所以選項的個數會增進我們對區域最佳選項價值的感受。

行銷的方式無論是透過電視廣告、網站、電影置入性行銷或是代言人形式來執行，毫無疑問都會影響我們想要購買什麼樣的產品。而且我猜這些影響的淨效應，往往都不符合我們自身最大的利益。我們的神經操作系統如此容易受到行銷影響的原因，絕對不會只有一個。但是經由模仿來學習的傾向以及大腦的關聯結構，必定是其中二個主要原因。

今日，行銷遊戲中少數細節微小到讓我們忽略了它們的存在。生產玉米穀片的廠商以超大紙盒來包裝產品，製造出份量極大的假象。許多餐廳條列菜色價格時，會把 $ 這個符號拿掉（也就是以12代替 $ 12），因為研究顯示若是人們沒有聯想到金錢符號「 $ 」則會願意掏出更多的錢來消費。註31 從事隱性行銷的廠商，會私下花錢請人經常性地在酒吧或是網站上，與他人聊到某些產品或電影並加以推銷。他們還會進行研究，

追蹤人們觀看展示品的目光焦點,小心翼翼地製作與產品相關的名稱、包裝、標語、口號及氣味。網站也會追蹤人們瀏覽與購物的習慣。在難以使用傳統行銷技巧於目標客群身上的產業中,廠商則運用一對一直接行銷的方式。製藥產業也許就是此種行銷方式的最佳代表。為了促銷新藥,藥廠業務會拜訪醫師,並提供他們免費的試用藥物以及贈品,還有請吃晚餐並送上活動門票等等。(不過規範此種行銷行為的法令目前已經愈來愈嚴格了。)一般而言,藥廠並非依據是否擁有足夠的藥學知識來雇用業務人員,而是根據業務人員本身是否擁有活潑外向的人格特質為條件──所以藥廠早已鎖定大學啦啦隊隊長來擔任這些職位。透過藥品銷售量與美國醫學會(American Medical Association)所滙整的基本資料,藥廠業務會將醫生分成常開處方箋與不常開處方箋兩類,再依據不同類型醫師的專業與個人特質來設定能夠影響他們的行銷策略。註32 若認為這些行銷策略對醫師開立處方以及所謂醫療公正性不會造成影響,那麼我們就得忽略藥廠在這類行銷上所投下的數百萬美金,而且也得拒絕相信有關大腦的每項知識了。

　　另外在政治層面上,本章開始時所引述的句子像是醒世

31.S. Keshaw「如何從菜單中解讀自己?」《Las Vegas Sun》, December 26, 2009.

32.Fugh-Berman and Ahari, 2007。還可參考S. Saul,「給我處方箋!啦啦隊隊長刺激藥品銷售量」《The New York Times》, November 28, 2005。我並沒有討論到為何一對一的行銷會如此有效。但相較於標準行銷技巧,一對一的行銷比較容易抓住人們內心傾向互惠的特性,基本上就是引發我們做出「回饋」的舉動。

明言,提醒我們人類受到宣傳控制的程度有多大。希特勒透過
大眾啟蒙暨宣傳部門,塑造出不存在的敵人,說服許多德國人
民相信猶太人就是他們生活上的威脅。希特勒以電影、報紙、
演講及海報將猶太人塑造成劣等民族;在某些納粹的宣傳海報
中,猶太人被比擬為虱子。註33 在今日的網路時代裡,人們似
乎傾向於認為如此惡質的大範圍人心操弄不可能存在。無論這
種說法是對是錯,那些愚弄人心的政治廣告持續滲透進電視媒
體中,讓不配得到我們信任的人士仍然獲得支持。

不過我的目的並非幼稚地讓廣告與宣傳背負著有害的記
印。相反地,各類商品、思想或候選人的行銷方式是人類文
化、資本主義與民主政治的重要元素。我的重點在於,我們想
確定自己的選擇是否真為自身目標與欲望的真實反映,並且想
要從大量傳播資訊中,分辨出哪些是對我們有益的資訊,哪些
是他人為自身利益對我們所進行的操弄。就像一個突然瞭解父
母對她使用了反向心理操作的小孩一樣,我們必須體認與瞭解
自身的大腦瑕疵以及它們出現的原因。這樣才能幫助我們日復
一日地做出更好的決定,並讓最終塑造我們生活與周遭世界的
那些觀點及政治選擇能更為完美。

---

33.希特勒在著作《我的奮鬥》(*Mein Kampf*)中,詳述了許多他後來用來獲得及維持
政權的宣傳手法。(Hitler, 1927/1999)。美國猶太人大屠殺博物館(United States
Holocaust Memorial Museum)的網站(http://www.ushmm.org)中有幾個納粹宣傳用
的海報與報紙文章實例。

# 第8章 信仰超自然力量的大腦臭蟲

只要人類的理性未能健全發展，那麼先讓人類相信無形神靈，然後引領人們信仰拜物教、多神教，最終臣服於一神教之下的那份高等心智，必會引領人類走入各類奇特的迷信與風俗之中。

——達爾文

西元1986年4月，某個星期四的傍晚用餐後，住在波士頓附近的二歲半小男童羅賓・頹切爾（Robyn Twitchell）開始嘔吐與哭嚎。接下來的星期五與星期六，羅賓的疼痛與嘔吐情況依然持續著。他的父母召集了一個禱告小組，圍繞在他周圍禱告與吟唱詩歌好幾天。在這段期間，羅賓大部分時間都因疼痛而扭曲身體並嚎啕大哭。最後，滿臉倦容的他吐出了「惡臭的褐色穢物」，並於星期二死亡。在羅賓受苦的這五天中，無論是他的父母或是禱告小組中的任何一位成員，都無人與醫

生聯絡。後來的驗屍報告顯示羅賓的死因是腸阻塞，這是一種可經由手術治癒的疾病。[1] 羅賓的父母是基督教科學教派（Christian Scientists）的信徒，這個教派的理念就是：實體世界基本上是種假象，因為我們居住在心靈的世界中。在這樣的信仰理念下，病痛被視為心靈境界中的問題，所以科學教派信徒不採用一般醫療方式，而仰賴禱告力量來治療疾病。羅賓的父母後續被判過失殺人罪，不過這個罪名在不久後因一項法律技術上的原由被推翻。[2]

　　無論是以靈魂、女巫、心靈感應、鬼魅、天眼、天使、惡魔的形式，或是人們千年以來所信仰的無數各類神明，人類自然而然地就會迷信於各種超自然的力量。對於人類的祖先而言，疾病與天災是少數幾種原因不明的事件。今日對各類超自然力量的迷信依然無所不在，常在人們不經意間出現。舉例來說，就像心理學家布魯斯・胡德（Bruce Hood）所言，即使是最具理性的唯物主義者，也會嫌棄去穿上一件之前屬於連續殺人犯的毛衣，彷彿這件衣服上面帶著詛咒。[3] 而且在我們之

---

1.關於羅賓・顀切爾事件的資訊，請參考大衛・馬果立克（David Margolick）於1990年8月6日在《紐約時報》上的一篇報導「幼兒死亡讓基督教科學會面臨的考驗（In child deaths, a test for Christian Science）」；以及法官勞倫斯・舒伯（Lawrence Shubow）1987年在麻薩諸塞州薩福克郡（Suffolk County）地方法院卷宗（1987:17, 26–28）**中有關羅賓・顀切爾死亡的審判報告**。2010年時，部分科學會的領導者似乎願意讓教徒除了經由信仰來治療外，也可同時尋求一般醫療方式。（P. Vitello, "Christian Science Church seeks truce with modern medicine," 《The New York Times》, March 23, 2010.）

2.Asser and Swan, 1998.

中，會有誰不想要帶個幸運物或是做些會招來好運的事情呢。

　　但在宗教的環境背景下，迷信超自然力量成為十分常見也歷久不衰的行為。宣揚超自然神蹟是多數宗教的基礎。哲學家丹尼爾・戴內特（Daniel Dennett）將宗教定義為「參與者自認信仰神靈並追求神靈旨意的社會系統」註4，在以神之名所賦予的道義責任以及伴隨著超自然神蹟的宗教領域中，對於超自然力量的迷信會對我們個人的行為以及整個社會的世界觀造成極大衝擊。

　　縱觀歷史，宗教活動一直是悲天憫人的泉源。今日，宗教組織贊助各種慈善事業，持續推動為他人奉獻的無私活動；成千上萬的宗教活動在全球最偏遠的角落不眠不休地進行著，以接濟並教育無數的孤兒與其他有需要的人。宗教同樣也滋養出藝術與科學，包括被多數人認定為現代遺傳學之父的孟德爾在內的無數學者與科學家都是神父或牧師出身。當然，在人們面對殘酷現實時，宗教就像沙漠中的綠洲般永遠帶給人們希望與安慰，也許這就是宗教最珍貴之處了。

　　不過當我們回顧整個歷史，在人們所從事的大量不理性行為與可憎舉動中，宗教往往扮演著舉足輕重的角色：從阿茲特克人（Aztecs）獻祭人類、十字軍東征與宗教裁判所、到自殺炸彈攻擊與以宗教為名的恐怖行動等等統統都是。過去與現代

3.Hood, 2008.
4.Dennett, 2006.

的宗教迷信都延緩了科學與技術的進步，其中包括難以接受太陽中心說、演化論與幹細胞研究等等。除此之外，在宗教戰勝理性下所制定的各種經濟與衛生政策，也使得人類生命持續因貧困與疾病而喪失。舉例來說，因為天主教會視婚前性行為與避孕是違反上帝旨意的行為，所以反對使用可以避免性病擴散的保險套，也因此，教會的立場讓全世界的教育與公共衛生政策成了四不像。註5 無可否認，宗教已經同時成為人類大好大壞的源頭。不過本書要談的是大腦臭蟲，所以我們的目標只是去瞭解超自然力量與宗教信仰讓我們誤入歧途的原因。註6

理性可說是人類大腦最極致的表現，也是人類不同於其他動物的最佳特性。但要對那些定義上看不到、聽不到也無法研究的神聖超自然力量產生迷信與盲目崇拜，人類卻得對理性視而不見。人類對理性視而不見所造成的可能後果，可以羅賓的故事為最佳案例，而這也不是唯一個案。1998年在《小兒科》（Pediatrics）期刊中的一篇研究，分析了美國當地因宗教信仰拒絕醫療而造成幼兒死亡的案例。作者在結論中提到，在研究檢視的172個案例中，若孩童接受了醫療照顧，則幾乎近80%的孩童皆可存活下來。這篇研究的其中一位作者麗塔·史汪

5.N. D. Kristof, "The Pope and AIDS,"《The New York Times》, May 8, 2005; L. Rohter, "As Pope heads to Brazil, abortion debate heats up,"《The New York Times》, May 9, 2007. 羅德（Rohter）在文章中討論到使用保險套讓人免於受到傳染性性病之苦的部分時，提到一位巴西樞機主教的說法：「這會誘使大家濫交。不但不尊重生命，也不尊重真愛，如同將人當作動物一般。」

6.Dawkins, 2003; Harris, 2004; Dawkins, 2006; Harris, 2006; Hitchens, 2007.

（Rita Swan）本身就是科學教徒，細菌性腦膜炎讓她在幾年前痛失親兒。當時，科學會的「治療師」花了二個星期試圖經由禱告來治療麗塔的兒子，最後卻造成麗塔帶著孩子就醫時為時已晚。在瞭解到自己當時若是馬上尋求現代醫療的協助而不是倚賴宗教信仰，自己的兒子就可能還活著時，麗塔成立了一個專門保護孩童免於成為宗教與文化習俗下犧牲者的組織。註7即便上述肇因於宗教而造成的醫療怠忽行為，似乎是宗教信仰中非常少見的極端案例，但就根本上來說，這與以超自然力量的信仰為名，干涉學校去決定是否該教授演化論、或者胚胎細胞能否用在幹細胞研究上的常見狀況沒什麼兩樣。

除了對超自然力量與宗教的信仰外，已在動物神經迴路中存在幾億年的「恐懼」亦是人類另一個常見的非理性特徵。將「恐懼」與對超自然力量及宗教的信仰相比較，可以帶給我們一些啟發。恐懼原就不是種理性反應，其是為了確保人類能感受到比實際狀況更高程度的威脅所設計。我們已非常清楚地瞭解，恐懼感在否定理性行為中為何佔有重要地位的原因。但讓宗教信念輕而易舉戰勝理智的原因又是什麼呢？為什麼在缺乏任何清楚明白且能夠重複驗證的證據下，仍有這麼多人執意堅守特定法則與信條呢？當然，這些問題的答案不只一個。不過這些答案就藏在大腦中。與前面章節中所討論的主題相比，目

7.Asser and Swan, 1998. 亦可參考Sinal et al. (2008) and http://www.childrenshealthcare.org（最後一次觀看此網站的時間是2010年11月18日）

前有關超自然宗教信仰的心理學與神經科學知識少得可憐。所以本章中所提到的主題在本質上雖然多是推論，然而對於瞭解人類本身與人類所創造的社會上來說，依然十分重要。

## 副產品假設

哲學家、心理學家、人類學家、生物演化學家與神經學家，試圖以天擇與大腦的角度去瞭解宗教行為。於是，生物演化學家也許會這麼問：是因為具有宗教信仰者較容易大量繁衍，所以宗教才出現嗎？而神經學家也許會以另類架構來提問：負責宗教信仰的神經迴路，是不是受惠於有時讓宗教凌駕於理性之上的「特定」神經狀態呢？

關於超自然信仰與宗教的生理基礎，科學界目前已經提出了數個假設。其中最主要的二個假設則圍繞著兩種說法打轉，一個說法認為宗教是演化過程所留下來的成果，另一個則認為其是大腦關聯結構的間接副產品。

要瞭解副產品假設前，我們先來看看在整個人類文化歷史中無所不在的其他社會現象，這些現象包括藝術鑑賞、關注時尚與對體能競賽的迷戀等等。為什麼像觀看運動競賽這種社會活動幾乎在所有文化都十分常見呢？人類之所以參與體能活動，也許是想藉此精進自己的體能與心理技能，以便在生存受到威脅時能有更好的表現。我們想參與運動的原因可能與幼獅彼此打鬥成一團的天性一樣，都是為了磨練自己的體能與智

力。即使在今天,許多運動仍然明顯地與狩獵或打鬥相關的技能緊緊相繫(如標槍、射箭、拳擊、摔角與滑雪射擊等等)。但這還是無法解釋為什麼我們喜歡舒服地坐在沙發上觀看運動競賽。在西元前5世紀,也就是古希臘奧林匹克時代,運動競賽是種極受歡迎的觀賞活動。而在今日,奧運與世界杯也是全球最多人觀賞的盛會。就像宗教一樣,人們會堅定不移地支持自己的隊伍。在勝利時舉國歡騰,輸掉時則痛苦絕望。

就某些原因而言,我們喜歡觀看運動競賽也許是天擇所造成的結果,而這早已儲存於我們的基因當中。或者更有可能的是,觀看運動競賽也許只是其他認知特質的某項副產品,根本與天擇完全無關。我們可以從運動競賽中推測這些特質可能是什麼:

1. 運動賽事的一個共通特點就是似乎都與移動物體有關——無論這個物體是人、是球、還是兩者同時存在。人類與許多視覺動物一樣,會反射性地被移動物體所吸引。此特性稱為**指向反應**(orienting response),這也許就是為何許多男性(尤其是我)在電視面前時,會進入一種完全無法與人認真交談之神經狀態的原因。大家都明瞭,無論是掠食或是被捕食的動物,都具有會注意移動物體的生理能力。因此,讓運動風靡全球的一個因素可能就是,觀看快速移動的物體本就是一種人類與生俱來的天性。(這也讓棋藝大賽沒有電視轉播的謎雲有

了合理的解釋）。

2. 觀看運動競賽的另一項共通因素就是為參賽者打氣加油；無論隊伍得勝與否，真正的球迷仍會鼎力支持。在社會團體中彼此加油打氣可以增加團體的向力心。當團體中的部分成員無法參與像狩獵或是與敵對部族戰鬥這類攸關族群存亡的行動時，那麼「支持代表成員」就成了向這些人的努力與犧牲上敬意的適當作法。運動賽事會自然而然地引發人們支持競賽場上代表他們的成員。若說某支球隊進球數的多寡可以左右整個國家的情緒，那麼不禁讓人懷疑，加油的舉動是否也是生理層面中某些更具深度之事的反射。

雖然我不這麼認為，但如果這些論點其中之一或二成立，就意謂著今日全球數十億人完全不是為了增加演化上的遺傳適應能力來觀看運動賽事，相反的，全球價值數十億的運動產業不過是人類大腦特質中為了截然不同理由所造就的副產品。

在宗教起源這類議題上，許多思想家認為人類宗教信念也是其他認知能力的副產品。註8 人類學家帕斯卡・包以爾（Pascal Boyer）曾說過：「宗教理念與活動劫持了人類的認知源頭。」註9 有項人類的心理特質可能已經被宗教佔為己用，此一特質就是對「魂魄」的認定。在多數情況下，人們會自然而然地賦予

8.Boyer, 2001; Dawkins, 2006; Dennett, 2006
9.Boyer, 2008.

其他實體心智。無論這個實體是自己的兄弟、貓咪、還是故障的電腦，我們都會不厭其煩地與其交談，或是認定其有自己的意志。人們認為某些實體具有心智與意志而其他實體則無的這份能力，似乎是大腦演化的關鍵步驟，不過重點在於我們對於魂魄的偵測系統並非不足而是反應過度，這甚至會讓我們刻意想像出根本不存在的鬼魂。假設你夜間在森林中行走時，被身後突然傳來的聲響嚇了一跳；你會覺這聲音來自一陣風、一根掉落的樹枝，還是一頭美洲豹呢？在不能肯定的情況下，你會假設那是豹發出的聲音，並據此隨機應變。任何與狗為伴的人也許都已注意到，對鬼魂過度反應的不只有人類，所以不意外地，達爾文也注意到這事，以下是他的一段描述：

　　未開化的野蠻人會想像，自然萬物是因為有了靈性或是生命本質才栩栩如生，這樣的傾向也許可用我曾注意到的小小實例來印證：我的狗（一隻非常敏感的成犬）在一個炎熱無風的日子裡躺在草地上，本來狗兒對於身旁的任何一把遮陽傘皆完全不在意，但不遠處偶爾會有陣微風吹動張開的遮陽傘。於是遮陽傘每搖動一下，狗都會大聲咆哮。我想牠必是在極快且不自覺的情況下，推論出沒有明顯原因的搖動就代表有某些外來生物在此，而這些外來生物可是沒有權力踏入牠的領域。註10

10.Darwin, 1871, p. 98。無可否認地，對外來物過度反應的系統，讓我的狗表現出認定吹風機是要來抓牠的反應，並堅持以在吹風機前撒尿的方式來捍衛自己的領域。

　　包以爾與其他許多人士相信，人類很容易就認為萬物具有靈魂是因為宗教之故，因宗教常將心智、意志與意圖等特質賦予在無生命體、動物，以及被我們稱為神的各種虛無物體上。

　　除了人類易於認為萬物皆有思想與意志外，人類心智上許多其他特質也已被早期各種民間宗教納為已用。註11 舉例來說，有人認為，人們喜歡講述故事或甚至浪漫愛情的習性，以及此種習性所產生的必然結果，也就是無條件將自己奉獻於他人的能力，可能也已被宗教接收利用。而在另一派的說法中，理查·道金斯則指出，也許因為天擇的強大力量，讓幼兒盲目地接受父母或長輩所告知之事。遵守父母告訴你的事情，包括不要吃某些作物、別跟鱷魚玩，或是不能自己穿越馬路等等，這些信念皆能強力保障你的生命安全。對長者如此盲目信任的形式，也許埋下了無條件接受超自然說法的種籽，最終成為人們相信天使與魔鬼存在的強大信念。註12

　　心理學家注意到幼兒似乎天生就認為動物死後依然保有思想與情緒。心理學家傑西·貝林（Jesse Bering）與同事在一項相關研究中，透過木偶為幼兒講述了一隻挨餓幼鼠最後被鱷魚吃掉的故事。故事講述完畢後，研究人員問了幼兒「鼠寶寶現在還怕鱷魚嗎？」之類的問題。5至6歲的幼兒有75%給予肯定的答案。8至9歲的兒童給予肯定答案的比例減少，而11至12歲

11.Boyer, 2001; Boyer, 2008.
12.Dawkins, 2006, p. 174.

的兒童就更少了。註13 綜合本篇研究以及其他研究的結果似乎都指出，幼兒天生就認為靈魂比身體存在得更長久。心理學家保羅‧布盧姆（Paul Bloom）認為，這顯然是與生俱來的心物二元被宗教佔為已用了。註14 另一方面，我們還是要考慮幼兒天生就相信有靈魂存在是來自於天擇的可能性；換句話說，幼兒之所以天生俱有心物二元論，是因此項特質支持宗教信仰所以在適應環境時留下。

## 群體天擇假設

副產品理論認為宗教信仰並非是直接由演化天擇產生的特質，此理論認為「天擇產生宗教信仰」的說法就如同鼻子是演化來架太陽眼鏡那般無稽。但是，反對副產品理論的假設則認為，人類接受超自然與宗教信仰的傾向，是演化壓力下的直接產物。這樣的觀點正如生物學家愛德華‧威爾遜（E. O. Wilson）所言：「人類心智經過演化產生了對神的信仰……在大腦的演化過程中，接受超自然現象在整個史前時代具有極大的優勢。」註15 換句話說，人類種族在演化之下接受了宗教與迷信，因為我們必須這麼做。

一般演化過程是在個體的層級進行。一個能夠讓個體成功

13.Bering and Bjorklund, 2004; Bering et al., 2005.

14.Bloom, 2007

15.Wilson, 1998.

增加繁衍的新基因或舊基因突變，會讓此基因在整個基因池中出現的比率上升。許多認定宗教信仰是天擇產生的人士，不認為這個過程是經由「個體」優勝劣敗的標準演化程序所產生。他們相信的是，具有宗教信仰的「群體」比起沒有宗教信仰的「群體」更能在演化天擇中留下。這個稱為**群體天擇**（group selection）的過程，在第五章的互助演化段落中曾簡單提到，此理論認定某一基因（或基因群）即使會降低單一個體的繁衍成功率，但若能提供以社群為單位來運作的整體優勢，就可以在天擇中留下。要發生這樣的情況，新基因一開始就得找到進入少數重要群體成員內的方式，不過一旦進入，它幾乎就可以傳承下去，因為出現此基因的社群完全勝過缺乏此基因的團體。

生物演化學家大衛・史龍・威爾遜（David Sloan Wilson）認為一組賦予群體中之個體宗教傾向的基因，因為能使群體合作產生大躍進，所以可以增加群體的健全發展。註16 威爾遜認為，宗教信仰讓群體成員具有超越個體的作用，也就是有了「人人為我，我為人人」的功能。在古人類（hominin，「猿人後期」的人類祖先）演化的多數過程中，男人負責狩獵、女人負責採集，多數情況下食物由大家共同分享。狩獵採集的社會要運作良好，成員之間必須具有相當程度的信任感才行；如果有許多藏私的情況出現，這樣的安排則起不了作用。威爾遜認為宗教提供了培養信任感的框架。雖然無論宗教存在與否，

16. Wilson, 2002. See also Johnson et al. (2003).

群體都能產生「**己所不欲，勿施於人**」的道德標準。但單靠榮譽制度還不足以維繫道德標準。不過，對超自然神靈的信仰，提供了強化道德標準的極致治安系統。首先，舉頭三尺有神明，任何欺騙行為都難逃神明法眼。接著，騙子不只會受到群體成員的處分，還必須承受神祇的憤怒。在過去，遭受永久苦難的這份恐懼迫使人們產生依法行事的強大動機，而這在現今仍是一樣有效。

藉由提供與其他部族交戰時的優勢，宗教信仰可能也增進了族群的健全。戰士間無法撼動的團隊感以及確信聖靈與他們同在的信念，再加上認定自己是不朽者的信念，提升了在戰役中獲勝的機會。註17

幾乎所有古老與現代的宗教都強調群體合作，這的確令人驚訝。群體合作的例子在任何民俗宗教或現代宗教中幾乎都找得到，不過我們在這裡則以克拉瑪人（Klamath）來舉例，克拉瑪人是盤據於美國奧勒岡州南部，以狩獵採集為生的印第安部族，他們直到19世紀初期才跟外界有接觸。克拉瑪人以口耳相傳的豐富傳統故事來傳承他們的信仰，這些故事中充滿了動物與超自然神祇。註18 故事內容則明顯繞著飢荒為主題打轉，可想而知，這是因為冬季曾出現過的食物短缺危機所致。許多傳說故事中以二個人或二隻動物做為對比，其中一個因飢荒而

17.關於戰爭在宗教演化中之作用的討論，請參考Wade(2009)。
18.Sobel and Bettles, 2000.

瀕臨死亡,另一個則有大量食物卻不願與人分享。故事的結尾千篇一律都是:擁有超自然力量的神祇介入,造成了眾所皆知的命運逆轉,在有些故事中,那些貪心的人還會變成石頭。這些可不是什麼隱喻的故事,在盡可能讓部族持續存活的期待下,這些故事最顯著的目標就是灌輸成員分享資源的重要性。這些口耳相傳的故事之所以能夠延續部族的生存,不只是因為其反覆灌輸部族成員捨己為人的精神,也因為克拉瑪人也許真的相信自己若沒有與他人分享就會變成石頭的這份信念。

多數宗教在自身群體中捨己為人的特質,常與其對外來者的態度形成強烈的對比。舉例來說,《聖經·申命記》第十五章七至八節中提到:

在耶和華你的神所賜與你的土地上,無論在哪一座城裡,你弟兄中若有一個窮人,你不可忍著心、揝著手不幫忙補足你那窮乏的弟兄。總要向他伸出手,照他所缺乏的借給他,補他的不足。

然而在《申命記》第二十章十三至十六節中,面對鄰國的戰役時卻說:

耶和華你的神把城交付你手中,你就要用刀殺盡這城的男丁。惟有婦女、孩子、牲畜、和城內一切的財物你可以取為自用,

耶和華你的神把你仇敵的財物賜給你，你可以吃用。離你甚遠的各城，不是這些國民的城，你都要這樣待他。但這些國民的城，耶和華你的神既賜你為業，其中凡有氣息的，不可存留一個。

威爾遜認為群體天擇為此明顯矛盾說法提供了最佳假設（但當然不是唯一的假設）。[註19] 對族人慈悲為懷以及對敵人冷酷無情，在群體天擇下都說得通。一個群體中的成員可能會擁有相同的「宗教基因」，所以幫助你的鄰人實際上可能也是在協助宗教基因的傳播。不過從這樣的觀點來看，對沒有相同「宗教基因」的外來者慈悲，就等同於浪費了可為己用的珍貴資源。

## 「理解差異的智慧」

認為宗教信仰是因為強化群體內合作而在天擇中留下的說法，的確相當據有說服力。[註20] 不過一般來說，群體天擇的理念仍是個備受爭議的假設，因為它有個嚴重的漏洞，那就是群體中仍會存在著背叛者或不勞而獲者。[註21] 如果群體中的每

---

19. Wilson, 2002, p. 134.

20. 這裡要強調的是，也有人認為互助合作可能是經由更傳統的天擇機制產生。在動物世界中可以觀察到互助合作的現象，無論這是以社群動物共同狩獵或是分享食物的形式呈現。舉例來說，有人相信分享食物是互惠理念的前提；這代表在個體的生命歷程中，會同時扮演接受者與給予者的角色。「捨己為人」理念的確是面對未來艱苦日子的一種保障形式。這套理論的挑戰在於，要如何解釋互惠行為極少發生或不預期有互惠行為的情況下，卻依然出現的互助合作現象。（Johnson et al., 2003; Boyd, 2006）

個人都擁有互助合作的宗教信仰基因，那麼群體天擇就擁有相當雄厚的基礎。然而，若其中的少數個體沒有這樣的基因，他們無須為了互助合作（像是將食物與他人分享或戰死沙場等）而付出的個人代價，就可以享有其他捨己為人者犧牲而來的生存優勢。這些自私個體最終在群體中繁衍的數量會勝過捨己為人者，逐漸毀壞群體天擇的前提。不過數個理論可以「解決」這個問題，其中包括持續不休的爭戰會一次次殲滅內部存有太多背叛者的部族，或是不勞而獲者也會受到群體其他成員的懲處。但還有一個問題是，群體天擇若要有效果，群體中就必須要有相當數量的個體擁有促進宗教信仰的基因才行。然而，若是這些基因沒有辦法為個體提供任何優勢，又會產生什麼樣的情況呢？

理查·道金斯認為：「關於宗教從何而來以及所有人類文化都有宗教的原因，每個人都有自己偏愛的一套理論。」註22 我將提供自己在「『超自然基因』如何在早期人類演化上就已被個體採用」的想法來證明道金斯的觀點為正確。我認為，一旦這些基因處在適當位置，它們就會成為群體層面進行更進一步天擇的平台。

在人類演化過程中，大腦的運算能力不斷地擴增，最終

21.雖然過去不認為群體天擇是演化的重要推力，但是目前這套理論有捲土重來的跡象。（Wilson and Wilson, 2007）

22.Dawkins, 2006

在智人身上達到頂點。在演化過程中的某些點上，我們開始使用新獲得的皮質部分來執行相當新穎與大膽的任務，那就是提出問題與回答問題。當人類開始提出問題與解決問題時，我們的好奇心就有了代價。原始人想出生火的辦法、建造與使用工具、抵禦敵人與發展農業。智慧與好奇心絕對是我們現在能居住在與演化時全然不同世界的原因。所有現代化科技都是在提出與回答問題的內在欲望驅動下，人類智慧循序累積進步的產物。不過就像許多人的親身體驗一樣，提出問題與試圖回答問題的這份能力，也可能造成時間與精力上的大量浪費。

「嗯嗯……這裡地面泥濘，看起來像是靠近河流，也許會有地下水，我來挖挖看。」對於一個口渴的直立猿人（*Homo erectus*，生存於一百萬年前，為智人的祖先）而言，這可能是富有成效的思考訓練，甚至像是種極有價值的研究獎助，讓部分族人願意一同幫忙。另一方面，「我好渴哦。雨是從天空的烏雲降下來的，那麼雲又是如何產生的呢？也許是因為閃電的雷聲造成的……」這就是種比較沒有價值的問題了。在任何時間與空間中，有些問題能在個體的生命中找到機會解答，有些則不能。詢問自己能否敲石取火，或是猜想果實茂密之樹是否從種籽而來，這些對原始人而言都是極佳的問題，這些問題不只是在他能力所及範圍內，也可以增加生存與繁衍的機會。相對地，花費時間試圖找出造雨的方法，或是想著為何不時會有些族人的身體會失去反應且逐漸變冷，可就不是什麼有效率的

問題了。簡單地說,有些問題最好不要問,或至少我們不要浪費時間去找答案。早期人類發展出優秀提問與解決問題能力的同時,卻也會浪費精力去思考自己不能掌握的奧祕,產生成為不成熟哲學家的實質危機。對演化而言,它所偏愛的是務實動手的工程師。

但原始人如何得知哪個問題會引出豐碩成果,什麼樣的問題又是無利可圖呢?也許有能力將問題區分成二類(類似於今日所說的自然現象還是超自然現象)的大腦,較能將新獲得的認知技巧運用在具成效的問題上,也能避免將時間浪費在研究無解之事上並試圖改變無法改變之事。著名的寧靜禱告文中,就提到在可改變之事與無可改變之事上,我們請求上帝賜給我們能夠「瞭解兩者差異的智慧」。註23 在某種程度上,將事物貼上自然與超自然的標籤就會發展出這樣的智慧:「我們所能掌控的多是自然之事,而超自然現象就超乎我們的掌控範圍了」。毫無疑問的,人類祖先無法像我們今日一樣地分辨出自然與超自然現象,但他們對於可行與不可行的挑戰上,可能也已經具備了有意識或不自覺的分辨能力了。哪個問題隸屬於哪個分類,也許需要經過數個世代才能斷定,並得靠著文化才能傳承下去。

電腦這個另類運算裝置的演化就是最好的例證。電腦的發

23.「主啊!求祢賜予我寧靜的心,去接納我所不能改變的事物;也賜我無限的勇氣,去改變那可能改變的東西,並賜我智慧去瞭解這兩者的差異。」

明是現代科技革命性的轉捩點。與古人類演化過程中現代大腦
出現的情況類似，電腦與網路的出現改變了可行之事的遊戲規
則。投入創造電腦與網際網路的人類心智想必也具有同樣的功
效。然而人們也許沒有預料到的是，這些科技最常見的用途之
一竟然是讓地球上的任何一個人可以跟其他人一同在網路遊戲
「魔獸」（Warcraft）中對戰，或是讓人可以即時瀏覽色情資
訊。電玩與色情圖片本就不是計畫中或預設的電腦功能。但任
何功能強大的科技最終都會被運用於不在其預定使用的其他用
途上。我的重點在於，早期人類皮質新興的強大運算能力，很
可能實際上是用在沒有應用價值的娛樂上，像是做做白日夢、
抓幾隻蝴蝶、玩玩桌上遊戲，或試著去發現「生命、宇宙與萬
物」的終極答案等等。也許在消遣上很有用，但在面對找尋食
物、不要被吃掉之類的必要行動時，卻無法增加你在基因池中
所佔的比例。

　　對於超自然力量的迷信與宗教的生物起源理論，往往把焦
點放在生存在不到20萬年前的智人上。但在智人之前已進行的
百萬年古人類演化過程中，又是什麼樣的情況呢？我們不知道
直立猿人是否迷信於超自然現象，不過當他躺在星空下時應該
會想到某些東西。他會想著是誰把星星放在那兒的嗎？還是會
想到要怎麼打造一把更棒的刀子呢？將這些想法優先納入考量
一點用處都沒有嗎？在這樣的情況下，促使人類將問題劃分成
實際與非實際兩個類別的一組基因也許就會被留下了。

今天反對此假設的主要論點是，超自然與宗教信仰也許已不適用於今日，這個演化過程就像消防隊員原本想以控制下的火勢來清除草叢，卻意外地燒光整座城市的情況一樣。如果我們一開始將疾病與天災歸因於我們所不能控制的超自然現象，我們接下來就會認為這些現象是由神靈所掌控，最後在致力於掌控我們所不能控制之事的情境下，我們便開始與自己創造出來的神祇進行協商。所以現在，我們參與複雜的宗教儀式、貢獻祭品，以及為反覆無常的神祇建立神舍廟宇。更糟糕的是，對於超自然現象的迷信不太適用於今日社會，因為這會阻礙人們接受科學與醫學知識，羅賓家的故事就是個血淋淋的例子。

但是任何與超自然與宗教信仰有關的生物起源理論，都必須面對這些信念不適用現代世界所造成的後果。就像人類行為其他的許多層面，今日想藉由對宗教涵義的解析來瞭解宗教演化的過程，並沒有多大意義。即使像性慾這種人類顯然應該已經適應的東西，在今日還是有某種程度的適應不良。即使在避孕方法問世後，人類已經讓性愛與原本繁衍後代的終極生物目標不再劃上等號了，但我們個人許多的努力與奮鬥，以及行銷與流行產業的強大趨勢（更不用說色情產業），卻還是由性慾所驅動。

## 存在大腦中的神

嚴格說來，科學雖然無法證實神不存在，卻也能駁斥

神存在的假設，如同作家克里斯多福・希鈞斯（Christopher Hitchens）提醒我們：「沒有證據證明之事物，也可在無證據的情形下被推翻。」註24 科學認定神不存在的把握，就與其認定人類並不是住在如電影《駭客任務》封閉空間中並共同接受虛擬世界資訊的程度相差無幾。（事實上，我們都住在母體〔Matrix〕的情況極不可能發生，因為這個狀態至少要跟所有已知的物理學與生物學定律相容才行。）科學雖未宣稱揭露的都是絕對真理，但至少那是奠基於知識累積以及不斷驗證與否定這些事實的實驗所成的科學事實。如果出現了新證據，科學會重新評估神不存在這件事的立場。在這之前，科學要問的應該不是神的存在與否，而是為什麼祂們會存在於人類大腦中。

　　研究宗教信仰之神經基礎的第一項挑戰就是，得要找到一些正規測量方法可以明確定義出何為宗教信徒。有些不屬於任何宗教團體的人士卻十分崇尚聖靈（這表示他們對於超自然現象深信不移），而有些每個星期日會上教堂的人卻一點也不虔誠。最常用來量測靈性的方式，就是「氣質與個性清單」（Temperament and Character Inventory）人格問卷中的部分選項。這份問卷內有超過200個問題，包括「有時我覺得比起其他人，自己的生活更受到神靈力量的引導。」與「有時我覺得與他人有種無法言喻的心靈連繫」。這一連串問題的目的，就是要捕捉出一種稱為**自我超越**（self-transcendence）的個人特質。

24.Hitchens, 2007.

　　為數不少的研究學者已將此測量方式作為靈性的代表，來尋找超自然與宗教信仰的神經記印。舉例來說，有篇研究就是去檢測「自我超越分數」與「大腦神經傳導物質血清素（serotonin）特定受體數量」間的關係。[25] 血清素受體是某些像麥角乙二胺（LSD）之類迷幻藥的目標，而血清素的路徑也是包括百憂解與帕羅西汀在內之抗憂鬱藥物作用的目標。雖然血清素在大腦的各方面作用中（包括情緒、食慾、睡眠與記憶）都扮演重要角色，但其基本作用則依然是團謎。的確，就算大腦血清素活動量變少，也不一定是某些類型的血清素受體較少的緣故，因為有些受體會抑制血清素進一步釋出。研究學者利用大腦影像技術中的短期放射性化合物來量測血清素受體的數量，他們發現，血清素受體數量相對較少的受測者，自我超越評量的分數較高，而受體數量較多者的分數較低。研究學者認為「血清素系統可能就是神靈感受的生理基礎。」然而，這樣的結論實在過於簡化。此外，人們又常將兩事物間之相關性誤植為因果關係的證據。（相關性的誘人魔力是一般大眾與科學家都無法倖免的一種大腦臭蟲。）大腦中的神經傳導物質通常不會各自獨立運作，所以血清素受體的數量必會與其他許多不同的神經傳導物質及受體的數量具相關性。其中任何一個或是全部一起，都可能對靈性表現有所貢獻。或者超越自我這項特質也可能與大量的其他人格特質（如快樂或社經地位）具

體相關，這也可能改變血清素受體的數量。

19世紀時的骨相學家宣稱大腦內有靈性器官，位於顱骨頂端正下方的頭部中央凹凸處就是有無靈性的指標。今日，對於驅動靈性之特定大腦部位的研究依然持續著，不過是以更為精細的方式進行。部分研究指出，顳葉癲癇的患者常會有聖靈降臨的瞬間感受，這於是發展出「神靈中心」可能位在大腦顳葉的說法。註26 在其他廣為發表的研究中，科學家以經顱磁刺激（transcranial magnetic stimulation）來活化大腦某些部位，發現到刺激右大腦半球會增加受測者「感受到聖靈降臨」的機率。這些結果極具爭議性，而且有人認為這可能是經由暗示造成的人工實驗結果。註27 讓這些研究更加複雜的是，宗教經驗或是「感受到聖靈降臨」都是非常主觀的事，而且受到文化因素、環境背景與許多在前一章所提之促發效應的高度影響。

也有其他的研究藉由大腦損傷部位來探察宗教信仰的神經基礎。其中一篇研究就在探討，人類的靈性觀感是否會因移除大腦某部位後有所改變。此研究以「氣質與個性清單」來評量癌症患者在手術前後對於超自然現象與宗教的觀感。由於罹患腦癌與進行手術都是相當重大的事情，所以若是患者對於超自

26.關於這些研究的回顧，請參考Previc (2006).

27.緒方（Ogata）與宮川（Miyakawa）在1998年的研究報告指出，有顳葉癲癇的少數人士在「癲癇發作」的期間感受到聖靈。其他相關資訊請參考Landtblom (2006)。培辛杰（Persinger）與同事進行的數個研究則顯示，對右大腦半球進行經顱磁刺激會產生「聖靈降臨」的感受。（Hill and Persinger, 2003; Pierre and Persinger, 2006），不過也有研究駁斥培辛杰的這些結論（Granqvist et al., 2005）。

然現象的觀感（特別是有關宗教與死後方面）有所改變，當然也就不足為奇了；患者所需心靈支持的程度多寡，可能取決於手術的成效。這篇研究的重點在於，研究者將受測者依切除部位為前頂葉還是後頂葉來進行分組（頂葉位於額葉之後）。平均而言，後頂葉（無論是右半球、左半球或是兩個半球皆有）切除患者在自我超越上所獲得的分數在手術後增加；而前頂葉切除患者的分數在手術前後沒有什麼明顯改變。還有一個明顯的發現是，「氣質與個性清單」所能測得的其他人格特質（包括創新與自我控制）在手術前後都沒什麼顯著差異；這個發現與一項理念一致，也就是認知的各方面特性分散在大腦許多區域中以減緩大腦局部損傷的影響力，這就是在第三章中稱為適度性退化的作用。

這個研究似乎認為，後頂葉有抑制人類迷信超自然力量的部分作用。不過還有其他可能性的解釋。舉例來說，大腦頂葉與本體感覺也有關係，因為靈性也許與感覺自我離開本體的能力（「靈魂出竅」）有關，所以研究學者指出，這樣的結果也許與個人對本身內在外部空間的感受改變有關。註28 不過，無論如何放大解釋這些結果，這篇研究還是認為靈性也是種人格特質，無須與我們其他人格特質黏在一塊。

28.此研究由爾杰西（Urgesi）等人於2010年所進行。由於接受腦膜瘤（meningiomas）手術患者其自我超越的分數在手術前後沒有改變，所以研究學者就以此來剔除人們覺得接受大腦手術會讓人更相信神靈的這份可能性。（腦膜瘤手術無須移除神經組織。）

　　許多神經學家,也可能是絕大多數,並不期待會在大腦中發現單一的「信仰中心」,這就跟他們也不認為大腦有單一區域會專責愛情或智慧一樣。前述原因再加上逐漸累積下來的證據都顯示:宗教信仰可能是不同大腦區域形成網絡並如同議會般作用下所產生的結果。以神經學家暨作家的山姆・哈利斯(Sam Harris)所主導的大腦影像研究為例,他的研究想要檢測大腦對於宗教或非宗教陳述句(例如:「耶穌是由處女所生」、「生產是種很痛的經驗」)所產生的活化模式有何不同。結果發現這二類問題會引發橫跨廣泛大腦區域網絡的不同活化模式,然而這些模式卻與受測者有無宗教信仰無關。註29

　　對於迷信超自然力量與宗教信仰的神經基礎目前還不宜驟下結論,不過明顯的事實似乎是,由於人類擁有過於複雜的人格特質,所以單一的「聖靈中心」、「聖靈基因」或「聖靈傳導物質」並不存在。再者,若是人類迷信於超自然力量是以基因為基礎,那麼我們可能就完全搞錯問題的方向了。因此,也許最好不要問「對於超自然力量的迷信是否早已設定在大腦中」,而是假設這類信仰是大腦的預設狀態,而近來的演化壓力則為非超自然觀點打開一扇門,也就是將過去人類無法掌握的那些問題當做一種自然發生的現象。前面曾經提到,傑西・貝林與其他學者的研究顯示,幼兒天生就認為有某種可比肉體更長久的形式存在。若不將此當然自然的預設狀然,我們的確

29.Harris et al., 2009.

很難理解，幼兒與早期人類在對自然定律一無所知的情況下，如何會成為心物二元論者。此外，手術移除某些大腦部位會增加靈性感受也顯示，對超自然力量的迷信也許是大腦某種預設狀態，而人類則在演化中發展出可以壓制這些信念的機制。

生命從何而來？無論是回答由宙斯（Zeus，希臘神祇）、毗濕奴（Vishnu，印度三大神之一）或隱形粉紅獨角獸（the Invisible Pink Unicorn，無神論者用於諷刺有神論者所創造的女神）所創造，都比「生命是數十億年天擇作用下衍生出複雜生化反應的產物」這樣的答案在直覺上更吸引人。像生命這般複雜的東西需要神靈來計畫，似乎讓人感覺完全合乎邏輯。當我們被告知生命是由神所創造時，我們的大腦機制因某些理由讓我們不會反射性地問道：「等一下，那又是誰創造了神？」大腦似乎自然而然地認為神靈是個可接受的解釋，根本無須多言。這樣的謬見幾乎都是自然而然就會產生的聯想；我們會在生命起源上使用**創造**這個字詞以及此字詞本身的涵意，都暗示著這與神靈及意志有關。

如果心物二元論是人類大腦預設的狀態，那也許我們不該去思考人類對超自然力量的迷信是如何演化形成，而該去思索人類如何開始尋找並接受以科學為基礎、關於「生命、宇宙與萬物」之謎的答案。如果其他動物也有思考能力的話，牠們的觀點必定極為類似人類迷信於超自然力量的情況，也就是對多數事物與神蹟之間實難區隔。人類大腦有別於其他動物大腦的

地方，也許不是我們對超自然現象的迷信傾向，而是我們**不相信**超自然現象的能力。大腦自主系統也許原本是個二元論者，不過在汲取知識與接受教育的過程中，大腦的反思系統學習到以實物主義來解釋那些原來直覺地以超自然方式解讀的現象。

　　暫且不談迷信超自然力量與宗教信仰的神經基礎究竟是什麼，讓我們再回頭談談這類信仰對人類生活的廣泛影響。以我的觀點而言，過於強大的信仰力量只會造成人類其他能力的負擔。我猜想宗教信仰的確受惠於某種特許且固定不變的神經狀態，進而轉化成能與大腦較理性部位協商的能力。就像大部分複雜的人格特質般，這個特定神經狀態並非由單一步驟所形成，而是在多重演化步驟下所產生的結果：

　　首先，在數百萬年前古人類大腦皮質擴增初期，將問題區分成可處理或無法應付的特性，也許提供出決定新增皮質部位優先使用順序的方式。研究已經證實，在此初期階段，人類個體已擁有將想法劃分成自然與超自然兩個類別的能力：那些具有分辨出有解與無解問題能力的個體，較能運用解決問題的能力來提升繁衍成功的機率。

　　再者，如同群體天擇理論所提出的觀點，由於祖先流傳下來的宗教已為合作與捨己為人提供了平台，一旦「偏好相信超自然力量的基因」進入人類的基因池中，這些信仰基因就會進一步被塑型，並在天擇中留下。

　　第三，在過去1萬年間，從最初與第二階段獲得的人格基因特質，最後被用在從原始信仰系統到現代宗教的過渡時期中；現代宗教較能良好管理組織農業進步後增加的大量人口。現代宗教的多面性，是它們本身將各種複雜認知能力納為己用的結果，這些認知能力包括能區分出自然與超自然現象的原始能力，以及如副產品理論所言，為了某些與宗教全然無關的理由而存在的認知能力。

　　西元2009年，巴西爆發了一件令全國爭議不休的案子，一名來自東北方小鎮的9歲女孩被繼父強暴後懷了雙胞胎。因為身懷雙胞胎可能威脅到9歲女孩的生命，所以在醫生建議下，女孩的媽媽決定讓她進行人工流產（人工流產在巴西是不合法的程序，除非是因強暴懷孕或母體的性命有危險，而這個案例完全符合上述二種情況。）累西腓市（Recife）的大主教在聽聞此事後，竭盡所能地阻力女孩接受人工流產，但終究沒有成功，所以大主教就以教會法（Canon law，天主教的規範與法則）在他的管轄範圍中給予最高懲處。他將女孩母親以及執行手術的醫療小組成員逐出教會，但那位繼父卻仍好端端地留在教會中。在一次訪談中，大主教的專橫完全顯現出盲目信仰是種大腦臭蟲，他說：「如果一般法令牴觸上帝的戒律，那麼這個法令就沒有存在的價值，在這個案例中准許人工流產的法令就是這種沒有價值的法令。」註30 許多人都同意宗教是引導道

德的根源，但當人們跳脫宗教教條的枷鎖後，再來看看這個案例時，唯一會做出的合理結論似乎應該是，那位繼父所犯的道德錯誤要比醫療團隊嚴重太多了。註31

　　古生物學家史帝芬‧杰‧古爾德（Stephen Jay Gould）相信科學與宗教代表了二項「互不重疊的權威（nonoverlapping magisteria）」，彼此井水不犯河水。註32 也許從演化初始，將事物分成超自然與自然二類的信念，就是為了讓所有人（包括古爾德在內）接受這樣的事實。接受二項互不重疊權威存在的預設想法，讓人類的祖先免於去暸解超出其認知能力所及的廣泛自然現象，讓他們可以專注地將大腦皮質運用在生存所需且更容易處理的問題上。而大量的歷史與當代資料也顯現出信仰力量推翻理性與基本知覺的情況，因此對於超自然力量的信仰看起來似乎不僅僅只是其他心智能力的副產品而已，反而有可能是種預設於人類神經操作系統中的狀態，也因為這樣的優勢，讓我們難以認定對超自然力量的信仰是種大腦臭蟲。

30.Julian Linhares, Interview with Archbishop Dom Jose Cardoso Sobrinho, Veja, March 18, 2009.
31.我的想法立基於9歲女孩不只遭受強暴之痛，還要承受接踵而來的公眾與論折磨。相對之下，從神經科學中可知，15週大的胚胎還沒有形成許多重要的大腦部位，因為缺乏身體與將成為功能性皮質之結構間的迴路，所以不會有疼痛感受。
32.Gould, 1999.

# 第9章　除錯

宇宙最不可理解之處，就在於其可理解。

——愛因斯坦

　　西元1905年，一位剛成為瑞士公民的專利局職員在《物理年鑑》（*Annals of Physics*）發表了4篇論文。第一篇論文提出光子能量是由非連續性量子所攜帶，因而解決了有關光的特性問題。第二篇論文證明了在理論上，水中微小物質可見的隨機運動因水分子移動所造成，印證了物質是由原子所構成的這項說法。第四篇論文建立了質量與能量間的恒等式，也就是$E = mc^2$（能量E等於質量m乘以光常數c的平方）。唯有第三篇論文，卻冒險去探索一個超現實與違反直覺的領域，很難理解一個由演化塑成的運算裝置（也就是人），如何想像出那樣的世界。人類處在一個充滿石頭、香蕉、水、蛇與其他人類等等肉眼可見事物的世界中，為了讓人類能在此環境中擁有繁衍優勢，所

299

以發展出人類大腦這樣的裝置。因此,人類大腦絕非設計來解絕不切實際的時間與空間問題。然而在愛因斯坦1905年所發表的論文裡,卻認為空間與時間不是絕對的:當一個時鐘以接近光速的速度前進時,不只它的時間會慢下來,它的實體還會縮小。註1

你也許會懷疑,愛因斯坦那顆奠定了現代物理學基礎的大腦,是不是在某種程度上與全球其他人的大腦有所差異,事實上,你也不是第一個抱持這種想法的人。愛因斯坦的大腦在身體火化前被取出,保存下來做為後續研究之用。當然他的大腦與其他人的大腦沒什麼兩樣,也是由神經元與突觸這些相同的運算單位所構成,而且構造上看來絕大部分都沒有明顯特別之處。註2

縱觀整個歷史,某些人士的大腦能拓展科學與技術至全新境界,而有些人士的大腦則持續迷信占星術、處女生子、通靈術、神創論、命理、順勢療法、塔羅牌以及其他許多早該消失的錯誤信念。人類大腦這樣一個運作裝置,不但擁有驚人天賦,也是創造力的來源,但同時卻是愚昧與非理性的源頭,不

---

1.Pais, 2000.

2.雖然有些研究報告認為少數異於常人的特性是存在的(Diamond et al., 1985; Witelson et al., 1999),但多數研究仍相信這些特性是在正常範圍內,屬於人類神經解剖學上的正常差異。(Kantha, 1992; Galaburda, 1999; Colombo et al., 2006)大腦既複雜又多變,就跟每張臉孔都是獨一無二的情況一樣,只要仔細找找,一定可以發現到每個人大腦的獨特之處。但這些都是正常的生理差異;沒有人可以用本來就是獨一無二的神經解剖構造特性,來宣稱這就是造成獨特個人特質的原因。

過這樣的事實並非如外表所見那樣矛盾。就像一位傑出的足球員同時也可能是位平庸的體操選手一樣，天才也常常局限在相當狹小的領域中。即便如愛因斯坦這般的智者，其對於哲學、生物、醫學或藝術上的見解，也不保證定有獨特之處，就算在他所擅長的物理領域也一樣；愛因斯坦對數項重大物理理論的見解並不正確。身為不折不扣的決定論者，愛因斯坦相信亞原子粒子的行為與位置早已決定，但近一個世紀的量子物理理論與實驗告訴我們，事實並非如此。另一位偉大的科學家牛頓，雖因其在古典物理學與數學上劃時代的貢獻而聞名於世，但就某部分而言，他在這方面的努力不過是興趣罷了，他的精力大多直接投注於宗教與煉金術上。

我們都是邏輯與理性應用的專家，會將其應用在生活的某一個領域中，同時也會審慎避免將其應用在其他方面。我認識多位科學家，他們在實驗室中是虔誠的達爾文主義者，在星期日時卻變成全心全意信奉上帝的教徒。每個人所堅持的準則均具有相當的差異，所以適用於他人身上的事物未必適合套用在我們身上。無須任何理由，人們就會尊重與善待某些人，但同時也會藐視或仇恨另一些人。面對問題時所找出的最佳解決方案，不只會因人而異，就算是同一個人也會因時而異。因為我們所做的決定是大腦不同系統動態平衡下的結果，每一個系統都會主觀地為各別情緒與認知偏好發聲，所以我們同時在理性與非理性的空間中不斷折衝。

## 大腦臭蟲的聚合

人類文化的一個矛盾現象是，許多對人類生活方式與壽命具革命性的生醫與科技突破，往往從一開始就備受反對。事實上持反對立場的，不僅僅是那些不瞭解每項突破背後科學基礎的一般大眾，就連科學家也是一樣。物理學家馬克斯・普朗克（Max Planck）也曾暗示過這個情況，他說：「並非因為說服了反對者並讓反對者從中獲得啟發才讓一項新科學真理得以成立，而是因為它的反對者終於死亡，新世代也在熟悉此真理的環境中成長，才讓此真理站穩腳步。」註3 從疫苗與抗生素到現代手術技術與癌症治療等等公共衛生與醫療建設，都是在上個世紀發生的重大進步，而這也是今日多數人仍然存活的原因。然而多數在生醫上的改良進步都曾遭遇強大阻力，無論是預防注射、器官移植或是體外受精等都受過阻擋，而今日在幹細胞的研究上也遭遇同樣的情況。對於新科技抱持懷疑態度是對自己的一項擔保，但是就像人們對產褥熱成因抱持遲疑態度的那個例子一樣，這顯示出我們面對變化時躊躇不決的態度已經超過了合理謹慎的範圍了。

再來想想在21世紀最初10年間，那個自閉症是由疫苗注射所造成的一般信念。這個假設是由一篇1998年發表的科學論文

---

3.Planck, 1968.

所引發，13位論文作者中有10位後來也退出作者的行列，最後
更證明這篇論文的數據造假。至此之後，全球仍有數十篇科學
論文小心翼翼地探尋自閉症與疫苗之間的關聯，但結論是兩者
之間沒有任何相關性。[註4] 然而，由於先前聲稱的關聯性，卻已
讓某些國家的疫苗注射率下降，使得孩童罹患那些曾被控制疾
病的死亡率上升 。我們不知道為什麼某些信念就是能對事實免
疫。但在自閉症與疫苗相關性的這個案例中，有數個大腦臭蟲
該為此負責。自閉症與疫苗都是人們所熟知的東西（尤其是對
那些本身有家人罹患自閉症的人士來說更是如此），所以會清
楚地顯現在我們的神經迴路中，因而更容易形成「自閉症」與
「疫苗」節點間的強大連結。我們已知道人類記憶的一項特性
就是沒有刪除資訊的便捷之道。一旦在神經層級上建立起「自
閉症」與「疫苗」間的關聯性，那麼在不自覺的情況下就能發
揮其影響力。但即使這個連線可以被刪除，那又有什麼能夠取
而代之成為自閉症的成因呢？自閉症是由環境因素所引發的多
基因性發展障礙嗎？[註5] 有些謬論之所以能夠成立，只是因為簡
單好記──它們提供了易於認定的目標，並且與大腦儲存資訊
的方式相呼應。相較於自閉症與某些未定基因及環境因素間相

---

4.《國家科學院刊》（National Academy of Sciences）2004年的年度報告中，提供了一
篇有關自閉症與疫苗詳細的文獻回顧：〈預防接種安全檢視：疫苗與自閉症〉。
（http://books.nap.edu/catalog.php?record_id=10997），亦可參考史貝克特（Spector）
於2009所發表的論文，不過此篇原始論文經過調查，最後發現數據造假（Deer,
2011）。

5.Levy et al., 2009.

關的新聞標題，認為自閉症與疫苗有關的頭條標題更容易讓人記住。

自閉症與疫苗關聯性的這個議題之所以能延續這麼久，可能來自人類對於異物進入自己身體的天生恐懼。除了皮膚所形成的物理屏障外，我們會以各種方式來減低異物穿透身體表面的機會。無論是注射疫苗的針頭或是疫苗內所含的「已死」病毒，只要是進入我們身體中的東西，我們都會有所忌諱。的確，反疫苗運動團體反對使用疫苗已經超過200年之久了。註6與猴子天生就準備好認定蛇具危險性的情況如出一轍，我們似乎對於異物進入體內就是不好的這個信念太過執著。

我們對錯誤與非理性信念的頑固堅持，只不過是大腦各類臭蟲聚集所產生的嚴重後果之一。另一種狀況則出現在政治角力中。邱吉爾有句名言：「民主政治是最壞的政府體制，只比人類嘗試過的所有其他制度好些。」註7民主的信念是建立在人民具有選出有才幹、智慧與誠實之候選人的能力，同時候選人的觀點還要能夠引起我們的共鳴。雖然在選票上打勾十分簡單，但要選出真正有能力的領導者可是極具風險。

大腦的構造確保它擅於進行辨認模式，但大腦本身的計算能力卻很糟糕。那麼，投票這個行為到底算是大腦的強項還是

6.Wolfe and Sharp, 2002.

7.Churchill, 「在下議院中的演講」, 11 November 1945, The Official Report, Commons, 5th Ser., vol. 444, cols. 206–207.

弱點呢?許多國家的人民必須年滿18歲才具有投票權與開車的
權利。那麼在這二種行為中,哪一個所需負擔的責任較重呢?
看起來應該是開車,因為必須取得駕照才能駕駛車輛。其實到
底是開車還是投票要負的責任多些並不是個客觀問題;這是二
個不同的行為。然而也許由於一位不良駕駛所造成的危險顯而
易見,所以我們立即明瞭開車需先考駕照的道理,但對投票者
需要具備的條件就不甚清楚了。選出一位無能的領導者所造成
的後果當然比車禍更為嚴重,這可怕後果從戰爭到災難性政策
都包括在內。舉例來說,南非總統姆貝基(Thabo Mbeki)堅持
愛滋病不是人類免疫缺陷病毒所造成,而且可以用自然民俗療
法來治癒;而他的觀點造就了一項估計要為幾十萬人死亡負責
的愛滋病政策。註8 人們總會選出無能的領導者,問題是我們是
否能從錯誤中學到教訓。

　　由於難以預知百萬人海中的小小一票能對投票結果有什麼
影響,所以人們對此漠不關心,也使得民主的發展過程於初始
就受到阻礙。不過除此之外,這裡還要考量到第四章所說的延
遲性盲目:當動物與人類的行動及其所造成結果之間延遲過久
時,動物與人類就難以將這兩件事情連在一起。如果每次投票
的隔天,就能夠神奇地發現我們的選擇是對是錯,那麼也許我
們均可以成為投票能手。但如果需要花費數年的時間才能發現
我們選出的代表極不適任,那麼人們對於選出這些人與國家現

8.Kalichman, 2009.

況間的因果關聯，最多也只會有模糊的感覺而已。時間的流逝抹去了原來的責任歸屬，讓在學習中極具關鍵性的標準試誤迴饋毫無作用。我們想要馬上獲得滿足的渴求成了投票時保持理性的障礙。在政治的領域中，「立即」得到回饋的欲望，完全顯現出我們短視近利的特性。此種偏好就是減稅永遠是不敗競選承諾的部分原因；但是減稅得到的短暫利益，可能是要犧牲教育、研究、科技與基礎建設上的長期投資來換取，而這些才是建設健全經濟與強大國家的重要關鍵。我們短視近利的心態也造成大家期望政府能在短時間內解決複雜問題，因而促使政治人物制定出可能帶來長遠災難的短期解決方案。

人類生活中的每個層面幾乎都會受到大腦臭蟲的影響，不過在少數幾個像民主政治的這類領域中，更容易因大腦臭蟲大量聚合而被左右。我們將選票投給誰，其實就是多個大腦臭蟲結合所造成的結果，其中包括了錯誤記憶迴路、短視近利的傾向、恐懼、宗教信仰以及我們易受宣傳活動影響的傾向等等。

## 二項成因

無論在投票時、法庭上、工作中、購物時或私人生活中以什麼形式出現，我們的大腦瑕疵與在誤導下所做出的決定都會造成嚴重後果。的確沒有任何單一理由能解釋，大腦臭蟲如何能穩定出現在各種不同的情況中。不過，我們已經知道有二項明顯成因。第一項成因來自人類的神經操作系統，神經操作

系統就是一份古老的基因藍圖，詳列了如何建造大腦的指示。這個藍圖確保每個人都擁有腦幹，負責像呼吸及控制身體與大腦間資訊交流的基本低階任務。它也負責建立神經元與突觸運作所依據的規則，也就是掌控後天環境如何雕塑先天因素的規範。因此，我們認定自己應該如何表現的這份偏好，其實早已經內建在人類神經操作系統中。我們應該害怕什麼樣的事物、又該防範什麼情況，人類恐懼迴路會給予我們有用的建議。為了立即獲得滿足，人類大腦促使我們採用「時間折價」的方式（請參閱第四章）。也許在我們DNA密碼中有某些連線，助長我們對超自然力量及宗教的信念，並讓負責這些信念的迴路對於反射系統產生超出比重的影響力。這些多少已預先封裝在人類心智中的特質，是神經系統經過整哺乳動物演化歷程所累積調整而得的產物，然而，在距今不到20萬年前，也就是智人初現身之時，這些特質還未整合入人類的神經操作系統中。

　　從許多其他物種身上都可以觀察得到，執行一個過時的神經操作系統會產生什麼樣的後果。臭鼬擁有令人難忘的白條紋，以及能讓敵人誤認具有致命威脅的強力臭氣。如同前面章節所提到的，這些特質提供了一個強力且獨一無二的防禦機制，因此造就了臭鼬在面對威脅時會抱持著不同於「打鬥或逃跑」的高傲態度，這樣的特質也設定在牠們的神經操作系統中：每當感受到危險時，臭鼬只需轉身抬起尾巴並放出臭氣即可。這一直是個頗能符合生存需求的天性，直到牠們開始碰上

高速行駛的車子時，情況才有了變化。

第二個造成大腦臭蟲的原因，則與大腦運算單位及大腦建造結構的本質有關。神經元是專為網絡所設計的一種結構。電腦藉由快速運用許多0與1來儲存記憶，而人類的遺傳特性則以As、Gs、Ts與Cs的序列來儲存。但大腦是以神經元連接的模式來儲存資訊。這種方式需要靠經驗來塑成神經元間的連接模式，其依據就是：一同被使用的神經元，彼此會產生連結。而讓這一切成為可能的，就是神經可塑性以及讓突觸「知道」其突觸前後神經元是否同步作用的智慧型NMDA受體。要有效運用儲存在神經網絡中的資訊，其關鍵之處就在於促發作用，這也表示，無論什麼時候，代表某概念的神經元群被活化後，就會把這個「訊息」傳送給其他神經元夥伴。這好比你每次瀏覽一個網站時，你的瀏覽器就會暗中先行把所有連結的網頁下載至記憶體中但不顯現出來，像是能夠先行預測下一步會是什麼那樣（事實上，在某些網站瀏覽器中真的有這種名為預取〔 prefetching 〕的功能特性）。註9

如此強大優質的大腦關聯結構與促發作用，卻是許多大腦臭蟲的成因，從我們容易混淆名字、混用相關概念造成框架與錨定效應、容易被行銷誘惑、到不相關事物會對我們的行為造成影響等等都包括在內。我們的神經迴路不只將相關概念連結起來，也讓相關於每個概念的情緒及身體狀態與概念本身產生

---

9.我要謝謝克里斯‧威廉斯（Chris Williams）為我指出這點。

連線。因此，只要接收到某些字眼，我們的行為與情緒就會受到影響。語義促發現象顯示，若電腦螢幕上閃過一對彼此相關的字眼，那麼我們認字的反應就會快一點。所以當我們在辨認**平靜**（calm）此字詞之前，出現**耐心**（patience）一詞會比出現**蟒蛇**（python）一詞更能加快我們認字的速度。但是大腦不是由運算元件所組成的裝置。由**耐心**字詞產生的神經活動會擴散到大腦其他區域，確實也影響了人們打斷他人談話前等待時間的長短。

　　似乎在某種程度上，大腦中的每件事物都與其他每件事物相連結，每種思想、情緒與行為似乎都能相互影響。有多篇研究提到此類交互作用眾多不同且微妙的案例。其中有篇研究指出，當人們拿著一個較重的寫字板時，他們對外幣幣值的估算就會高些，彷彿寫字板的重量就是那些外幣的份量。註10

　　另一個研究則顯示，當人們被問到關於未來的事情時，身體就會不自覺地微往前傾。註11人們也未曾注意過，若在吃飽喝足之後才進行每個禮拜的例行性採買，自己就會少買一些食物。當人們的「胃」（更正確地說，是下視丘）在飽足的情況下，對於整週所需食物量的估計算就會偏低。人體與認知間的交互影響被稱做**體現認知**（embodied cognition）。有些人認為這反映出身體與心智間的特殊連結，不過它也許只是直接或間

10.Nils et al., 2009.
11.Miles et al., 2010. 相關研究請參考Ackerman et al. (2010).

接連結神經元一同活化時所產生的必然結果。舉例來說，多數文化都認為時間是往前移動的，因此「未來」一定是在前頭。註12「向前」的概念最後必定是與能引發向前動作的運動迴路連結在一起。如果不是這樣，我們為何就是知道「往前走」這個指令代表什麼意義呢。所以當人們談及未來事物時，代表「未來」的神經元活化後會擴及至代表「向前」概念的神經元上，接續就會活化負責前傾動作的運動迴路，讓身體不自覺前傾了。

　　我們做出的決定一般都取決於一組正被其他神經元啟動的神經元群。若有位侍者問你是否要點塊乳酪蛋糕，你的決定會與產生「不，謝謝。」或「好的，請給我一塊。」回應的動作神經元群有關。在整合各個相關突觸前神經元的輕聲呢喃與大聲吼叫後，單一神經元最終才會做出是否要活化的「決定」。有些突觸前神經元會鼓勵此單一神經元活化，而有些則會試圖阻止它這樣做。但無論收到的是鼓勵還是阻撓的訊息（即便訊息微弱），神經元都無法不去聆聽，也必會受其影響。在這樣的情況下，好的一面是人類神經迴路能自主地把事情脈絡列入考量，像是當我們聽到「你的心臟瓣膜情況不佳」時的立即感受，會因說話者是穿著白袍還是穿著油膩的藍色制服而有所不同。不好的一面也是神經迴路會自主地把事情脈絡列入考量此

---

12.在玻利維亞原住民艾瑪拉族（Aymara）的語言中，「未來」在語言與姿勢中是以「往後」來代表。（Nunez and Sweetser, 2006）

一特性,因為就一個療程而言,存活率95%聽起來的感覺,就是比死亡率5%來得順耳。

## 除錯

就像有人會從疾病的角度來研究人體那般,本書的目標在於描述出哪些已知症狀是大腦臭蟲運作下的產物。但治療方式呢?我們能對大腦臭蟲進行除錯嗎?

眾所皆知,大腦是個有缺點的運算裝置;長期以來我們已學會在大腦的許多習性與限制下活動。從第一個在手指上綁條線以提醒自己記得某件事的人士,到下車時若車燈未熄滅汽車會自動發出嗶嗶聲的提醒方式,人類已發展出多種策略來應付自身記憶的極限。學生會利用記憶術,創造出讓大腦生性容易記住的有意義句子,以記憶各種清單,舉例來說:「my very easy method just seems useless now」就可以用來記憶太陽系行星的順序。(my→Mercury〔水星〕、very→Venus〔金星〕、easy→Earth〔地球〕、method→Mars〔火星〕、just→Jupiter〔木星〕、seems→Saturn〔土星〕、useless→Uranus〔天王星〕、now→Neptune〔海王星〕。)電話與電腦能為我們儲存無數的電話與帳戶號碼、電子行事曆提醒我們什麼時候要到哪裡去,還有當我們忘了在電子郵件中附加相關檔案時,程式也會自動發出提醒。

我們會因恐懼迴路引發的恐懼症尋求治療。人們也會從事

許多行為來幫助自己戒煙、戒酒或是戒除亂花錢的習慣，這些行為從避免某些場合到尋求醫療協助等等都包括在內。

這些相對易於施行的解決方案雖然有效，卻無法對付那些大腦天性偏頗所引發的大型社會問題。為了避免大腦瑕疵引爆的大規模問題，有人建議法律條文中應該要將我們容易做出非理性決定的情況納入考量。經濟學者喬治・羅文斯坦（George Loewenstein）與同事將上述方式稱做**非對稱家長制**（asymmetric paternalism），而理查・泰勒（Richard Thaler）與凱斯・桑斯坦（Cass Sunstein）則將其稱為**自由家長制**（libertarian paternalism）或更直覺一點的說法就是**選擇架構**（choice architecture）。註13 這種理念的信條就是，法律規範應要驅使我們做出對自己與社會最有利的決定，但法律同時也無權干涉我們其他可行的選擇或自由。1966年開始生效的法條把這個理念納入其中，要求香煙包裝上必須標示有害健康的警語。政府並沒有將香煙列為非法物品，因為那會牴觸我們的自由，所以就採取上述行動來確保大眾知道抽煙危害健康的這項事實。

我們想要駕馭現代化生活，就必須要做出各類決定。房子該投保多少錢？退休計畫又需要多少錢？但因為這些都是複雜且極具主觀性的評估，許多人乾脆以不變應萬變，就以大腦本身的預設選擇（default option）來做決定，這個選擇往往也

13.Camerer et al., 2003; Loewenstein et al., 2007; Thaler and Sunstein, 2008.

被認定為最佳選項，而且這樣的好處是，自己就無須進行任何其他的努力與思考。新進員工選擇是否加入提撥退休金計畫（defined-contribution retirement plan）時，最能觀察到「預設選擇」（或稱為預設**偏見**〔default bias〕）的力量。因為人們現存偏見讓自己無法存到退休所需的金額，如果預設選擇是不參加退休金計畫，這就會造成問題了。所以大腦的選擇架構（Choice architecture）將自動加入退休金計畫做為本身的預設選擇，以反向平衡無所不在的短視近利思維。研究已經證實，自動加入退休金計畫已明顯增加每個人的退休基金。註14 其他有關選擇架構的例子比比皆是，像是簡單地在自助餐店中把健康食物放在更顯眼且更容易取得的地方即是。還有為了因應對於器官的需求，國家法律也許可在捐贈器官的法條中將「推斷同意」當做預設選項，同時另設選項讓任何不想捐贈者有機會可以退出。註15

這些例子提醒我們，大腦臭蟲是種利弊兼具的瑕疵，框架問題或資訊方式的這類任意因素，就足以讓我們脫離常軌，不過框架效應也具備將我們拉回正軌的功效。同樣地，我們已經知道，讓人們容易受到廣告影響的大腦臭蟲，來自於身為社群

14.Madrian and Shea, 2001; Camerer et al., 2003.其他研究已經顯示，若退休計畫中的預設選擇會緩慢增加人們分配在退休金上的金額比例，則能進一步增加我們的退休基金。（Thaler and Benartzi, 2004; Benartzi and Thaler, 2007）關於汽車保險研究中預設偏見的經典例子，請參考Johnson et al. (1993)。

15.Camerer et al. (2003)；Loewenstein et al. (2007); Thaler and Sunstein (2008)的論文中有討論到這些建議與其他建議。

動物的人類對模仿與文化傳承的極度仰賴。模仿是大腦的固有功能，我們也熱中於理解周遭人士的想法與作為。因此有研究顯示：「決定人類行為最重要的因素之一就是，人類相信其他人類的作為，並以此驅使人們做出有利社會的行為。」這也不足為奇了。

為了證明同儕效應是否會對人們拒絕誘惑並遵守亞歷桑那州石化森林國家公園規範造成影響，心理學家羅伯特・齊歐迪尼（Robert Cialdini）就進行了一個簡單實驗。由於遊客在遊覽過程中往往會順手拿走化石做為「紀念品」，所以國家公園每年都會失去大量的木質化石。為了遏阻這個問題，公園管理處早已豎立了禁止這類行為的警示標語。不過齊歐迪尼想知道的是，資訊框架的方式是否會改變警示標語的效用。所以他們將二個警告標語各自放在二個不同的高失竊率區域。其中一個告示中寫著：「因為過去有許多遊客拿走公園中的木質化石，造成了石化森林的自然狀態產生改變」並顯示一張三個人拿取化石的圖片。另一個告示則寫道：「為了保存石化公園的自然狀態，請勿拿走公園中的木頭化石。」並顯示一張一個人取走化石的圖片。他們還在步道旁放了有標記的木質化石，好計算不同告示的效果。結果顯示，在張貼第一個告示的步道有8%的標記石化被取走。相對地，在第二張告示處，只有2%的化石消失。註16 結果顯示，在試圖遏阻人們拿取化石上，第一個告

16.Cialdini, 2003; Griskevicius et al., 2008.

示因為給了人們大家都拿的印象，所以反而助長了竊取行為。要阻止從國家公園拿走小小「紀念品」的誘惑是一回事，同時感覺自己是唯一一個不拿紀念品的人又是另一回事了。這樣混亂的心理狀態也能應用在搶劫行為上：如果其他每一個人都任意奪取他人物品，那麼人們心中的框架也許就會從知道拿取不屬於自己的有價物是錯的，轉移到別人都拿我不拿就是笨蛋的狀況。

齊歐迪尼的研究證明，資訊的要點與呈現的方式可用於鼓勵人們從事社會認同的行為。其他研究同樣也顯示，強調其他人士的正向作為可用來增加人們對環境的友善程度或是對於稅收的接受度。

有人也許想知道，簡單的促進方式是否也可以用來反制在選戰中作用的大腦臭蟲。對於那些我們選出的總統、議員與代表，我們總是在遠處觀看他們的競選活動、採訪與辯論。對於他們確實做了什麼以及他們的決定所造成的衝擊，我們缺乏直接感受。人們很簡單就可以看出心臟外科醫生的技術與智慧有多重要；外科醫生出錯所造成的結果一目了然，如果心臟外科醫生搞砸了，不用說大家也知道病人可能會送命。而政治人物所做的工作，其重要性還超過了外科醫生，但他們的決定與我們生活間的關係極不直接，所以也難以窺見。我們無法想像許多人會選擇讓丹・奎爾（Dan Quayle）或莎拉・裴林（Sarah Palin）來擔任自己的心臟手術醫師，但大家似乎對於讓他們管

理全球首強國家感到泰然自若。若在投票選總統的當下，提醒人們其選擇的潛在風險是什麼，情況又會如何呢？也許可以請投票者想想，他們想選的候選人是否會讓家中18歲孩子遠赴戰場，或是這位他們相當信賴的候選人，是否可以確保國家經濟強健，並在選民們失去社會福利時提出解決辦法。當我們以人們能夠瞭解的方式來說明民選官員的權力時，想必至少有些選民會開始重新思考，是否該給予那些在職務上明顯缺乏經驗、技巧與智慧的候選人全面性的支持。

無疑地，為我們心智中的大腦臭蟲訂定規範並且提供大眾資訊以資參考是十分重要的，然而這卻是件極難達成的事情。選擇架構仰賴某人或某些機構做出對我們最有利的選擇，對於是否參加退休計畫這種二選一的情況，大腦明確知道要選擇哪一個；但面對房屋保險中的多樣選項以及要在全球各類健保計畫擇一時，哪一個才是最佳選項呢？此外，對我們最有利的事物常與他人的最佳利益彼此衝突，最常見的就是保險公司販售給大眾的健康保險或租車保險這一類產品。私人公司的存在目的就是要獲取利益，合理的經驗法則就是顧客花費愈多，公司的獲利就愈大；這些公司訂定的預設選擇絕對不可能以對顧客最有利的情況來設想。資方甚至也沒有興趣對勞方進行最大的投資，因為若是資方所給要「符合」勞工的貢獻，那實際上就得要付出更多的薪水。能平衡人類預設立場、現有成見、拖延傾向與不良習慣的那些經過周詳考慮的政策與法規，得努力爭

取才能得到。然而，它們也不是放諸四海都行得通。此外，選擇架構最多只是促使人們做出選擇，而非選出真正解決或修復方法。研究指出，在多數情況下，資訊內容及框架這些資訊的環境背景可幫助某些人做出有益的決定，不過效果通常不大，而且受益者極為有限。

在遙遠未來的某一天，也許我們會重新撰寫控制恐懼迴路的基因密碼，以去除人類易產生恐慌的特性。在遙不可及的那一天，也許我們將以更直接的方式來運用智慧型手機中的原始記憶體：讓手機中的矽晶體電路經由神經輔具直接連結人類的神經迴路上。不過即使到了那一天，要對大腦進行除錯，還是需仰賴讓**智人**從原始狩獵採集生活時代演化至能在個體間進行基因與器官移植之時代的那些策略，也就是教育、文化與審慎思考。

想像一下將一對雙胞胎分開，其中一個交由在地方中學教書的年輕夫婦來教養，另一個則由巴西亞馬遜河流域的狩獵採集部族皮拉罕人（Piraha）來撫養。5年後，雙胞胎中的其中一個將十分熟悉《愛探險的朵拉》（*Dora the Explorer*）的冒險故事、知道使用手機的方式以及說得一口好英文；另一個則會知道如何捕魚、游泳並且還精通也許是所有語言中最難懂的一種。20年後，其中一位雙胞胎可能進入研究所就讀，用著一些狹義相對論的專有名語，而另一位則是以大量的技能來為家人

提供食物及住所。雖然兩人所展現出的大腦運作成效極為不同，但這對雙胞胎用的都是同一套能夠創新發展的運算工具，無須程式設計師之類的外部媒介來發展或建制英文或皮拉罕語軟體，因為文化就扮演了程式程計者的角色。這就是大腦這個運算工具體為何可隨時修改的原因。是的，人類神經系統所設下的範圍限制了大腦的功用：我們從來就沒有辦法像計算機那樣快速精準地計算數字、我們也常會出現記憶錯誤與容量極限、還有著過時的恐懼迴路以及大量的認知偏見。但是大腦仍舊以本身獨一無二的能力，去適應未知環境並解決演化未曾著手的問題。

　　具有自我改變的能力是大腦獨有的特色。人類頭骨中那些由樹突、軸突與突觸混合出的極複雜神經構造，所形成的不是靜態的雕像，而是動態的結構。人類的經驗、文化與教育重組我們的神經迴路，進而塑成我們的思想、行動與決定，接下來又改變了我們的經驗與文化。經由這個無限迴圈，人類獲得雙重效益，不但得以延長平均個人壽命，生活品質同時也獲得大幅改善。我們克服了許多歧見，而且至少都願意接受每個人都擁有相同權利與自由的這些原則。雖然大腦儲存與運用大量數字的能力不佳，不過人類也設計出機器來為自己進行這些運算。人類從想像中創造鬼神，不過我們已經跨過以人類做為祭品的那個階段。雖然抽煙仍然對健康極具威脅，但染上煙癮的年輕人日漸減少，這是教育展現的成果。此外，只要產生些許

懷疑與多瞭解一些常識，就能大大保護我們免受廣告及政治煽動的公然誤導。

數千年來，我們的意識反射系統已幫助自己達到一個非凡的階段：也就是讓大腦專心樂在自己的內部工作中。隨著這個內部過程的持續進行，我們也將繼續揭開人類許多錯誤的成因。不過就像那些會把手錶調快5分鐘以解決自己拖延習性的人們一樣，我們必須運用神經科學與心理學的知識，來教導自己瞭解人類大腦臭蟲以補救其所產生的問題。教導幼兒關於大腦能力與瑕疵的所有狀況，毫無疑問可以加速這個過程。有鑒於大腦瑕疵無所不在，而且我們所處世界非但不符合生態環境且日益複雜，所以接受大腦臭蟲就成為讓自己與遠親近鄰生活持續進步的必要步驟了。

## 致謝

我猜自己對於大腦內部功能的迷戀，全拜舍妹所賜。任何親身感受過大腦從困惑嬰兒期轉變到伶俐少年期整個過程的人，都會留下不可磨滅的印象。感謝妹妹在未知的情況下就參與了我早期幾個愚蠢的研究，也謝謝她後來對於我在神經科學上稍微精巧的嘗試給予熱烈支持。

本書的重點之一就是，人類記憶並不適合儲存某些類型的資訊，人名就是其中一例。因此為了減少本書大部分讀者也許無須知道的資訊，我有時會將文中所提研究的作者名字刪去。不過我盡可能在註釋中清楚地提到主要負責這些研究的科學家，讓大家知道這些研究出自他們之手，但百密總有一疏，若有疏漏，還請大家包涵。

並非所有的科學發現都能通過長期考驗，這是科學界中始終存在的不幸事實。必須要有數個各自獨立的研究團隊都能再次證實其他團隊的研究發現，才能算是在科學上有所進展。初始令人興奮不已的發現到頭來卻被證明有誤，這些也許是因為僥倖獲得的統計數字、研究方法的疏失、實驗執行不力，或甚至是假造數據所形成的結果。因此，我盡可能把文中討論到的研究，限制在那些已通過其他團隊驗證的研究發現，並針對討論結果找出一篇以上的研究論文，以讓我自己與讀者能夠相信此項研究發現所得的結果。但這不是說，書中某些主題與想

法在本質上就完全沒有問題——如同我在討論人們易受行銷影響時所提，在試圖將行為心理分析與突觸及神經層面的基礎機制連結在一塊時，其中還是有些疑問。不過我從頭到尾都有竭力說明哪些是已被接受的科學發現，而哪些在科學上還存有疑點。

若非眾多朋友與同事的幫忙，本書必定無法完成。他們對本書的貢獻無遠弗屆，包括：教導我書中部分主題所涉及的知識、協助校閱本書中的幾段章節，或是正視我提出的簡單問題。提供我這些幫忙的有：吉姆・亞當斯（Jim Adams）、什洛莫・班那滋（Shlomo Benartzi）、羅伯特・博伊德（Robert Boyd）、哈維・布朗（Harvey Brown）、朱迪・布諾馬若（Judy Buonomano）、亞倫・伯迪克（Alan Burdick），亞倫・卡塞爾（Alan Castel），蒂亞・戈卡瓦略（Tiago Carvalho），米歇爾・克列斯克（Michelle Craske）、布魯斯・多布金斯（Bruce Dobkins）、邁克・范澤洛（Michael Fanselow）、保羅・弗蘭克蘭（Paul Frankland）、阿茲列爾・哈多蘇伊（Azriel Ghadooshahy）、安諾柏休比・戈埃爾（Anubhuthi Goel）、比爾・格里沙姆（Bill Grisham）、艾波爾・何（April Ho），雪倫・喬瑟林（Sheena Josselyn）、烏瑪・卡馬克（Uma Karmarkar）、法蘭克・克拉斯內（Frank Krasne）、史蒂夫・庫什納（Steve Kushner）、喬・李寶（Joe LeDoux）、泰勒・李（Tyler Lee）、凱爾西・馬丁（Kelsey Martin）、丹

尼斯‧松井（Denise Matsui）、安德烈亞斯‧尼德（Andreas Nieder）、凱利‧奧唐奈（Kelley O'Donnell）、馬可‧蘭迪（Marco Randi）、亞歷山大‧羅斯（Alexander Rose）、費南達‧范倫鐵諾（Fernanda Valentino）、安迪‧華倫斯坦（Andy Wallenstein）、卡爾‧威廉斯（Carl Williams）與克里斯‧威廉斯（Chris Williams）。還要特別感謝傑森‧古德史密斯（Jason Goldsmith）對大部分手稿進行詳細評論，並且提出許多具啟發性的建議。

我在此也要對那些多年來慷慨犧牲時間，與我分享知識及想法，並豐富我科學知識的朋友獻上無限謝意。這些朋友包括：傑克‧伯恩（Jack Byrne）、湯姆‧卡魯（Tom Carew）、瑪麗－弗朗索瓦絲‧卻斯萊特（Marie-Francoise Chesselet）、艾利森‧度坡（Allison Doupe）、傑克‧費爾德曼（Jack Feldman）、史蒂夫‧利斯伯吉爾（Steve Lisberger）、麥克‧毛凱（Mike Mauk）、麥克‧莫山尼克（Mike Merzenich）與珍‧雷蒙德（Jennifer Raymond）；當然，要感謝的朋友不止於此。另外還要感謝支持我進行研究的國家心理衛生研究院（the National Institute of Mental Health）與國家科學基金會（the National Science Foundation），還有加州大學洛杉磯分校的神經生理學系與心理學系。

我還要誠摯感謝安納卡‧哈里斯（Annaka Harris）、本人在諾頓出版社（Norton）的編輯露娜‧羅門（Laura Romain）

與安吉拉‧馮德利普（Angela von der Lippe）、還有經紀人彼得‧塔列克（Peter Tallack）等人，他們不但給予我指引，還貢獻出自己的編輯所長。此外，也要感謝哈里斯夫婦（Annaka and Sam Harris）在本書建構的每一個階段所提供的寶貴意見與鼓勵。

　　還要謝謝內人安娜（Ana），她不只讓我能夠隨心所欲的撰寫此書，更提供了支持與環境讓我得以無後顧之憂地完成這本書。最後，也是最要感謝的是我的父母，謝謝他們賦予我這份先天能力，還有對我的後天栽培。

# 參考書目

Aasland, W. A. & Baum, S. R. (2003). Temporal parameters, as cues to phrasal boundaries: A comparison of processing by left- and right-hemisphere braindamaged individuals. *Brain and Language, 87,* 385–399.

Abbott, L. F., & Nelson, S. B. (2000). Synaptic plasticity: Taming the beast. *Nature Neuroscience, 3,* 1178–1183.

Ackerman, J. M., Nocera, C. C., & Bargh, J. A. (2010). Incidental haptic sensations influence social judgments and decisions. *Science, 328,* 1712–1715.

Adolphs, R. (2008). Fear, faces, and the human amygdala. *Current Opinion in Neurobiology 18,* 166–172.

Adolphs, R., Tranel, D., Damasio, H., & Damasio, A. (1994). Impaired recognition of emotion in facial expressions following bilateral damage to the human amygdala. *Nature, 372,* 669–672.

Agarwal, S., Skiba, P. M., & Tobacman, J. (2009). Payday loans and credit cards: New liquidity and credit scoring puzzles? *American Economic Review, 99,* 412–417.

Anderson, J. R. (1983). A spreading activation theory of memory. *Journal of Verbal Learning and Verbal Behavior, 22,* 261–296.

Ariely, D. (2008). *Predictably irrational: The hidden forces that shape our decisions.* New York: Harper.

Askew, C., & Field, A. P. (2007). Vicarious learning and the development of fears in childhood. *Behaviour Research and Therapy, 45,* 2616–2627.

Assal, F., Schwartz, S., & Vuilleumier, P. (2007). Moving with or without will: Functional neural correlates of alien hand syndrome. *Annals of Neurology, 62,* 301–306.

Asser, S. M., & Swan, R. (1998). Child fatalities from religion-motivated medical neglect. *Pediatrics, 101,* 625–629.

Babich, F. R., Jacobson, A. L., Bubash, S., & Jacobson, A. (1965). Transfer of a response to naive rats by injection of ribonucleic acid extracted from trained rats. *Science, 149*, 656–657.

Bailey, C. H., & Chen, M. (1988). Long-term memory in Aplysia modulates the total number of varicosities of single identified sensory neurons. *Proceedings of the National Academy of Sciences, USA, 85*, 2373–2377.

Bargh, J. A., Chen, M., & Burrows, L. (1996). Automaticity of social behavior: Direct effects of trait construct and stereotype activation on action. *Journal of Personality and Social Psychology, 71*, 230–244.

Bear, M. F., Connor, B. W., & Paradiso, M. (2007). *Neuroscience: Exploring the brain*. Deventer: Lippincott, Williams & Wilkins.

Beaulieu, C., Kisvarday, Z., Somogyi, P., Cynader, M., & Cowey, A. (1992). Quantitative distribution of GABA-immunopositive and -immunonegative neurons and synapses in the monkey striate cortex (area 17). *Cerebral Cortex, 2*, 295–309.

Benartzi, S., & Thaler, R. H. (2007). Heuristics and biases in retirement savings behavior. *Journal of Economic Perspectives, 21*, 81–104.

Berdoy, M., Webster, J. P., & Macdonald, D. W. (2000). Fatal attraction in rats infected with *Toxoplasma gondii*. *Proceedings of the Royal Society—Biological Sciences, 267*, 1591–1594.

Berger, J., Meredith, M., & Wheeler, S. C. (2008). Contextual priming: Where people vote affects how they vote. *Proceedings of the National Academy of Sciences, USA, 105*, 8846–8849.

Bering, J. M., & Bjorklund, D. F. (2004). The natural emergence of reasoning about the afterlife as a developmental regularity. *Developmental Psychology, 40*, 217–233.

Bering, J. M., Blasi, C. H., & Bjorklund, D. F. (2005). The development of "afterlife" beliefs in religiously and secularly schooled children. *British Journal of Developmental Psychology, 23*, 587–607.

Bernays, E. (1928). *Propaganda*. Brooklyn: Ig Publishing.

Bienenstock, E. L., Cooper, L. N., & Munro, P. W. (1982). Theory for the development of neuron selectivity: Orientation specificity and binocular interaction in visual cortex. *Journal of Neuroscience, 2*, 32–48.

Blair, H. T., Schafe, G. E., Bauer, E. P., Rodrigues, S. M., & LeDoux, J. E.

大腦有問題

(2001). Synaptic plasticity in the lateral amygdala: a cellular hypothesis of fear conditioning. *Learning & Memory, 8,* 229–242.

Bliss, T. V., & Lomo, T. (1973). Long-lasting potentiation of synaptic transmission in the dentate area of the anaesthetized rabbit following stimulation of the perforant path. *Journal of Physiology, 232,* 331–356.

Bloom, P. (2007). Religion is natural. *Developmental Science, 10,* 147–151.

Boccalettii, S., Latora, V., Moreno, Y., Chavez, M., & Hwang, D. U. (2006). Complex networks: Structure and dynamics. *Physics Reports, 424,* 175–308.

Boesch, C., & Tomasello, M. (1998). Chimpanzee and human cultures. *Current Anthropology, 39,* 591–614.

Borg, J., Andree, B., Soderstrom, H., & Farde, L. (2003). The serotonin system and spiritual experiences. *American Journal of Psychiatry, 160,* 1965–1969.

Borges, J. L. (1964). *Labyrinths: Selected stories & other writings.* New York: New Directions.

Bornstein, R. F. (1989). Exporsure and affect: Overview and meta-analysis of research, 1968–1987. *Psychology Bulletin, 106,* 265–289.

Bowles, S. (2009). Did warfare among ancestral hunter-gatherers affect the evolution of human social behaviors? *Science, 324,* 1293–1298.

Boyd, R. (2006). Evolution: The puzzle of human sociality. *Science, 314,* 1555 and 1556.

Boyer, P. (2001). *Religion explained: The evolutionary origins of religious thought.* New York: Basic Books.

_____ . (2008). Being human: Religion: Bound to believe? *Nature, 455,* 1038 and 1039.

Brady, T. F., Konkle, T., Alvarez, G. A., & Oliva, A. (2008). Visual long-term memory has a massive storage capacity for object details. *Proceedings of the National Academy of Sciences, USA, 105,* 14,325–14,329.

Brafman, O., & Brafman, R. (2008). *Sway: The irresistible pull of irrational behavior.* New York: Doubleday.

Brainerd, C. J., & Reyna, V. F. (2005). *The science of false memory.* Oxford: Oxford University Press.

Bray, S., Rangel, A., Shimojo, S., Balleine, B., & O'Doherty, J. P. (2008). The neural mechanisms underlying the influence of pavlovian cues on human decision making. *Journal of Neuroscience, 28*, 5861–5866.

Breier, A., Albus, M., Pickar, D., Zahn, T. P., Wolkowitz, O. M., & Paul, S. M. (1987). Controllable and uncontrollable stress in humans: alterations in mood and neuroendocrine and psychophysiological function. *American Journal of Psychiatry, 144,* 1419–1425.

Brown, J. S., & Burton, R. R. (1978). Diagnostic models for procedural bugs in basic mathematical skills. *Cognitive Science, 2*, 79–192.

Brownell, H. H., & Gardner, H. (1988). Neuropsychological insights into humour. In J. Durant & J. Miller (Eds.), *Laughing matters: A serious look at humour* (pp. 17–34). Essex: Longman Scientific & Technical.

Brunel, N., & Lavigne, F. (2009). Semantic priming in a cortical network model. *Journal of Cognitive Neuroscience, 21*, 2300–2319.

Buhusi, C. V., & Meck, W. H. (2005). What makes us tick? Functional and neural mechanisms of interval timing. *Nature Reviews Neuroscience, 6*, 755–765.

Buonomano, D. V. (2003). Timing of neural responses in cortical organotypic slices. *Proceedings of the National Academy of Sciences, USA, 100*, 4897–4902.

———. (2007). The biology of time across different scales. *Nature Chemical Biology, 3*, 594–597.

Buonomano, D. V., & Karmarkar, U. R. (2002). How do we tell time? *Neuroscientist, 8*, 42–51.

Buonomano, D. V., & Mauk, M. D. (1994). Neural network model of the cerebellum: Temporal discrimination and the timing of motor responses. *Neural Computation, 6*, 38–55.

Buonomano, D. V., & Merzenich, M. M. (1998). Cortical plasticity: From synapses to maps. *Annual Review of Neuroscience, 21*, 149–186.

Burke, D. M., MacKay, D. G., Worthley, J. S., & Wade, E. (1991). On the tip of the tongue: What causes word finding failures in young and older adults? *Journal of Memory Language, 350*, 542–579.

Cahill, L., & McGaugh, J. L. (1996). Modulation of memory storage. *Current*

*Opinion in Neurobiology, 6,* 237–242.

Cajal, S. R. Y. (1894). The Croonian lecture: La Fine Structure des Centres Nerveux. *Proceedings of the Royal Society of London, 55,* 444–468.

Camerer, C., Issacharoff, S., Loewenstein, G., O'Donoghue, T., & Rabin, M. (2003). Regulation for conservatives: Behavioral economics and the case for "asymmetric paternalism." *University of Pennsylvania Law Review, 151,* 1211–1254.

Canty, N., & Gould, J. L. (1995). The hawk/goose experiment: Sources of variability. *Animal Behaviour, 50,* 1091–1095.

Carroll, S. R., Petrusic, W. M., & Leth-Steensen, C. (2009). Anchoring effects in the judgment of confidence: Semantic or numeric priming. *Attention, Perception, & Psychophysics, 71,* 297–307.

Casscells, W., Schoenberger, A., & Graboys, T. B. (1978). Interpretation by physicians of clinical laboratory results. *New England Journal of Medicine, 299,* 999–1001.

Castel, A. D., McCabe, D. P., Roediger, H. L., & Heitman, J. L. (2007). The dark side of expertise: Domain-specific memory errors. *Psychological Science, 18,* 3–5.

Ceci, S. J., Huffman, M. L. C., Smith, E., & Loftus, E. F. (1993). Repeatedly thinking about a non-event: Source misattributions among preschoolers. *Consciousness and Cognition, 3,* 388–407.

Chapman, G. B., & Bornstein, B. H. (1996). The more you ask for, the more you get: Anchoring in personal injury verdicts. *Applied Cognitive Psychology, 10,* 519–540.

Chapman, G. B., & Johnson, E. J. (2002). Incorporating the irrelevant: Anchors in judgements of the belief and value. In T. Gilovich et al. (Eds)., *Heuristics and biases: The psychology of intuitive judgment* (pp. 120–138). Cambridge, UK: Cambridge University Press.

Chartrand, T. L., & Bargh, J. A. (1999). The chameleon effect: The perceptionbehavior link and social interaction. *Journal of Personality and Social Psychology, 76,* 893–910.

Chun, M. M., & Turk-Browne, N. B. (2007). Interactions between attention and memory. *Current Opinion in Neurobiology, 17*, 177–184.

Cialdini, R. B. (2003). Crafting normative messages to protect the environment. *Current Directions in Psychological Science, 12*, 105–109.

Clark, R. E., & Squire, L. R. (1998). Classical conditioning and brain systems: The role of awareness. *Science, 280*, 77–81.

Clay, F., Bowers, J. S., Davis, C. J., & Hanley, D. A. (2007). Teaching adults new words: The role of practice and consolidation. *Journal of Experimental Psychology: Learning, Memory, and Cognition, 33*, 970–976.

Clipperton, A. E., Spinato, J. M., Chernets, C., Pfaff, D. W., & Choleris, E. (2008). Differential effects of estrogen receptor alpha and beta specific agonists on social learning of food preferences in female mice. *Neuropsychopharmacology, 9*, 760–773.

Cohen, G. (1990). Why is it difficult to put names to faces? *British Journal of Psychology, 81*, 287–297.

Cohen, G., & Burke, D. M. (1993). Memory for proper names: A review. *Memory, 1*, 249–263.

Collins, A. M., & Loftus, E. F. (1975). A spreading-activation theory of semantic processing. *Psychological Review, 82*, 407–428.

Colombo, J. A., Reisin, H. D., Miguel-Hidalgo, J. J., & Rajkowska, G. (2006). Cerebral cortex astroglia and the brain of a genius: A propos of A. Einstein's. *Brain Research Reviews, 52*, 257–263.

Colwill, R. M., & Rescorla, R. A. (1988). Associations between the discriminative stimulus and the reinforcer in instrumental learning. *Journal of Experimental Psychology: Animal Behavior Processes, 14*, 155–164.

Cook, M., & Mineka, S. (1990). Selective associations in the observational conditioning of fear in rhesus monkeys. *Journal of Experimental Psychology: Animal Behavior Processes, 16*, 372–389.

Cosmides, L., & Tooby, J. (1996). Are humans good intuitive statisticians after all? Rethinking some conclusions from the literature on judgment under uncertainty. *Cognition, 58*, 1–73.

Coussi-Korbel, S., & Fragaszy, D. M. (1995). On the relation between social dynamics and social learning. *Animal Behaviour, 50*, 1441–1453.

大腦有問題

Craske, M. G., & Waters, A. M. (2005). Panic disorder, phobias, and generalized anxiety disorder. *Annual Review of Clinical Psychology, 1*, 197–225.

Dagenbach, D., Horst, S., & Carr, T. H. (1990). Adding new information to semantic memory: How much learning is enough to produce automatic priming? *Journal of Experimental Psychology: Learning, Memory, and Cognition, 16*, 581–591.

Damasio, H., Grabowski, T., Frank, R., Galaburda, A. M., & Damasio, A. R. (1994). The return of Phineas Gage: Clues about the brain from the skull of a famous patient. *Science, 264*, 1102–1105.

Darwin, C. (1839). *The voyage of the Beagle.* New York: Penguin Books.

———. (1871). *The descent of man.* New York: Prometheus Books.

Dawkins, R. (2003). *A devil's chaplain: Reflections on hope, lies, science and love.* Boston: Houghton Mifflin.

——— . (2006). *The God delusion.* New York: Bantam Press.

Deaner, R. O., Khera, A. V., & Platt, M. L. (2005). Monkeys pay per view: Adaptive valuation of social images by rhesus macaques. *Current Biology, 15*, 543–548.

Debiec, J., & Ledoux, J. E. (2004). Disruption of reconsolidation but not consolidation of auditory fear conditioning by noradrenergic blockade in the amygdala. *Neuroscience, 129*, 267–272

Deer, B. (2011). How the case against the MMR vaccine was fixed. *British Medical Journal, 342*, 77–82.

Dehaene, S. (1997). *The number sense: How the mind creates mathematics.* Oxford: Oxford University Press.

Dehaene, S., Izard, V., Spelke, E., & Pica, P. (2008). Log or linear? Distinct intuitions of the number scale in Western and Amazonian indigene cultures. *Science, 320*, 1217–1220.

De Martino, B., Kumaran, D., Seymour, B., & Dolan, R. J. (2006). Frames, biases, and rational decision-making in the human brain. *Science, 313*, 684–687.

Dennett, D. C. (2006). *Breaking the spell: religion as a natural phenomenon.*

New York: Viking.

De Pauw, K. W., & Szulecka, T. K. (1988). Dangerous delusions. Violence and the misidentification syndromes. *British Journal of Psychiatry, 152*, 91–96.

De Waal, F. (2001). *The ape and the sushi master.* New York: Basic Books.

———. (2005). *Our inner ape.* New York: Berkeley Publishing Group.

Diamond, M. C., Scheibel, A. B., Murphy, G. M., Jr., & Harvey, T. (1985). On the brain of a scientist: Albert Einstein. *Experimental Neurology, 88*, 198–204.

Dickinson, A., Watt, A., & Giffiths, W. J. H. (1992). Free-operant acquisition with delayed reinforcement. *Quarterly Journal of Experimental Psychology, 45B*, 241–258.

Droit-Volet, S., & Gil, S. (2009). The time-emotion paradox. *Philosophical Transactions of the Royal Society B: Biological Sciences, 364*, 1943–1953.

Drullman, R. (1995). Temporal envelope and fine structure cues for speech intelligibility. *Journal of the Acoustic Society of America, 97*, 585–592.

Dubi, K., Rapee, R., Emerton, J., & Schniering, C. (2008). Maternal modeling and the acquisition of fear and avoidance in toddlers: Influence of stimulus preparedness and child temperament. *Journal of Abnormal Child Psychology, 36*, 499–512.

Dudai, Y. (2006). Reconsolidation: The advantage of being refocused. *Current Opinion in Neurobiology, 16*, 174–178.

Eagleman, D. M., & Sejnowski, T. J. (2000). Motion integration and postdiction in visual awareness. *Science, 287*, 2036–2038.

Edelstyn, N. M., & Oyebode, F. (1999). A review of the phenomenology and cognitive neuropsychological origins of the Capgras syndrome. *International Journal of Geriatric Psychiatry, 14*, 48–59.

Edwards, D. S., Allen, R., Papadopoulos, T., Rowan, D., Kim, S. Y., & Wilmot-Brown, L. (2009). Investigations of mammalian echolocation. *Conference Proceedings of the IEEE Engineering in Medicine and Biology Society*, 7184–7187.

Eggermont, J. J., & Roberts, L. E. (2004). The neuroscience of tinnitus. *Trends in Neuroscience, 27*, 676–682.

Eigsti, I. M., Zayas, V., Mischel, W., Shoda, Y., Ayduk, O., Dadlani, M. B., Davidson, M. C., et al. (2006). Predicting cognitive control from preschool to late adolescence and young adulthood. *Psychological Science, 17*, 478–484.

Elbert, T., Pantev, C., Wienbruch, C., Rockstroh, B., & Taub, E. (1995). Increased cortical representation of the fingers of the left hand in string players. *Science, 270*, 305–307.

Enserink, M. (2008). Anthrax investigation: Full-genome sequencing paved the way from spores to a suspect. *Science, 321*, 898 and 899.

Esteves, F., Dimberg, U., & Ohman, A. (1994). Automatically elicited fear: Conditioned skin conductance responses to masked facial expressions. *Cognition & Emotion, 8*, 393–413.

Everett, D. (2008). *Don't sleep, there are snakes.* New York: Pantheon. Fendt, M., & Fanselow, M. S. (1999). The neuroanatomical and neurochemical basis of conditioned fear. *Neuroscience & Biobehavioral Reviews, 23*, 743–760.

Ferrari, P. F., Visalberghi, E., Paukner, A., Fogassi, L., Ruggiero, A., & Suomi, S. J. (2006). Neonatal imitation in rhesus macaques. *PLoS Biology, 4*, e302.

Fiete, I. R., Senn, W., Wang, C. Z. H., & Hahnloser, R. H. R. (2010). Spike-timedependent plasticity and heterosynaptic competition organize networks to produce long scale-free sequences of neural activity. *Neuron, 65*, 563–576.

Fisher, C. M. (2000). Alien hand phenomena: A review with the addition of six personal cases. *Canadian Journal of Neurological Science, 27*, 192–203.

Flor, H. (2002). Phantom-limb pain: Characteristics, causes, and treatment. *Lancet Neurology, 1*, 182–189.

Flor, H., Elbert, T., Knecht, S., Wienbruch, C., Pantev, C., Birbaumer, N., Larbig, W., et al. (1995). Phantom-limb pain as a perceptual correlate of cortical reorganization following arm amputation. *Nature, 375*, 482–484.

Flor, H., Nikolajsen, L., & Staehelin-Jensen, T. (2006). Phantom limb pain: A case of maladaptive CNS plasticity? *Nature Reviews Neuroscience, 7*, 873–881.

Foer, J. (2006, April). How to win the World Memory Championship.

*Discover*, 62–66.

Frederick, S., Loewenstein, G., & O'Donoghue, T. (2002). Time discounting and time preference: A critical review. *Journal of Economic Literature*, *45*, 351–401.

Frey, U., Huang, Y. Y., & Kandel, E. R. (1993). Effects of cAMP simulate a late stage of LTP in hippocampal CA1 neurons. *Science*, *260*, 1661–1664.

Frey, U., Krug, M., Reymann, K. G., & Matthies, H. (1988). Anisomycin, an inhibitor of protein synthesis, blocks late phases of LTP phenomena in the hippocampal CA1 region in vitro. *Brain Research*, *452*, 57–65.

Fugh-Berman, A., & Ahari, S. (2007). Following the script: How drug reps make friends and influence doctors. *PLoS Medicine*, *4*, e150.

Fujisaki, W., Shimojo, S., Kashino, M., & Nishida, S. (2004). Recalibration of audiovisual simultaneity. *Nature Neuroscience*, *7*, 773–778.

Galaburda, A. M. (1999). Albert Einstein's brain. *Lancet*, *354*, 1821; author reply, 1822.

Galdi, S., Arcuri, L., & Gawronski, B. (2008). Automatic mental associations predict future choices of undecided decision-makers. *Science*, *321*, 1100–1102.

Galef, B. G., Jr., & Wigmore, S. W. (1983). Transfer of information concerning distant foods: A laboratory investigation of the "information-centre" hypothesis. *Animal Behavior*, *31*, 748–758.

Gibbons, H. (2009). Evaluative priming from subliminal emotional words: Insights from event-related potentials and individual differences related to anxiety. *Consciousness and Cognition*, *18*, 383–400.

Gigerenzer, G. (2000). *Adaptive thinking: Rationality in the real world*. Oxford: Oxford University Press.

———— . (2008). *Rationality for mortals: How people cope with uncertainty*. Oxford: Oxford University Press.

Gilbert, C. D., Sigman, M., Crist, R. E. (2001). The neural basis of perceptual learning. *Neuron*, *31*, 681–697.

Gilbert, C. D., & Wiesel, T. N. (1990). The influence of contextual stimuli on the orientation selectivity of cells in primary visual cortex of the cat. *Vision*

*Research, 30*, 1689–1701.

Gilbert, D. (2007). *Stumbling on happiness.* New York: Vintage Books.

Gilis, B., Helsen, W., Catteeuw, P., & Wagemans, J. (2008). Offside decisions by expert assistant referees in association football: Perception and recall of spatial positions in complex dynamic events. *Journal of Experimental Psychology: Applied, 14*, 21–35.

Gilovich, T., Griffin, D., & Kahneman, D. (2002). *Heuristics and biases: The psychology of intuitive judgment.* Cambridge: Cambridge University Press.

Gilstrap, L. L., & Ceci, S. J. (2005). Reconceptualizing children's suggestibility: Bidirectional and temporal properties. *Child Development, 76*, 40–53.

Gladwell, M. (2001, October 29). The scourge you know. *The New Yorker.*

_____ . (2005). *Blink: The power of thinking without thinking.* New York: Little, Brown.

Glassner, B. (1999). *The culture of fear.* New York: Basic Books.

_____ . (2004). Narrative techniques of fear mongering. *Social Research, 71*, 819–826.

Gleick, P. H. (2010). *Bottled and sold.* Washington: Island Press.

Goelet, P., Castellucci, V. F., Schacher, S., & Kandel, E. R. (1986). The long and the short of long-term memory—a molecular framework. *Nature, 322*, 419–422.

Gold, J. I., & Shadlen, M. N. (2007). The neural basis of decision making. *Annual Review of Neuroscience, 30*, 535–574.

Golden, S. S., Johnson, C. H., & Kondo, T. (1998). The cyanobacterial circadian system: A clock apart. *Current Opinion in Microbiology, 1*, 669–673.

Goldman, M. S. (2009). Memory without feedback in a neural network. *Neuron, 61*, 621–634.

Gonzalez, L. E., Rojnik, B., Urrea, F., Urdaneta, H., Petrosino, P., Colasante, C., Pino, S., et al. (2007). *Toxoplasma gondii* infection lower anxiety as measured in the plus-maze and social interaction tests in rats: A behavioral analysis. *Behavioural Brain Research, 177*, 70–79.

Goosens, K. A., & Maren, S. (2004). NMDA receptors are essential for the acquisition, but not expression, of conditional fear and associative spike firing in the lateral amygdala. *European Journal of Neuroscience, 20,* 537–548.

Gore, A. (2004). The politics of fear. *Social Research,* 71, 779–798.

_____ . (2007). *Assault on reason.* New York: Penguin.

Gormezano, I., Kehoe, E. J., & Marshall, B. S. (1983). Twenty years of classical conditioning with the rabbit. In J. M. Sprague & A. N. Epstein (Eds.), *Progress in psychobiology and physiological psychology* (pp. 197–275). New York: Academic Press.

Gorn, G. J. (1982). The effects of music in advertising on choice behavior: A classical conditioning approach. *Journal of Marketing, 46,* 94–101.

Gould, E. (2007). How widespread is adult neurogenesis in mammals? *Nature Reviews Neuroscience, 8,* 481–488.

Gould, S. J. (1999). *Rocks of ages.* New York: Ballentine.

Granqvist, P., Fredrikson, M., Unge, P., Hagenfeldt, A., Valind, S., Larhammar, D., & Larsson, M. (2005). Sensed presence and mystical experiences are predicted by suggestibility, not by the application of transcranial weak complex magnetic fields. *Neuroscience Letters, 379,* 1–6.

Greenwald, A. G., McGhee, D. E., & Schwartz, J. L. (1998). Measuring individual differences in implicit cognition: The implicit association test. *Journal of Personality and Social Psychology, 74,* 1464–1480.

Grill-Spector, K., Henson, R., & Martin, A. (2006). Repetition and the brain: Neural models of stimulus-specific effects. *Trends in Cognitive Sciences, 10,* 14–23.

Griskevicius, V., Cialdini, R. B., & Goldstein, N. J. (2008). Applying (and resisting) peer influence. *Mit Sloan Management Review, 49,* 84–89.

Groopman, J. (2009, February 9). That buzzing sound: The mystery of tinnitus. *The New Yorker,* 42–49.

Gross, C. G. (2000). Neurogenesis in the adult brain: Death of a dogma. *Nature Reviews Neuroscience, 1,* 67–73.

Gustafsson, B., & Wigstrom, H. (1986). Hippocampal long-lasting potentiation produced by pairing single volleys and conditioning tetani

evoked in separate afferents. *Journal of Neuroscience, 6,* 1575–1582.

Hafalir, E. I., & Loewenstein, G. (2010). *The impact of credit cards on spending: A field experiment.* Available at http://papers.ssrn.com/sol3/papers. cfm?abstract_id=1378502.

Halligan, P. W., Marshall, J. C., & Wade, D. T. (1995). Unilateral somatoparaphrenia after right hemisphere stroke: A case description. *Cortex, 31,* 173–182.

Han, J.-H., Kushner, S. A., Yiu, A. P., Hsiang, H.-L., Buch, T., Waisman, A., Bontempi, B., et al. (2009). Selective erasure of a fear memory. *Science, 323,* 1492–1496.

Hardt, O., Einarsson, E. O., & Nader, K. (2010). A bridge over troubled water: Reconsolidation as a link between cognitive and neuroscientific memory research traditions. *Annual Review of Psychology, 61,* 141–167.

Harris, S. (2004). *The end of faith: Religion, terror, and the future of reason.* New York: W. W. Norton.

———. (2006). *Letter to a Christian nation.* New York: Random House.

Harris, S., Kaplan, J. T., Curiel, A., Bookheimer, S. Y., Iacoboni, M., & Cohen, M. S. (2009). The neural correlates of religious and nonreligious belief. *PLoS ONE, 4,* e7272.

Hebb, D. O. (1949). *Organization of behavior.* New York: John Wiley & Sons.

Hedgcock, W., Rao, A. R., & Chen, H. P. (2009). Could Ralph Nader's entrance and exit have helped Al Gore? The impact of decoy dynamics on consumer choice. *Journal of Marketing Research, 46,* 330–343.

Hellman, H. (2001). *Great feuds in medicine.* New York: John Wiley & Sons.

Henrich, J., & McElreath, R. (2003). The evolution of cultural evolution. *Evolutionary Anthropology: Issues, News, and Reviews, 12,* 123–135.

Herculano-Houzel, S. (2009). The human brain in numbers: A linearly scaledup primate brain. *Frontiers in Human Neuroscience, 3,* 1–11.

Herman, J. (1998). Phantom limb: From medical knowledge to folk wisdom and back. *Annals of Internal Medicine, 128,* 76–78.

Herry, C., Ciocchi, S., Senn, V., Demmou, L., Muller, C., & Luthi, A. (2008). Switching on and off fear by distinct neuronal circuits. *Nature, 454,* 600–

606.

Hicks, R. E., Miller, G. W., & Kinsbourne, M. (1976). Prospective and retrospective judgments of time as a function of amount of information processed. *American Journal of Psychology, 89,* 719–730.

Hill, D. R., & Persinger, M. A. (2003). Application of transcerebral, weak (1 microT) complex magnetic fields and mystical experiences: Are they generated by field-induced dimethyltryptamine release from the pineal organ? *Perceptual & Motor Skills, 97,* 1049 and 1050.

Hine, T. (1995). *The total package: The secret history and hidden meanings of boxes, bottles, cans, and other persuasive containers.* Boston: Back Bay Books.

Hirstein, W., & Ramachandran, V. S. (1997). Capgras syndrome: A novel probe for understanding the neural representation of the identity and familiarity of persons. *Proceedings of the Royal Society B: Biological Sciences, 264,* 437–444.

Hitchens, C. (2007). *God is not great: How religion poisons everything.* New York: Twelve.

Hitler, A. (1927/1999). *Mein Kampf.* Boston: Houghton Mifflin.

Holtmaat, A., & Svoboda, K. (2009). Experience-dependent structural synaptic plasticity in the mammalian brain. *Nature Reviews Neuroscience, 10,* 647–658.

Hood, B. (2008). *Supersense: Why we beleive in the unbelievable.* New York: HarperCollins.

Hutchison, K. A. (2003). Is semantic priming due to association strength or feature overlap? A microanalytic review. *Psychonomic Bulletin Review, 10,* 758–813.

Hwang, J., Kim, S., & Lee, D. (2009). Temporal discounting and inter-temporal choice in rhesus monkeys. *Frontiers in Behavioral Neuroscience, 4,* 12.

Iacoboni, M. (2008). *Mirroring people.* New York: Farrar, Straus and Giroux.

Ivry, R. B., & Spencer, R. M. C. (2004). The neural representation of time. *Current Opinion in Neurobiology, 14,* 225–232.

James, L. E. (2004). Meeting Mr. Farmer versus meeting a farmer: Specific

effects of aging on learning proper names. *Psychology and Aging, 19*, 515–522.

Jamieson, K. H. (1992). *Dirty politics: Deception, distraction, and democracy.* New York: Oxford University Press.

Jenkins, W. M., Merzenich, M. M., Ochs, M. T., Allard, T., & Guic-Robles, E. (1990). Functional reorganization of primary somatosensory cortex in adult owl monkeys after behaviorally controlled tactile stimulation. *Journal of Neurophysiology, 63*, 82–104.

Jeon, D., Kim, S., Chetana, M., Jo, D., Ruley, H. E., Lin, S.-Y., Rabah, D., et al. (2010). Observational fear learning involves affective pain system and Cav1.2 Ca2+ channels in ACC. *Nature Neuroscience, 13*, 482–488.

Jin, D. Z., Fujii, N., & Graybiel, A. M. (2009). Neural representation of time in cortico-basal ganglia circuits. *Proceedings of the National Academy of Sciences, USA, 106*, 19,156–19,161.

Johnson, D. D., Stopka, P., Knights, S. (2003). Sociology: The puzzle of human cooperation. *Nature, 421*, 911 and 912; discussion, 912.

Johnson, E. J., Hershey, J., Meszaros, J., & Kunreuther, H. (1993). Framing, probability distortions, and insurance decisions. *Journal of Risk and Uncertainty, 7*, 35–51.

Johnson-Laird, P. N. (1983). *Mental models.* Cambridge, UK: Cambridge University Press.

Juottonen, K., Gockel, M., Silen, T., Hurri, H., Hari, R., & Forss, N. (2002). Altered central sensorimotor processing in patients with complex regional pain syndrome. *Pain, 98*, 315–323.

Kaas, J. H., Nelson, R. J., Sur, M., Lin, C. S., & Merzenich, M. M. (1979). Multiple representations of the body within the primary somatosensory cortex of primates. *Science, 204*, 521–523.

Kable, J. W., & Glimcher, P. W. (2007). The neural correlates of subjective value during intertemporal choice. *Nature Neuroscience, 10*, 1625–1633.

Kahneman, D. (2002). Maps of bounded rationality: A perspective on intuitive judgments and choice. Nobel Lecture. (http://nobelprize.org/nobel_prizes/economics/laureates/2002/kahneman-lecture.html.)

338

Kahneman, D., Knetsch, J. L., & Thaler, R. H. (1991). The endowment effect, loss aversion, and status quo bias. *Journal of Economic Perspectives, 5,* 193–206.

Kalichman, S. (2009). *Denying AIDS: Conspiracy theories, pseudoscience, and human tragedy.* New York: Springer.

Kandel, E. R. (2006). *In search of memory.* New York: W. W. Norton.

Kandel, E. R., Schartz, J., & Jessel, T. (2000). *Principles of neuroscience.* New York: McGraw-Hill Medical.

Kantha, S. S. (1992). Albert Einstein's dyslexia and the significance of Brodmann Area 39 of his left cerebral cortex. *Medical Hypotheses, 37,* 119–122.

Karmarkar, U. R., Najarian, M. T., & Buonomano, D. V. (2002). Mechanisms and significance of spike-timing dependent plasticity. *Biological Cybernetics, 87,* 373–382.

Katkin, E. S., Wiens, S., & Ohman, A. (2001). Nonconscious fear conditioning, visceral perception, and the development of gut feelings. *Psychological Science, 12,* 366–370.

Kavaliers, M., Colwell, D. D., & Choleris, E. (2005). Kinship, familiarity and social status modulate social learning about "micropredators" (biting flies) in deer mice. *Behavioral Ecology and Sociobiology, 58,* 60–71.

Kawamura, S. (1959). The process of sub-culture propagation among Japanese macaques. *Primate, 2,* 43–54.

Kelso, S. R., Ganong, A. H., & Brown, T. H. (1986). Hebbian synapses in hippocampus. *Proceedings of the National Academy of Sciences, USA, 83,* 5326–5330.

Kilgard, M. P., & Merzenich, M. M. (1998). Cortical map reorganization enabled by nucleus basalis activity. *Science, 279,* 1714–1718.

Kim, B. K., & Zauberman, G. (2009). Perception of anticipatory time in temporal discounting. *Journal of Neuroscience, Psychology, and Economics, 2,* 91–101.

King, D. P., & Takahashi, J. S. (2000). Molecular genetics of circadian rhythms in mammals. *Annual Review of Neuroscience, 23,* 713–742.

Kingdom, F. A., Yoonessi, A., & Gheorghiu, E. (2007). The leaning tower illusion: A new illusion of perspective. *Perception, 36*, 475–477.

Klein, J. T., Deaner, R. O., & Platt, M. L. (2008). Neural correlates of social target value in macaque parietal cortex. *Current Biology, 18*, 419–424.

Knutson, B., Wimmer, G. E., Rick, S., Hollon, N. G., Prelec, D., & Loewenstein, G. (2008). Neural antecedents of the endowment effect. *Neuron, 58*, 814–822.

Koenigs, M., & Tranel, D. (2008). Prefrontal cortex damage abolishes brand-cued changes in cola preference. *Social Cognitive and Affective Neuroscience, 3*, 1–6.

Koester, H. J., & Johnston, D. (2005) Target cell-dependent normalization of transmitter release at neocortical synapses. *Science, 308*, 863–866.

Konopka, R. J., & Benzer, S. (1971). Clock mutants of Drosophila melanogaster. *Proceedings of the National Academy of Sciences, USA, 68*, 2112–2116.

Kristensen, H., & Garling, T. (1996). The effects of anchor points and reference points on negotiation process and outcome. *Organizational Behavior and Human Decision Processes, 71*, 85–94.

Kujala, T., Alho, K., & Naatanen, R. (2000). Cross-modal reorganization of human cortical functions. *Trends in Neuroscience, 23*, 115–120.

Kupers, R., Pappens, M., de Noordhout, A. M., Schoenen, J., Ptito, M., & Fumal, A. (2007). rTMS of the occipital cortex abolishes Braille reading and repetition priming in blind subjects. *Neurology, 68*, 691–693.

Laeng, B., Overvoll, M., & Steinsvik, O. (2007). Remembering 1500 pictures: The right hemisphere remembers better than the left. *Brain and Cognition, 63*, 136–144.

Landtblom, A.-M. (2006). The "sensed presence": An epileptic aura with religious overtones. *Epilepsy & Behavior, 9*, 186–188.

Larson, J., & Lynch, G. (1986). Induction of synaptic potentiation in hippocampus by patterned stimulation involves two events. *Science, 232*, 985–988.

Lawrence, E. C., & Elliehausen, G. (2008). A comparative analysis of payday loan customers. *Contemporary Economic Policy*, *26*, 299–316.

Lebedev, M. A., O'Doherty, J. E., & Nicolelis, M. A. L. (2008). Decoding of temporal intervals from cortical ensemble activity. *Journal of Neurophysiology*, *99*, 166–186.

LeDoux, J. E. (1996). *The emotional brain*. New York: Touchstone.

Lee, S. J., Ralston, H. J., Drey, E. A., Partridge, J. C., & Rosen, M. A. (2005). Fetal pain: A systematic multidisciplinary review of the evidence. *Journal of the American Medical Association*, *294*, 947–954.

Levy, S. E., Mandell, D. S., & Schultz, R. T. (2009). Autism. *Lancet*, *374*, 1627–1638.

Lewicki, M. S., & Arthur, B. J. (1996). Hierarchical organization of auditory temporal context sensitivity. *Journal of Neuroscience*, *16*, 6987–6998.

Lieberman, D. A., Carina, A., Vogel, M., & Nisbet, J. (2008). Why do the effects of delaying reinforcement in animals and delaying feedback in humans differ? A working-memory analysis. *Quarterly Journal of Experimental Psychology*, *61*, 194–202.

Linden, D. J. (2007). The accidental mind. Boston: Harvard University Press.

Lindstrom, M. (2008). *Buyology: Truth and lies about why we buy*. New York: Doubleday.

Liu, J. K., & Buonomano, D. V. (2009). Embedding multiple trajectories in simulated recurrent neural networks in a self-organizing manner. *Journal of Neuroscience*, *29*, 13,172–13,181.

Loewenstein, G., Brennan, T., & Volpp, K. G. (2007). Asymmetric paternalism to improve health behaviors. *Journal of the American Medical Association*, *298*, 2415–2417.

Loftus, E. F. (1996). *Eyewitness testimony*. Cambridge, MA: Harvard University Press.

Loftus, E. F., Miller, D. G., & Burns, H. J. (1978). Semantic integration of verbal information into a visual memory. *Journal of Experimental Psychology—Human Learning and Memory*, *4*, 19–31.

Loftus, E. F., Schooler, J. W., Boone, S. M., & Kline, D. (1987). Time went by so slowly: Overestimation of event duration by males and females. *Applied*

*Cognitive Psychology, 1*, 3–13.

Long, M. A., Jin, D. Z., & Fee, M. S. (2010). Support for a synaptic chain model of neuronal sequence generation. *Nature, 468*, 394–399.

Losin, E. A. R., Dapretto, M., & Iacoboni, M. (2009). Culture in the mind's mirror: How anthropology and neuroscience can inform a model of the neural substrate for cultural imitative learning. *Progress in Brain Research, 178*, 175–190.

Machiavelli, N. (1532/1910). *The Prince* (Harvard Classics). New York: P.F. Collier & Son.

Mackintosh, N. J. (1974). *The psychology of animal learning*. New York: Academic Press.

Madrian, B. C., & Shea, D. F. (2001). The power of suggestion: Inertia in 401(k) participation and savings behavior. *Quarterly Journal of Economics, 116*, 1149–1187.

Maihofner, C., Handwerker, H. O., Neundorfer, B., & Birklein, F. (2003). Patterns of cortical reorganization in complex regional pain syndrome. *Neurology, 61*, 1707–1715.

Malenka, R. C., & Bear, M. F. (2004). LTP and LTD: An embarrassment of riches. *Neuron, 44*, 5–21.

Manson, J. H., Wrangham, R. W., Boone, J. L., Chapais, B., Dunbar, R. I. M., 280 / bibliography

Ember, C. R., Irons, W., et al. (1991). Intergroup aggression in chimpanzees and humans. *Current Anthropology, 32*, 369–390.

Maren, S., & Quirk, G. J. (2004). Neuronal signalling of fear memory. *Nature Reviews Neuroscience, 5*, 844–852.

Markram H., Lubke, J., Frotscher, M., Roth, A., & Sakmann, B. (1997). Physiology and anatomy of synaptic connections between thick tufted pyramidal neurons in the developing rat neocortex. *Journal of Physiology, 500*, 409–440.

Marshall, W. H., Woolsey, C. N., & Bard, P. (1937). Cortical representation of tactile sensibility as indicated by cortical potentials. *Science, 85*, 388–390.

Martin, S. J., Grimwood, P. D., & Morris, R. G. (2000). Synaptic plasticity and memory: An evaluation of the hypothesis. *Annual Review of Neuroscience, 23,* 649–711.

Maruenda, F. B. (2004). Can the human eye detect an offside position during a football match? *British Medical Journal, 324,* 1470–1472.

Matsuzawa, T., & McGrew, W. C. (2008). Kinji Imanishi and 60 years of Japanese primatology. *Current Biology, 18,* R587–R591.

Mauk, M. D., & Buonomano, D. V. (2004). The neural basis of temporal processing. *Annual Review of Neuroscience, 27,* 307–340.

McClelland, J. (1985). Distributed models of cognitive processes: Applications to learning and memory. *Annals of the New York Academy of Sciences, 444,* 1–9.

McClung, C. R. (2001). Circadian rhythms in plants. *Annual Review of Plant Physiology and Plant Molecular Biology, 52,* 139–162.

McClure, S. M., Laibson, D. I., Loewenstein, G., & Cohen, J. D. (2004). Separate neural systems value immediate and delayed monetary rewards. *Science, 306,* 503–507.

McDonald, J. J., Teder-Salejarvi, W. A., Di Russo, F., & Hillyard, S. A. (2005). Neural basis of auditory-induced shifts in visual time-order perception. *Nature Neuroscience, 8,* 1197–1202.

McGregor, I. S., Hargreaves, G. A., Apfelbach, R., & Hunt, G. E. (2004). Neural correlates of cat odor-induced anxiety in rats: Region-specific effects of the benzodiazepine midazolam. *Journal of Neuroscience, 24,* 4134–4144.

McGurk, H., & MacDonald, J. (1976). Hearing lips and seeing voices. *Nature, 264,* 746–748.

McKernan, M. G., Shinnick-Gallagher, P. (1997). Fear conditioning induces a lasting potentiation of synaptic currents in vitro. *Nature, 390,* 607–611.

McWeeny, K. H., Young, A. W., Hay, D. C., & Ellis, A. W. (1987). Putting names to faces. *British Journal of Psychology, 78,* 143–146.

Meck, W. H. (1996). Neuropharmacology of timing and time perception. *Brain Research and Cognition, 3,* 227–242.

Medina, J. F., Garcia, K. S., Nores, W. L., Taylor, N. M., & Mauk, M. D. (2000). Timing mechanisms in the cerebellum: Testing predictions of a large-scale computer simulation. *Journal of Neuroscience, 20*, 5516–5525.

Melzack, R. (1992, April). Phantom limbs. *Scientific American*, 84–91.

Menzies, R. G., & Clark, J. C. (1995). The etiology of phobias: A nonassociative account. *Clinical Psychology Review, 15*, 23–48.

Merabet, L. B., & Pascual-Leone, A. (2010). Neural reorganization following sensory loss: The opportunity of change. *Nature Reviews Neuroscience, 11*, 44–52.

Merzenich, M. M., Kaas, J. H., Wall. J., Nelson, R. J., Sur, M., & Felleman, D. (1983). Topographic reorganization of somatosensory cortical areas 3b and 1 in adult monkeys following restricted deafferentation. *Neuroscience, 8*, 33–55.

Milekic, M. H., & Alberini, C. M. (2002). Temporally graded requirement for protein synthesis following memory reactivation. *Neuron, 36*, 521–525.

Miles, L. K., Nind, L. K., & Macrae, C. N. (2010). Moving through time. *Psychological Science, 21*, 222 and 223.

Mineka, S., & Zinbarg, R. (2006). A contemporary learning theory perspective on the etiology of anxiety disorders: It's not what you thought it was. *American Psychologist, 61*, 10–26.

Misanin, J. R., Miller, R. R., & Lewis, D. J. (1968). Retrograde amnesia produced by electroconvulsive shock after reactivation of a consolidated memory trace. *Science, 160*, 554 and 555.

Mischel, W., Shoda, Y., & Rodriguez, M. I. (1989). Delay of gratification in children. *Science, 244*, 933–938.

Mitchell, M. (2009). *Complexity: A guided tour*. Oxford: Oxford University Press.

Miyazaki, M., Yamamoto, S., Uchida, S., & Kitazawa, S. (2006). Bayesian calibration of simultaneity in tactile temporal order judgment. *Nature Neuroscience, 9*, 875–877.

Monfils, M.-H., Cowansage, K. K., Klann, E., & LeDoux, J. E. (2009). Extinctionreconsolidation boundaries: Key to persistent attenuation of fear memories. *Science, 324*, 951–955.

Morewedge, C. K., & Kahneman, D. (2010). Associative processes in intuitive judgment. *Trends in Cognitive Science, 14,* 435–440.

Morrow, N. S., Schall, M., Grijalva, C. V., Geiselman, P. J., Garrick, T., Nuccion, S., & Novin, D. (1997). Body temperature and wheel running predict survival times in rats exposed to activity-stress. *Physiology & Behavior, 62,* 815–825.

Moseley, G. L., Zalucki, N. M., & Wiech, K. (2008). Tactile discrimination, but not tactile stimulation alone, reduces chronic limb pain. *Pain, 137,* 600–608.

Mrsic-Flogel, T. D., Hofer, S. B., Ohki, K., Reid, R. C., Bonhoeffer, T., & Hubener, M. (2007). Homeostatic regulation of eye-specific responses in visual cortex during ocular dominance plasticity. *Neuron, 54,* 961–972.

Nader, K., Schafe, G. E., & LeDoux, J. E. (2000). Fear memories require protein synthesis in the amygdala for reconsolidation after retrieval. *Nature, 406,* 722–726.

Nelson, D. L., McEvoy, C. L., & Schreiber, T. A. (1998). The University of South Florida word association, rhyme, and word fragment norms. http://www.usf.edu/FreeAssociation , last accessed November 18, 2010.

Nelson, E. E., Shelton, S. E., & Kalin, N. H. (2003). Individual differences in the responses of naive rhesus monkeys to snakes. *Emotion, 3,* 3–11.

Nieder, A. (2005). Counting on neurons: the neurobiology of numerical competence. *Nature Reviews Neuroscience, 6,* 177–90.

Nieder, A., Freedman, D. J., & Miller, E. K. (2002). Representation of the quantity of visual items in the primate prefrontal cortex. *Science, 297,* 1708–1711.

Nieder, A., & Merten, K. (2007). A labeled-line code for small and large numerosities in the monkey prefrontal cortex. *Journal of Neuroscience, 27,* 5986–5993.

Nijhawan, R. (1994). Motion extrapolation in catching. *Nature, 370,* 256 and 257. Nils, B. J., Daniel, L., & Thomas, W. S. (2009). Weight as an embodiment of importance. *Psychological Science, 20,* 1169–1174.

Norena, A. (2002). Psychoacoustic characterization of the tinnitus spectrum: Implications for the underlying mechanisms of tinnitus. *Audiology and*

*Neurotology, 7*, 358–369.

Nosek, B. A., Smyth, F. L., Sriram, N., Lindner, N. M., Devos, T., Ayala, A., Bar-Anan, Y., et al. (2009). National differences in gender-science stereotypes predict national sex differences in science and math achievement. *Proceedings of the National Academy of Sciences, USA, 106*, 10,593–10,597.

Nunez, R. E., & Sweetser, E. (2006). With the future behind them: Convergent evidence from Aymara language and gesture in the crosslinguistic comparison of spatial construals of time. *Cognitive Sciences, 30*, 401–450.

O'Doherty, J. P., Buchanan, T. W., Seymour, B., & Dolan, R. J. (2006). Predictive neural coding of reward preference involves dissociable responses in human ventral midbrain and ventral striatum. *Neuron, 49*, 157–166.

Ogata, A., & Miyakawa, T. (1998). Religious experiences in epileptic patients with a focus on ictus-related episodes. *Psychiatry and Clinical Neurosciences, 52*, 321–325.

Ohman, A., & Mineka, S. (2001). Fears, phobias, and preparedness: Toward an evolved module of fear and fear learning. *Psychological Review, 108*, 483–522.

Olin, C. H. (1910/2003). *Phrenology: How to tell your own and your friend's character from the shape of the head*. Philadelphia: Penn Publishing.

Olsson, A., & Phelps, E. A. (2004). Learned fear of "unseen" faces after pavlovian, observational, and instructed fear. *Psychological Science, 15*, 822–828.

———. (2007). Social learning of fear. *Nature Neuroscience, 10*, 1095–1102.

Oswald, A.-M. M., & Reyes, A. D. (2008). Maturation of intrinsic and synaptic properties of layer 2/3 pyramidal neurons in mouse auditory cortex. *Journal of Neurophysiology, 99*, 2998–3008.

Pais, A. (2000). *The genius of science*. Oxford: Oxford University Press.

Pakkenberg, B., & Gundersen, H. J. G. (1997). Neocortical neuron number in humans: Effect of sex and age. *Journal of Comparative Neurology, 384*, 312–320.

Panda, S., Hogenesch, J. B., & Kay, S. A. (2002). Circadian rhythms from flies to human. *Nature, 417,* 329–335.

Park, J., Schlag-Rey, M., & Schlag, J. (2003). Voluntary action expands perceived duration of its sensory consequence. *Experimental Brain Research, 149,* 527–529.

Parker, E. S., Cahill, L., & McGaugh, J. L. (2006). A case of unusual autobiographical remembering. *Neurocase, 12,* 35–49.

Pastalkova, E., Itskov, V., Amarasingham, A., & Buzsaki, G. (2008). Internally generated cell assembly sequences in the rat hippocampus. *Science,* 321, 1322–1327.

Pavlov, I. P. (1927). *Conditioned reflexes.* Mineola, NY: Dover Publications.

Penfield, W., & Boldrey, E. (1937). Somatic motor and sensory representation in the cerebral cortex of man as studied by electrical stimulation. *Brain, 60,* 389–443.

Pezdek, K., & Lam, S. (2007). What research paradigms have cognitive psychologists used to study "False memory," and what are the implications of these choices? *Consciousness and Cognition, 16,* 2–17.

Piattelli-Palmarini, M. (1994). *Inevitable illusions.* Hoboken, NJ: John Wiley & Sons.

Pierre, L. S. S., & Persinger, M. A. (2006). Experimental faciliation of the sensed presence is predicted by the specific patterns of the applied magnetic fields, not by suggestibility: Re-analsyes of 19 experiments. *International Journal of Neuroscience, 116,* 1079–1096.

Pinker, S. (1997). *How the mind works.* New York: W. W. Norton.

———. (2002). *The blank slate: The modern denial of human nature.* New York: Penguin.

Planck, M. (1968). *Scientific autobiography and other papers.* New York: Philosophical Library.

Plassmann, H., O'Doherty, J., Shiv, B., & Rangel, A. (2008). Marketing actions can modulate neural representations of experienced pleasantness. *Proceedings of the National Academy of Sciences, 105,* 1050–1054.

Polley, D. B., Steinberg, E. E., & Merzenich, M. M. (2006). Perceptual learning directs auditory cortical map reoganization through top-down

influences. *Journal of Neuroscience, 26,* 4970–4982.

Pongracz, P., & Altbacker, V. (2000). Ontogeny of the responses of European rabbits (*Oryctolagus cuniculus*) to aerial and ground predators. *Canadian Journal of Zoology, 78,* 655–665.

Poundstone, W. (2010). *Priceless: The myth of fair value.* New York: Hill and Wang.

Prelec, D., & Simester, D. (2000). Always leave home without it: A further investigation of the credit-card effect on willingness to pay. *Marketing Letters, 12,* 5–12.

Preston, R. (1998, March 2). The bioweaponeers. *The New Yorker,* 52–65.

Previc, F. H. (2006). The role of the extrapersonal brain systems in religious activity. *Consciousness and Cognition, 15,* 500–539.

Proctor, R. N. (2001). Tobacco and the global lung cancer epidemic. *Nature Reviews Cancer, 1,* 82–86.

Provine, R. R. (1986). Yawning as a stereotyped action pattern and releasing stimulus. *Ethology, 72,* 109–122.

Purves, D., Brannon, E. M., Cabeza, R., Huettel, S. A., LaBar, K. S., Platt, M. L., & Woldorff, M. G. (2008). *Principles of cognitive neuroscience.* Sunderland, MA: Sinauer.

Quirk, G. J., Garcia, R., & Gonzalez-Lima, F. (2006). Prefrontal mechanisms in extinction of conditioned fear. *Biological Psychiatry, 60,* 337–343.

Quiroga, R. Q., Reddy, L., Kreiman, G., Koch, C., & Fried, I. (2005). Invariant visual representation by single neurons in the human brain. *Nature, 435,* 1102–1107.

Raby, C. R., Alexis, D. M., Dickinson, A., & Clayton, N. S. (2007). Planning for the future by western scrub-jays. *Nature, 445,* 919–921.

Ramachandran, V. S., & Blakeslee, S. (1999). *Phantoms in the brain: Probing the mysteries of the human mind.* New York: HarperPerennial.

Rammsayer, T. H. (1999). Neuropharmacological evidence for different timing mechanisms in humans. *Quarterly Journal of Experimental Psychology, B, 52,* 273–286.

Ratcliff, R., & McKoon, G. (2008). The diffusion decision model: Theory and data for two-choice decision tasks. *Neural Computation, 20,* 873–922.

Rauschecker, J. P., Leaver, A. M., & Muhlau, M. (2010). Tuning out the noise: Limbic-auditory interactions in tinnitus. *Neuron, 66,* 819–826.

Recanzone, G. H., Schreiner, C. E., & Merzenich, M. M. (1993). Plasticity in the frequency representation of primary auditory cortex following discrimination training in adult owl monkeys. *Journal of Neuroscience, 13,* 87–103.

Redker, C., & Gibson, B. (2009). Music as an unconditioned stimulus: positive and negative effects of country music on implicit attitudes, explicit attitudes, and brand choice. *Journal of Applied Social Psychology, 39,* 2689–2705.

Richards, W. (1973). Time reproductions by H.M. *Acta Psychologica, 37,* 279–282.

Richardson, P. S., Dick, A. S., & Jain, A. K. (1994). Extrinsic and intrinsic cue effects on perceptions of store brand quality. *Journal of Marketing, 58,* 28–36.

Riddoch, G. (1941). Phantom limbs and body shape. *Brain, 64,* 197–222.

Rizzolatti, G., & Craighero, L. (2004). The mirror-neuron system. *Annual Review of Neuroscience, 27,* 169–192.

Roberts, T. F., Tschida, K. A., Klein, M. E., & Mooney, R. (2010). Rapid spine stabilization and synaptic enhancement at the onset of behavioural learning. *Nature, 463,* 948–952.

Roder, B., Stock, O., Bien, S., Neville, H., & Rosler, F. (2002). Speech processing activates visual cortex in congenitally blind humans. *European Journal of Neuroscience, 16,* 930–936.

Rodrigues, S. M., Schafe, G. E., LeDoux, J. E. (2001). Intra-amygdala blockade of the NR2B subunit of the NMDA receptor disrupts the acquisition but not the expression of fear conditioning. *Journal of Neuroscience, 21,* 6889–6896.

Roediger, H. L., & McDermott, K. B. (1995). Creating false memories: Remembering words not presented in lists. *Journal of Experimental Psychology: Learning, Memory, and Cognition, 21,* 803–814.

Romo, R., Hernandez, A., Zainos, A., & Salinas, E. (1998). Somatosensory discrimination based on cortical microstimulation. *Nature, 392*, 387–390.

Romo, R., & Salinas, E. (1999). Sensing and deciding in the somatosensory system. *Current Opinion in Neurobiology, 9*, 487–493.

Rosenblatt, F., Farrow, J. T., & Herblin, W. F. (1966). Transfer of conditioned responses from trained rats to untrained rats by means of a brain extract. *Nature, 209*, 46–48.

Rosenzweig, M. R., Breedlove, S. M., & Leiman, A. L. (2002). *Biological psychology, 3rd Ed.* Sunderland, MA: Sinauer.

Ross, D. F., Ceci, S. J., Dunning, D., & Toglia, M. P. (1994). Unconscious transference and mistaken identity: when a witness misidentifies a familiar but innocent person. *Journal of Applied Psychology, 79*, 918–930.

Routtenberg, A., & Kuznesof, A. W. (1967). Self-starvation of rats living in activity wheels on a restricted feeding schedule. *Journal of Comparative & Physiological Psychology, 64*, 414–421.

Sabatinelli, D., Bradley, M. M., Fitzsimmons, J. R., & Lang, P. J. (2005). Parallel amygdala and inferotemporal activation reflect emotional intensity and fear relevance. *Neuroimage, 24*, 1265–1270.

Sacks, O. (1970). *The man who mistook his wife for a hat and other clinical tales.* New York: Harper & Row.

Sadagopan, S., & Wang, X. (2009). Nonlinear spectrotemporal interactions underlying selectivity for complex sounds in auditory cortex. *Journal of Neuroscience, 29*, 11,192–11,202.

Sadato, N., Pascual-Leone, A., Grafman, J., Ibanez, V., Deiber, M. P., Dold, G., & Hallett, M. (1996). Activation of the primary visual cortex by Braille reading in blind subjects. *Nature, 380*, 526–528.

Sah, P., Westbrook, R. F., & Luthi, A. (2008). Fear conditioning and long-term potentiation in the amygdala. *Annals of the New York Academy of Sciences, 1129*, 88–95.

Salvi, R. J., Wang, J., & Ding, D. (2000). Auditory plasticity and hyperactivity following cochlear damage. *Hearing Research, 147*, 261–274.

Sapolsky, R. (2003, March). Bugs in the brain. *Scientific American*, 94–97.

Sapolsky, R. M. (1994). *Why zebras don't get ulcers*. New York: Holt.

Sara, S. J. (2000). Retrieval and reconsolidation: Toward a neurobiology of remembering. *Learning & Memory, 7*, 73–84.

Sastry, B. R., Goh, J. W., & Auyeung, A. (1986). Associative induction of posttetanic and long-term potentiation in CA1 neurons of rat hippocampus. *Science, 232*, 988–990.

Schacter, D. L. (1996). *Searching for memory*. New York: Basic Books.

_____. (2001). *The seven sins of memory: How the mind forgets and remembers*. New York: Houghton Mifflin.

Schacter, D. L., & Addis, D. R. (2007). Constructive memory: The ghosts of past and future. *Nature, 445*, 27–72.

Schacter, D. L., Wig, G. S., & Stevens, W. D. (2007). Reductions in cortical activity during priming. *Current Opinion in Neurobiology, 17*, 171–176.

Schiller, D., Monfils, M.-H., Raio, C. M., Johnson, D. C., LeDoux, J. E., & Phelps, E. A. (2010). Preventing the return of fear in humans using reconsolidation update mechanisms. *Nature, 463*, 49–53.

Seeyave, D. M., Coleman, S., Appugliese, D., Corwyn, R. F., Bradley, R. H.,Davidson, N. S., Kaciroti, N., et al. (2009). Ability to delay gratification at age 4 years and risk of overweight at age 11 years. *Archives of Pediatric Adolescent Medicine, 163*, 303–308.

Seligman, M. E. P. (1971). Phobias and preparedness. *Behavior Therapy, 2*, 307–320.

Shannon, R. V., Zeng, F. G., Kamath, V., Wygonski, J., & Ekelid, M. (1995). Speech recognition with primarily temporal cues. *Science, 270*, 303 and 304.

Shepherd, G. M. (1998). *The synaptic organization of the brain*. New York: Oxford University Press.

Shih, M., Pittinsky, T. L., & Ambady, N. (1999). Stereotype susceptibility: Identity salience and shifts in quantitative performance. *Psychological Science, 10*, 80–83.

Siegler, R. S., & Booth, J. L. (2004). Development of numerical estimation in young children. *Child Development, 75*, 428–444.

Simonson, I. (1989). Choice based on reasons: The case of attraction and compromise effects. *Journal of Consumer Research, 16,* 158–174.

Sinal, S. H., Cabinum-Foeller, E., & Socolar, R. (2008). Religion and medical neglect. *Southern Medical Journal, 101,* 703–706.

Sloman, S. A. (2002). Two systems of reasoning. In T. Gilovich et al. (Eds.), *Heuristics and biases: The psychology of intuitive judgment* (pp. 379–396). Cambridge, UK: Cambridge University Press.

Slovic, P. (1987). Perception of risk. *Science, 236,* 280–285.

Slovic, P., Finucane, M., Peters, E., & MacGregor, D. G., eds. (2002). *The affect heuristic.* Cambridge, UK: Cambridge University Press.

Smeets, P. M., & Barnes-Holmes, D. (2003). Children's emergent preferences for soft drinks: Stimulus-equivalence and transfer. *Journal of Economic Psychology, 24,* 603–618.

Sobel, E., & Bettles, G. (2000). Winter hunger, winter myths: Subsistence risk and mythology among the Klamath and Modoc. *Journal of Anthropology and Archaeology, 19,* 276–316.

Sowell, E. R., Peterson, B. S., Thompson, P. M., Welcome, S. E., Henkenius, A. L., & Toga, A. W. (2003). Mapping cortical change across the human life span. *Nature Neuroscience, 6,* 309–315.

Spector, M. (2009). *Denialism.* New York: Penguin.

Standing, L. (1973). Learning 10,000 pictures. *Quarterly Journal of Experimental Psychology, 25,* 207–222.

Sterr, A., Muller, M. M., Elbert, T., Rockstroh, B., Pantev, C., & Taub, E. (1998). Perceptual correlates of changes in cortical representation of fingers in blind multifinger Braille readers. *Journal of Neuroscience, 18,* 4417–4423.

Stevens, J. R., Hallinan, E. V., & Hauser, M. D. (2005). The ecology and evolution of patience in two New World monkeys. *Biology Letters, 1,* 223–226.

Stuart, E. W., Shimp, T. A., & Engle, R. W. (1987). Classical conditioning of consumer attitudes: Four experiments in an advertising context. *Journal of Consumer Research, 14,* 334–351.

Sugita, Y., & Suzuki, Y. (2003). Audiovisual perception: Implicit estimation of sound-arrival time. *Nature, 421*, 911.

Taki, Y., Kinomura, S., Sato, K., Goto, R., Kawashima, R., & Fukuda, H. (2009). A longitudinal study of gray matter volume decline with age and modifying factors. *Neurobiology of Aging.* In press.

Tallal, P., ed. (1994). *In the perception of speech time is of the essence.* Berlin: Springer-Verlag.

Thaler, R., & Benartzi, S. (2004). Save more tomorrow: Using behavioral economics to increase employee saving. *Journal of Political Economy, 112*, S164–S187.

Thaler, R. H., & Sunstein, C. R. (2008). *Nudge: Improving decisions about health, wealth and happiness.* New York: Penguin.

Thomas, F., Adamo, S., & Moore, J. (2005). Parasitic manipulation: Where are we and where should we go? *Behavioral Processes, 68*, 185–99.

Thompson-Cannino, J., Cotton, R., & Torneo, E. (2009). *Picking cotton.* New York: St. Martin's Press.

Till, B., & Priluck, R. L. (2000). Stimulus generalization in classical conditioning: An initial investigation and extension. *Psychology and Marketing, 17*, 55–72.

Till, B. D., Stanley, S. M., & Randi, P. R. (2008). Classical conditioning and celebrity endorsers: An examination of belongingness and resistance to extinction. *Psychology and Marketing, 25*, 179–196.

Tinbergen, N. (1948). Social releasers and the experimental method required for their study. *Wilson Bull, 60*, 6–51.

Tollenaar, M. S., Elzinga, B. M., Spinhoven, P., & Everaerd, W. (2009). Psychophysiological responding to emotional memories in healthy young men after cortisol and propranolol administration. *Psychopharmacology (Berl), 203*, 793–803.

Tom, S. M., Fox, C. R., Trepel, C., & Poldrack, R. A. (2007). The neural basis of loss aversion in decision-making under risk. *Science, 315*, 515–518.

Tomasello, M., Savage-Rumbaugh, S., & Kruger, A. C. (1993). Imitative learning of actions on objects by children, chimpanzees, and enculturated chimpanzees. *Child Development, 64*, 1688–1705.

Treffert, D. A., & Christensen, D. D. (2005, December). Inside the mind of a savant. *Scientific American*, 109–113.

Tsvetkov, E., Carlezon, W. A., Benes, F. M., Kandel, E. R., & Bolshakov, V. Y.(2002). Fear conditioning occludes LTP-induced presynaptic enhancement of synaptic transmission in the cortical pathway to the lateral amygdala. *Neuron*, *34*, 289–300.

Turing, A. M. (1950). Computing machinery and intelligence. *Mind*, *59*, 433–460.

Turrigiano, G. (2007). Homeostatic signaling: The positive side of negative feedback. *Current Opinion in Neurobiology*, *17*, 318–324.

Turrigiano, G. G., Leslie, K. R., Desai, N. S., Rutherford, L. C., & Nelson, S. B. (1998). Activity-dependent scaling of quantal amplitude in neocortical neurons. *Nature*, *391*, 892–896.

Tversky, A., & Kahneman D. (1974). Judgment under uncertainty: Heuristics and biases. *Science*, *185*, 1124–1131.

_____ . (1981). The framing of decisions and the psychology of choice. *Science*, *211*, 453–458.

_____ . (1983). Extensional versus intuitive reasoning: The conjunction fallacy in probability judgment. *Psychology Review*, *90*, 293–315.

Urgesi, C., Aglioti, S. M., Skrap, M., & Fabbro, F. (2010). The spiritual brain: Selective cortical lesions modulate human self-transcendence. *Neuron*, *65*, 309–319.

Vallar, G., & Ronchi, R. (2009). Somatoparaphrenia: A body delusion. A review of the neuropsychological literature. *Experimental Brain Research*, *192*, 533–551.

Van Essen, D. C., Anderson, C. H., & Felleman, D. J. (1992). Information processing in the primate visual system: An integrated systems perspective. *Science*, *255*, 419–423.

van Wassenhove, V., Buonomano, D. V., Shimojo, S., & Shams, L. (2008). Distortions of subjective time perception within and across senses. *PLoS ONE*, *3*, e1437.

Vartiainen, N., Kirveskari, E., Kallio-Laine, K., Kalso, E., & Forss, N. (2009).

Cortical reorganization in primary somatosensory cortex in patients with unilateral chronic pain. *Journal of Pain*, *10*, 854–859.

Veale, R., & Quester, P. (2009). Do consumer expectations match experience? Predicting the influence of price and country of origin on perceptions of product quality. *International Business Review*, *18*, 134–144.

Vikis-Freibergs, V., & Freibergs, I. (1976). Free association norms in French and English: Inter-linguistic and intra-linguistic comparisons. *Canadian Journal of Psychology*, *30*, 123–133.

Vogt, S., & Magnussen, S. (2007). Long-term memory for 400 pictures on a common theme. *Experimental Psychology*, *54*, 298–303.

Vyas, A., Kim, S. K., Giacomini, N., Boothroyd, J. C., & Sapolsky, R. M. (2007). Behavioral changes induced by *Toxoplasma* infection of rodents are highly specific to aversion of cat odors. *Proceedings of the National Academy of Sciences, USA*, *104*, 6442–6447.

Waber, R. L., Shiv, B., Carmon, Z., & Ariely, D. (2008). Commercial features of placebo and therapeutic efficacy. *Journal of the American Medical Association*, *299*, 1016–1017.

Wade, K. A., Sharman, S. J., Garry, M., Memon, A., Mazzoni, G., Merckelbach, H., & Loftus, E. F. (2007). False claims about false memory research. *Consciousness and Cognition*, *16*, 18–28.

Wade, N. (2009). *The faith instinct*. New York: Penguin.

Wang, X., Merzenich, M. M., Sameshima, K., & Jenkins, W. M. (1995). Remodeling of hand representation in adult cortex determined by timing of tactile stimulation. *Nature*, *378*, 71–75.

Watts, D. J., & Strogatz, S. H. (1998). Collective dynamics of "small-world" networks. *Nature*, *393*, 440–442.

Watts, D. P., Muller, M., Amsler, S. J., Mbabazi, G., & Mitani, J. C. (2006). Lethal intergroup aggression by chimpanzees in Kibale National Park, Uganda. *American Journal of Primatology*, *68*, 161–180.

Weissmann, G. (1997). Puerperal priority. *Lancet*, *349*, 122–125.

Whiten, A., Custance, D. M., Gomez, J. C., Teixidor, P., & Bard, K. A. (1996). Imitative learning of artificial fruit processing in children (Homo sapiens) and chimpanzees (Pan troglodytes). *Journal of Comparative Psychology, 110,* 3–14.

Whiten, A., Spiteri, A., Horner, V., Bonnie, K. E., Lambeth, S. P., Schapiro, S. J., & de Waal, F. B. (2007). Transmission of multiple traditions within and between chimpanzee groups. *Current Biology, 17,* 1038–1043.

Wiggs, C. L., & Martin, A. (1998). Properties and mechanisms of perceptual priming. *Current Opinion in Neurobiology, 8,* 227–233.

Wilkowski, B. M., Meier, B. P., Robinson, M. D., Carter, M. S., & Feltman, R. (2009). "Hot-headed" is more than an expression: The embodied representation of anger in terms of heat. *Emotion, 9,* 464–477.

Williams, J. M., Oehlert, G. W., Carlis, J. V., & Pusey, A. E. (2004). Why do male chimpanzees defend a group range? *Animal Behaviour, 68,* 523–532.

Williams, L. E., & Bargh, J. A. (2008). Experiencing physical warmth promotes interpersonal warmth. *Science, 322,* 606 and 607.

Wilson, D. S. (2002). *Darwin's cathedral: Evolution, religion, and the nature of society.* Chicago: University of Chicago Press.

Wilson, D. S., & Wilson, E. O. (2007). Rethinking the theoretical foundation of sociobiology. *Quarterly Review of Biology, 82,* 327–347.

Wilson, E. O. (1998). *Consilience: The unity of knowledge.* New York: Knopf.

Winkielman, P., Zajonc, R. B., & Schwarz, N. (1997). Subliminal affective priming resists attributional interventions. *Cognition & Emotion, 11,* 433–465.

Wise, S. P. (2008). Forward frontal fields: Phylogeny and fundamental function. *Trends in Neurosciences, 31,* 599–608.

Witelson, S. F., Kigar, D. L., & Harvey, T. (1999). The exceptional brain of Albert Einstein. *Lancet, 353,* 2149–2153.

Wittmann, M., & Paulus, M. P. (2007). Decision making, impulsivity and time perception. *Trends in Cognitive Sciences, 12,* 7–12.

Wolfe, R. M., & Sharp, L. K. (2002). Anti-vaccinationists past and present. *British Medical Journal, 325,* 430–432.

Wong, K. F. E., & Kwong, J. Y. Y. (2000). Is 7300 m equal to 7.3 km? Same semantics but different anchoring effects. *Organizational Behavior and*

*Human Decision Processes, 82,* 314–333.

Yang, G., Pan, F., & Gan, W.-B. (2009). Stably maintained dendritic spines are associated with lifelong memories. *Nature, 462,* 920–924.

Yarrow, K., Haggard, P., Heal, R., Brown, P., & Rothwell, J. C. (2001). Illusory perceptions of space and time preserve cross-saccadic perceptual continuity. *Nature, 414,* 302–305.

Zauberman, G., Kim, B. K., Malkoc, S. A., & Bettman, J. R. (2009). Discounting time and time discounting: Subjective time perception and intertemporal preferences. *Journal of Marketing Research, 46,* 543–556.

Zauberman, G., Levav, J., Diehl, K., & Bhargave, R. (2010). 1995 feels so close yet so far: The effect of event markers on subjective feelings of elapsed time. *Psychological Science, 21,* 133–139.

Zelinski, E. M., & Burnight, K. P. (1997). Sixteen-year longitudinal and time lag changes in memory and cognition in older adults. *Psychology and Aging, 12,* 503–513.

Zhou, Y., Won, J., Karlsson, M. G., Zhou, M., Rogerson, T., Balaji, J., Neve, R., et al. (2009). CREB regulates excitability and the allocation of memory to subsets of neurons in the amygdala. *Nature Neuroscience, 12,* 1438–1443.

Zucker, R. S., & Regehr, W. G. (2002). Short-term synaptic plasticity. *Annual Review of Physiology, 64,* 355–405.

# 資料提供

## 圖片

圖 1.1 The data for this figure was obtained from the University of South Florida Free Association Norms database. Nelson, D. L., McEvoy, C. L., & Schreiber, T. A. (1998).

圖 1.2 Artwork by Sharon Belkin.

圖 3.1 Image adapted from Neuroscience: Exploring the Brain, 2nd ed. (Bear, Connors, and Paradiso, 2001). Adapted with the permission of Wolters Kluwer.

圖 5.1 Adapted with permission from Macmillan Publishers LTD: Nature Reviews Neuroscience (Maren and Quirk, 2004).

圖 6.1 I'd like to thank Fred Kingdom for granting permission to use this picture. The Leaning Tower illusion was first described by Kingdom, F. A., Yoonessi, A., & Gheorghiu, E. (2007).

圖 6.3 I'd like to thank Andreas Nieder for kindly sharing the data for this figure (Nieder, 2005).

## 引言

Chapter2  Excerpt from TOWARD THE END OF TIME by John Updike.
Copyright © 1997, John Updike,
used by permission of The Wylie Agency (UK) Limited.

Chapter3  MEN IN A WAR By SUZANNE VEGA © 1991 WB MUSIC CORP. & WAIFERSONGS LTD.
All Rights on Behalf of Itself and WAIFERSONGS LTD. Administered by WB MUSIC CORP.
All Rights Reserved
Used by Permission of ALFRED MUSIC PUBLISHING CO., INC.

國家圖書館出版品預行編目資料

大腦有問題?!：大腦瑕疵如何影響你我的生活 / 汀.布諾
　曼諾(Dean Buonomano)著；蕭秀珊, 黎敏中譯. -- 二版
　. -- 臺北市：商周出版：英屬蓋曼群島商家庭傳媒股
　份有限公司城邦分公司發行, 2023.03
　　面；　公分. -- (科學新視野；103)
　　譯自：Brain bugs : how the brain's flaws shape our lives
　　ISBN 978-626-318-623-1(平裝)

1.CST: 腦部 2.CST: 病理生理學 3.CST: 記憶

394.911　　　　　　　　　　　　112002779

科學新視野 103

# 大腦有問題?!【修訂版】——大腦瑕疵如何影響你我的生活

作　　　者／汀‧布諾曼諾（Dean Buonomano）
譯　　　者／蕭秀珊、黎敏中
企 畫 選 書／黃靖卉
責 任 編 輯／黃靖卉

版　　　權／吳亭儀、江欣瑜
行 銷 業 務／周佑潔、黃崇華、賴玉嵐
總 編 輯／黃靖卉
總 經 理／彭之琬
事業群總經理／黃淑貞
發 行 人／何飛鵬
法 律 顧 問／元禾法律事務所王子文律師
出　　　版／商周出版
　　　　　　台北市104民生東路二段141號9樓
　　　　　　電話：(02) 25007008　傳真：(02)25007759
　　　　　　E-mail：bwp.service@cite.com.tw
　　　　　　Blog：http://bwp25007008.pixnet.net/blog
發　　　行／英屬蓋曼群島商家庭傳媒股份有限公司 城邦分公司
　　　　　　台北市中山區民生東路二段141號2樓
　　　　　　書虫客服服務專線：02-25007718；25007719
　　　　　　服務時間：週一至週五上午09:30-12:00；下午13:30-17:00
　　　　　　24小時傳真專線：02-25001990；25001991
　　　　　　劃撥帳號：19863813；戶名：書虫股份有限公司
　　　　　　讀者服務信箱：service@readingclub.com.tw
　　　　　　城邦讀書花園：www.cite.com.tw
香港發行所／城邦（香港）出版集團有限公司
　　　　　　香港灣仔軒尼詩道235號3樓；E-mail：hkcite@biznetvigator.com
　　　　　　電話：(852) 25086231　傳真：(852) 25789337
馬新發行所／城邦（馬新）出版集團 Cite (M) Sdn Bhd
　　　　　　41, Jalan Radin Anum, Bandar Baru Sri Petaling, 57000 Kuala Lumpur, Malaysia.
　　　　　　Tel：(603)90563833 Fax：(603)90576622 Email：services@cite.my

封 面 設 計／斐類設計工作室
版 面 設 計／洪菁穗
排　　　版／邵麗如
印　　　刷／前進彩藝有限公司
總 經 銷／聯合發行股份有限公司
　　　　　　新北市231新店區寶橋路235巷6弄6號2樓
　　　　　　電話：(02) 29178022　傳真：(02) 29110053

■2012年8月30日初版一刷　　　　　　　　　　　　Printed in Taiwan
■2023年3月28日二版一刷

定價420元

**城邦讀書花園**
www.cite.com.tw

請沿虛線對摺，謝謝！

 商周出版

# 讀者回函卡

線上版讀者

感謝您購買我們出版的書籍！請費心填寫此回函卡，我們將不定期寄上城邦集團最新的出版訊息。

姓名：＿＿＿＿＿＿＿＿＿＿＿＿＿＿＿＿＿　性別：□男　□女

生日：西元＿＿＿＿＿＿年＿＿＿＿＿＿月＿＿＿＿＿＿日

地址：＿＿＿＿＿＿＿＿＿＿＿＿＿＿＿＿＿＿＿＿＿＿＿＿

聯絡電話：＿＿＿＿＿＿＿＿＿＿　傳真：＿＿＿＿＿＿＿＿＿

E-mail：

學歷：□ 1. 小學 □ 2. 國中 □ 3. 高中 □ 4. 大學 □ 5. 研究所以上

職業：□ 1. 學生 □ 2. 軍公教 □ 3. 服務 □ 4. 金融 □ 5. 製造 □ 6. 資訊

　　　□ 7. 傳播 □ 8. 自由業 □ 9. 農漁牧 □ 10. 家管 □ 11. 退休

　　　□ 12. 其他＿＿＿＿＿＿＿＿＿＿＿＿＿＿＿＿＿＿＿＿＿

您從何種方式得知本書消息？

　　　□ 1. 書店 □ 2. 網路 □ 3. 報紙 □ 4. 雜誌 □ 5. 廣播 □ 6. 電視

　　　□ 7. 親友推薦 □ 8. 其他＿＿＿＿＿＿＿＿＿＿＿＿＿＿

您通常以何種方式購書？

　　　□ 1. 書店 □ 2. 網路 □ 3. 傳真訂購 □ 4. 郵局劃撥 □ 5. 其他＿＿＿

您喜歡閱讀那些類別的書籍？

　　　□ 1. 財經商業 □ 2. 自然科學 □ 3. 歷史 □ 4. 法律 □ 5. 文學

　　　□ 6. 休閒旅遊 □ 7. 小說 □ 8. 人物傳記 □ 9. 生活、勵志 □ 10. 其他

對我們的建議：＿＿＿＿＿＿＿＿＿＿＿＿＿＿＿＿＿＿＿＿＿＿

＿＿＿＿＿＿＿＿＿＿＿＿＿＿＿＿＿＿＿＿＿＿＿＿＿＿＿＿＿